图解数控铣/加工中心加工工艺与编程

从新手到高手

翟瑞波　编著

化学工业出版社

·北京·

图书在版编目（CIP）数据

图解数控铣/加工中心加工工艺与编程从新手到高手/
翟瑞波编著. —北京：化学工业出版社，2019.5（2025.3重印）
ISBN 978-7-122-34003-0

Ⅰ.①图… Ⅱ.①翟… Ⅲ.①数控机床-铣床-加工
工艺-图解②数控机床加工中心-加工工艺-图解③数控
机床加工中心-加工工艺-图解④数控机床加工中心-程
序设计-图解 Ⅳ.①TG547-64②TG659-64

中国版本图书馆 CIP 数据核字（2019）第 038178 号

责任编辑：王　烨　　　　　　　　　　　　　文字编辑：陈　喆
责任校对：杜杏然　　　　　　　　　　　　　装帧设计：刘丽华

出版发行：化学工业出版社（北京市东城区青年湖南街 13 号　邮政编码 100011）
印　　装：河北延风印务有限公司
787mm×1092mm　1/16　印张 20¾　字数 606 千字　2025 年 3 月北京第 1 版第 11 次印刷

购书咨询：010-64518888　　售后服务：010-64518899
网　　址：http://www.cip.com.cn
凡购买本书，如有缺损质量问题，本社销售中心负责调换。

定　　价：79.80 元

前言

PREFACE

随着制造业的高速发展，高精度、复杂零件的加工更多地采用数控机床完成，数控铣床、加工中心作为其重要的组成部分得到广泛的使用。为了提高数控加工人员从事数控加工工艺制订、数控铣床/加工中心加工程序编制的合理性、适用性，同时考虑到学习的循序渐进性，以及新手从零基础开始并逐渐成为高手的学习特点，特编写本书。

数控加工的关键，一是数控加工工艺制订，二是程序编制，三是机床操作。数控加工工艺是基础，也是从新手到高手的关键。数控程序的编制，首先要制订一个合理的数控加工工艺，这里要考虑数控机床（机床的性能、机床的操作系统）、数控刀具、夹具（工件的装夹）；其次考虑编程零点的设置、编程时的数据处理、数据点的计算；然后编制程序，编程时还要考虑程序简单易行，机床便于操作。数控加工主要依据数控加工工艺和加工程序要求来完成零件加工，因而坐标系零点数据的获得、刀具数据的获得和机床操作是关键。只有将数控加工工艺制订、程序编制、机床操作这三点进行通盘考虑，融会贯通，才能编制出好的程序，获得好的零件加工精度和高的加工效率。

本书从数控铣床/加工中心加工工艺讲起，重点讲解了FANUC系统和SIEMENS系统的常用指令、指令的综合应用、典型零件加工以及这两种系统数控机床的操作。书中基本指令讲解更多采用图解方式，综合实例与生产实际贴合紧密、涵盖全面，从零件加工工艺安排到程序编制、机床操作都思路清晰、明了易懂。同时将大量的数控加工应用技巧贯穿其中，并将书中实例在机床上进行实际验证，使读者在掌握指令的基础上对指令的灵活应用有更深的理解。

本书可作为从事数控加工工艺制订、数控机床程序编制、操作人员的自学、提高技能用书，也可作为数控应用专业学生的教材和参考书。

本书由翟瑞波编著。在编写过程中得到中国航发西安航空发动机有限公司纪委书记、工会主席晏水波的指导和大力支持，得到中国航发西安航空发动机有限公司工会、数控加工劳模创新工作室的管理、技术、技能专家苗云鹏、顾隶华、邵黎、张艳枝的指导和帮助，在此一并表示感谢。

由于作者水平有限，不足之处恳请批评指正。

编著者

目录
CONTENTS

第4章 数控铣床/加工中心编程指令（SIEMENS系统）

第5章　数控铣床/加工中心典型型面编程应用

第6章　数控铣床/加工中心典型零件加工

【例1】~【例18】

第7章　数控铣床/加工中心机床操作

参考文献

第❶章

数控铣床/加工中心加工工艺基础

1.1 数控铣床/加工中心概述

1.1.1 数控铣床概述

数控铣床在机床设备中应用非常广泛，它能够进行平面铣削、平面型腔铣削、外形轮廓铣削、变斜角类零件、三维空间复杂型面铣削，配上相应的刀具后还可进行钻削、镗削、螺纹切削等孔加工。加工中心、柔性制造单元等都是在数控铣床的基础上产生和发展起来的。

1.1.1.1 数控铣床分类

(1) 按机床主轴的布置形式及机床的布局特点分类

① 立式数控铣床 立式数控铣床的主轴轴线垂直于水平面，是数控铣床中最常见的一种布局形式，应用范围也最广泛。从机床数控系统控制的坐标数量来看，目前 3 坐标数控立铣仍占大多数，一般可进行 3 坐标联动加工。此外，还有机床主轴可以绕 X、Y 坐标轴中的其中一个或两个轴作数控摆角（旋转）运动的 4 坐标和 5 坐标数控立铣。

如图 1-1 (a) 所示为典型的立式数控铣床，中型数控铣床一般采用纵向和横向工作台移动方式，且主轴沿垂向溜板上下运动；图 1-1 (b) 所示为龙门数控铣床，大型数控铣床多采用此种结构，其主轴可以在龙门架的横向和垂向溜板上运动，龙门架则沿床身做纵向运动。

为了扩大数控立铣的功能、加工范围及扩大加工对象，常采用附加数控转台，当转台垂直放置时，可增加一个 C 轴；水平放置时可增加一个 A 轴。如果是万能数控转台，则一次可增加两个转动轴。附加转盘后，能实现几个坐标联动加工，则由机床配置的数控系统的控制功能来决定。

② 卧式数控（镗）铣床 卧式数控（镗）铣床（如图 1-2 所示）与通用卧式铣床相同，其主轴轴线平行于水平面。为了扩大加工范围和扩充功能，卧式数控铣床通常采用增加数控转台或万能数控转台来实现 4、5 坐标加工。这样，不但工件侧面上的连续回转轮廓可以加工出来，而且可以实现在一次安装中通过转台改变工位进行"四面加工"。

③ 立卧两用数控铣床 由于这类铣床的主轴方向可以更换，能达到在一台机床上既可以进行立式加工，又可以进行卧式加工，因而同时具备上述两类机床的功能，其使用范围更广，

(a) 典型的立式数控铣床　　　　　　　　　(b) 龙门数控铣床

图 1-1　立式数控铣床

图 1-2　卧式数控（镗）铣床

功能更全，选择加工对象的余地更大，且给用户带来不少方便。特别是生产批量小，品种较多，又需要立、卧两种方式加工时，用户只需买一台这样的机床就行了。

立卧两用数控铣床增加了数控转台以后可实现对工件的"五面加工"，即除了零件与转台贴合的定位面外，其他表面都可以在一次装夹中完成加工，加工效率极高。

(2) 数控铣床按系统功能不同分类

① 经济型数控铣床。经济型数控铣床是在普通铣床基础上改造而来的，采用经济性数控系统，成本低，机床功能较少，主轴转速和进给速度不高，主要用于精度要求不高的简单平面或曲面类零件的加工。

② 全功能数控铣床。全功能数控铣床一般采用半闭环或闭环控制，控制系统功能较强，一般可实现四坐标或以上的联动，加工适应性强，应用最为广泛。

③ 高速数控铣床。高速数控铣床主轴转速为 8000～40000r/min、进给速度可达 10～30m/min，采用全新的机床结构（主体结构及材料变化）、功能部件（电主轴、直线电动机驱动进给）和功能强大的数控系统，并配以加工性能优越的刀具系统，可对大面积的曲面进行高效率的、高质量的加工。

1.1.1.2 数控铣床的特点

数控铣削加工除了具有普通铣床加工的特点外，还有如下特点。

① 零件加工的适应性强、灵活性好，能加工轮廓形状特别复杂或精度要求高的零件，如模具类零件、壳体类零件等。

② 能加工普通机床无法加工或很难加工的零件，如用数学模型描述的复杂曲面零件以及三维空间曲面类零件。

③ 能加工一次装夹后需进行多道工序加工的零件。

④ 加工精度高、加工质量稳定可靠。

⑤ 生产自动化程度高，可以减轻操作者的劳动强度；有利于生产管理自动化；生产效率高。

⑥ 从切削原理上讲，无论是端铣还是周铣都属于断续切削方式，而不像车削那样连续切削，因此，对刀具的要求较高，具有良好的抗冲击性、韧性和耐磨性。在干式切削状况下，还要求有良好的红硬性。

1.1.1.3　数控铣床主要加工对象

数控铣床用来加工精密、复杂的平面类、曲面类零件。

（1）平面类零件

加工面平行、垂直于水平面或其加工面与水平面的夹角为定角的零件称为平面类零件。这类加工面可展开为平面，如图 1-3 所示的三个零件均为平面类零件。其中，曲线轮廓面 M 垂直于水平面，可采用圆柱立铣刀加工。凸台侧面 N 与水平面成一定角度，这类加工面可以采用专用的角度成形铣刀来加工。对于斜面 P，当工件尺寸不大时，可用斜板垫平后加工；当工件尺寸很大，斜面坡度又较小时，也常用行切加工法加工，这时会在加工面上留下进刀时的刀锋残留痕迹，要用钳修方法加以清除。图 1-4 所示为典型平面类零件。

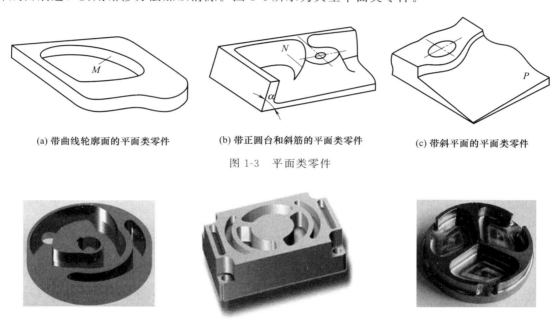

(a) 带曲线轮廓面的平面类零件　　(b) 带正圆台和斜筋的平面类零件　　(c) 带斜平面的平面类零件

图 1-3　平面类零件

图 1-4　典型平面类零件

（2）变斜角类零件

加工面与水平面的夹角呈连续变化的零件称为变斜角类零件。这类零件多为飞机零件，如飞机上的整体梁、框、缘条与肋等；此外还有检验夹具与装配型架等也属于变斜角类零件。图 1-5 所示是飞机上的一种变斜角梁缘条，该零件的上表面在第 2 肋至第 5 肋的斜角 α 从 $3°10'$ 均匀变化为 $2°32'$，从第 5 肋至第 9 肋再均匀变化为 $1°20'$，从第 9 肋至第 12 肋又均匀变化为 $0°$。

变斜角类零件的变斜角加工面不能展开为平面，但在加工中，加工面与铣刀圆周接触的瞬间为一条直线。最好采用 4 坐标和 5 坐标数控铣床摆角加工，在没有上述机床时，也可在 3 坐标数控铣床上采用行切加工法实现 2.5 坐标近似加工。

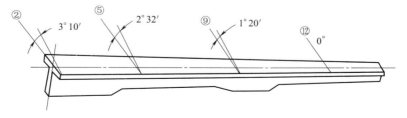

图 1-5　变斜角类零件

（3）曲面类（立体类）零件

加工面为空间曲面的零件称为曲面类零件，如模具、叶片、螺旋桨等。曲面类零件的加工面不能展开为平面，加工时，加工面与铣刀始终为点接触。加工曲面类零件一般采用 3 坐标数控铣床。当曲面较复杂、通道较狭窄、会伤及毗邻表面及需刀具摆动时，要采用 4 坐标或 5 坐标数控铣床。图 1-6 所示为曲面类（立体类）零件。

图 1-6 曲面类（立体类）零件

1.1.2 加工中心概述

数控铣床与数控（镗铣）加工中心在数控机床中所占的比重较大，应用也最为广泛。数控铣床与数控加工中心的主要区别在于数控加工中心是带有刀库和自动换刀装置的数控铣床。因此数控加工中心的编程方法除换刀程序外其他均与普通数控铣床相同。

数控加工中心集中了铣削、镗削、钻孔、攻螺纹和切螺纹等功能，适用于加工凸轮、箱体、支架、盖板、模具等各种复杂型面的零件。

1.1.2.1 加工中心分类

（1）按照机床主轴布局形式的不同分类

① 立式加工中心 立式加工中心装夹工件方便，便于操作，找正容易，易于观察切削情况，占地面积小，应用广泛。但它受立柱高度及自动换刀系统的限制，不能加工太高的工件，也不适于加工箱体，如图 1-7（a）所示。

② 卧式加工中心 一般情况下，卧式加工中心比立式加工中心复杂，占地面积大，有能精确分度的数控回转工作台，可实现对零件的一次装夹多工位加工，适于加工箱体类零件及小型模具型腔；但调试程序及试切时不易观察，生产时不易监视，装夹不便，测量不便，加工深孔时切削液不易到位（若没有内冷却钻孔装置）。由于诸多不便，卧式加工中心的准备时间比立式加工中心的准备时间更长。但加工数量越多，其多工位加工、主轴转速高、机床精度高的优势就表现得越明显，所以卧式加工中心适于批量加工，如图 1-7（b）所示。

③ 立卧式加工中心（五面加工中心） 立卧式加工中心是利用铣头的立卧转换机构实现从立式加工方式转换为卧式加工方式或从卧式加工方式转换为立式加工方式。立卧式加工中心兼有立式加工中心和卧式加工中心的特点，如图 1-7（c）所示。

立式加工中心、卧式加工中心可带有交换工作台（APC），交换工作台有两个或多个。在有的制造系统中，工作台在各机床上都通用，通过自动运送装置，工作台带着装夹好的工件在车间内形成物流，因此，这种工作台也叫托盘。因为装卸工件不占机时，所以其自动化程度更高，效率也更高。

（2）按换刀形式分类

① 带刀库、机械手的加工中心 加工中心的换刀装置（ATC）是由刀库和机械手组成的，

(a) 立式加工中心

(b) 卧式加工中心

(c) 立卧式加工中心

图 1-7　加工中心

用换刀机械手完成换刀工作。这是加工中心普遍采用的形式。

②　无机械手的加工中心　这种加工中心的换刀是通过刀库和主轴箱的配合动作来完成的。一般是把刀库放在主轴可以运动到的位置，或整个刀库或某一刀位能移动到主轴箱可以达到的位置。刀库中刀的存放位置方向与主轴装刀方向一致。换刀时，主轴运动到刀位上的换刀位置，由主轴直接取走或放回刀具。这种换刀方式多用于采用 40 号以下刀柄的小型加工中心。

③　刀库转塔式加工中心　一般小型立式加工中心上采用转塔刀库形式，主要以孔加工为主。

1.1.2.2　加工中心特点

①　加工中心具有全封闭防护功能；

②　工序集中，加工连续进行；

③　使用多把刀具，自动进行刀具交换；

④　使用多个工作台，自动进行工作台交换；

⑤　功能强大，趋向复合加工；

⑥　高自动化、高精度、高效率、高投入；

⑦　有利于生产管理。

1.1.2.3　加工中心主要加工对象

加工中心适于加工形状复杂、加工内容多、要求较高、需用多种类型的普通机床和众多的工艺装备，且经多次装夹和调整才能完成加工的零件。主要的加工对象有下列几种。

(1) 既有平面又有孔系的零件

加工中心具有自动换刀装置，在一次安装中，可以完成零件上平面的铣削，孔系的钻削、镗削、铰削、铣削及攻螺纹等多工步加工。加工的部位可以在一个平面上，也可以在不同的平面上。五面体加工中心一次安装可以完成除装夹面以外的五个面的加工。因此，既有平面又有孔系的零件是加工中心的首选加工对象，这类零件常见的有箱体类零件和盘、套、板类零件。

①　箱体类零件　箱体类零件一般是指具有多个孔系，内部有型腔或空腔，在长、宽、高方向有一定比例的零件（如图 1-8 所示）。这类零件在机床、汽车、飞机等行业用得较多，如汽车的发动机缸体、变速箱体、机床的床头箱、主轴箱、柴油机缸体以及齿轮泵壳体等。

箱体类零件一般都要进行孔系、轮廓、平面的多工位加工，精度要求较高，特别是形状精度和位置精度要求较严格，通常要经过铣、钻、扩、镗、铰、锪、攻螺纹等工步，需要刀具较多，在普通机床上加工难度大，工装套数多，需多次装夹找正，手工测量次数多，精度不易保证。在加工中心上一次安装可完成普通机床的 $60\% \sim 95\%$ 的工序内容，零件各项精度一致性好，质量稳定，生产周期短。

当加工工位较多、工作台需多次旋转角度才能完成的零件时，一般选用卧式加工中心。当加工的工位较少且跨度不大时，可选用立式加工中心，从一端进行加工。

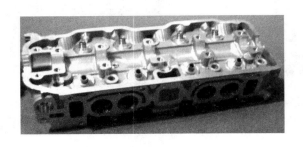

图 1-8　箱体类零件

② 盘、套、板类零件　这类零件端面上有平面、曲面和孔系，侧面也常分布一些径向孔，如图 1-9 所示。加工部位集中在单一端面上的盘、套、板类零件宜选择立式加工中心，加工部位不是位于同一方向表面上的零件宜选择卧式加工中心。

图 1-9　盘、套、板类零件

(2) 复杂曲面类零件

主要表面是由复杂曲线、曲面组成的零件，加工时常采用加工中心多坐标联动加工。常见的典型零件有以下几类。

① 凸轮类零件　这类零件有各种曲线的盘形凸轮（如图 1-10 所示）、圆柱凸轮、圆锥凸轮和端面凸轮等，加工时，可根据凸轮表面的复杂程度，选用三轴、四轴或五轴联动的加工中心。

② 整体叶轮类零件　整体叶轮常见于航空发动机的压气机、空气压缩机、船舶水下推进器等，它除具有一般曲面加工的特点外，还存在许多特殊的加工难点，如通道狭窄、刀具很容易与加工表面和邻近曲面产生干涉。图 1-11 所示的叶轮，它的叶面是一个典型的三维空间曲面，加工这样的型面可采用四轴以上联动的加工中心。

图 1-10 凸轮 图 1-11 叶轮

③ 模具类零件 常见的模具有锻压模具、铸造模具、注塑模具及橡胶模具等。采用加工中心加工模具，由于工序高度集中，动模、静模等关键件的精加工基本上是在一次安装中完成全部机加工内容，尺寸累积误差及修配工作量小，模具的可复制性强，互换性好。图 1-12 所示为模具类零件。

图 1-12 模具类零件

(3) 异形零件

异形零件（如图 1-13 所示）是外形不规则零件，如支架、拨叉这一类外形不规则的零件，大多要点、线、面多工位混合加工。由于外形不规则，其在普通机床上只能采取工序分散的原则加工，需用工装较多，周期较长。利用加工中心多工位点、线、面混合加工的特点，可以完成大部分甚至全部工序内容。

图 1-13 异形零件

上述是根据零件特征选择的适合加工中心加工的几种零件，此外，还有以下一些适合加工中心加工的零件。

(1) 周期性投产的零件

用加工中心加工零件时，所需工时主要包括基本时间和准备时间，其中，准备时间占很大比例。例如工艺准备、程序编制、零件首件试切等，这些时间往往是单件基本时间的几十倍。采用加工中心可以将这些准备时间的内容储存起来，供以后反复使用。这样，周期性投产的零件的生产周期就可以大大缩短。

(2) 加工精度要求较高的中小批量零件

针对加工中心加工精度高、尺寸稳定的特点，对加工精度要求较高的中小批量零件，选择加工中心进行加工，容易获得所要求的尺寸精度和形状位置精度，并可得到很好的互换性。

(3) 新产品试制中的零件

在新产品定型之前，需经反复试验和改进。选择加工中心试制，可省去许多用通用机床加工所需的试制工装。当零件被修改时，只需修改相应的程序及适当地调整夹具、刀具即可，节省了费用，缩短了试制周期。

1.2　数控铣床/加工中心工具及辅助设备

1.2.1　数控铣床/加工中心夹具

数控铣床常用夹具是平口钳、卡盘等。图 1-14 所示为平口钳；图 1-15 所示为铣削用卡盘。

(a) 平口虎钳

(b) 液压虎钳

图 1-14　平口钳

(a) 铣削用三爪卡盘

(b) 铣削用四爪卡盘

图 1-15　铣削用卡盘

平口钳可固定在工作台上，利用百分表校正钳口，使钳口与纵向或横向工作台进给方向平行，以保证铣削的加工精度，如图 1-16 所示。使用时把工件装夹在平口钳上，这种方式装夹方便，应用广泛，适于装夹形状规则的小型工件。

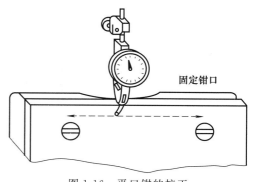

固定钳口

图 1-16 平口钳的校正

数控铣床上加工的零件多数为半成品，利用平口钳装夹的工件尺寸一般不超过钳口的宽度，所加工的部位不得与钳口发生干涉。平口钳安装好后，把工件放入钳口内，并在工件的下面垫上比工件窄、厚度适当且要求较高的等高垫块，然后把工件夹紧。为了使工件紧密地靠在垫块上，应用铜锤木锤轻轻地敲击工件，直到用手不能轻易推动等高垫块时，再将工件夹紧在平口钳内。工件应当紧固在钳口比较中间的位置，装夹高度以铣削部位高出钳口平面 3～5mm 为宜。用平口钳装夹表面粗糙度较大的工件时，应在两钳口与工件表面之间垫一层铜皮，以免损坏钳口，并能增加接触面。图 1-17 所示为使用平口钳装夹工件。

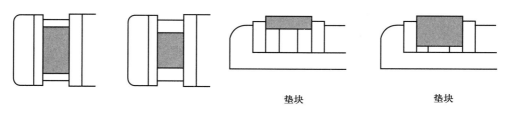

垫块　　　　　垫块

图 1-17 平口钳装夹工件

1.2.2 数控回转工作台和数控分度工作台

数控铣床的工作台有多种形式，最常用的主要有矩形工作台、回转工作台两种。

(1) 矩形工作台

矩形工作台用于直线坐标进给。

(2) 数控回转工作台和数控分度工作台

这两种工作台用于回转坐标进给。

① 数控回转工作台 它同直线进给工作台一样，是在数控系统的控制下，完成工作台的圆周进给运动，并能同其他坐标轴实现联动，以完成复杂零件的加工，还可以做任意角度转位和分度。数控回转工作台适用于数控铣床和加工中心，使机床增加一个或两个回转坐标，从而使三坐标机床实现四轴、五轴加工功能。图 1-18 所示为方形回转工作台、圆形回转工作台和万能倾斜式回转工作台三种数控回转工作台的典型结构。

② 数控分度工作台 数控分度工作台与数控回转工作台不同，它只能完成分度运动。由于结构上的原因，分度工作台的分度运动只限于某些规定角度，如在 0°～360°范围内每 5°分一次或每 1°分一次。

1.2.3 常用工具

对刀的目的是通过刀具或对刀工具确定工件坐标系与机床坐标系之间的空间位置关系，并将对刀数据输入到相应的存储位置，是数控加工中最重要的操作内容，其准确性将直接影响零

(a) 方形回转工作台　　　(b) 圆形回转工作台　　　(c) 万能倾斜式回转工作台

图 1-18　数控回转工作台

件的加工精度。对刀根据现有条件和加工精度要求选择对刀方法，可采用试切法、寻边器对刀、对刀仪对刀、自动对刀等。其中试切法对刀精度较低，加工中常用寻边器和 Z 轴设定器对刀，效率高，能保证对刀精度。

常用的对刀工具有寻边器、Z 轴设定器、对刀仪等。

(1) 寻边器

寻边器有偏心式寻边器和光电式寻边器两种。

① 偏心式寻边器。偏心式寻边器由两段圆柱销组成，内部靠弹簧连接，如图 1-19 所示。使用时，其一端与主轴同心装夹，并以较低的转速（大约 600r/min）旋转。由于离心力的作用，另一端的销子首先做偏心运动。在销子接触工件的过程中，会出现短时间的同心运动，这时记下系统显示器显示数据（机床坐标），结合考虑接触处销子的实际半径，即可确定工件接触面的位置。

② 光电式寻边器。光电式寻边器如图 1-20 所示。光电式寻边器一般由柄部和触头组成，光电式寻边器需要内置电池，当其找正球接触工件时，发光二极管亮，其重复找正精度在 2μm 以内。

图 1-19　偏心式寻边器　　　　　图 1-20　光电式寻边器

(2) Z 轴设定器

Z 轴设定器用以确定主轴方向的坐标数据。其形式多样，有机械式对刀器、电子式对刀器等，如图 1-21 所示。对刀时将刀具的端刃与工件表面或 Z 轴设定器的侧头接触，利用机床坐标的显示来确定对刀值。当使用 Z 轴设定器对刀时，要将 Z 轴设定器的高度考虑进去。图 1-22所示为 Z 轴设定器与刀具和工件的关系。

(3) 对刀仪

对刀仪如图 1-23 所示。使用对刀仪，可测量刀具的半径和长度，并进行记录，然后将刀具的测量数据输入机床的刀具补偿表中，供加工中进行刀具补偿时调用。

图 1-21　Z 轴设定器

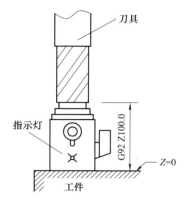

图 1-22　Z 轴设定器与刀具和工件的关系

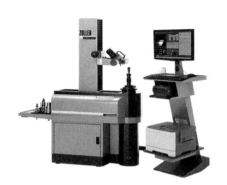

图 1-23　光学数显对刀仪

1.3　数控铣床/加工中心刀具系统

1.3.1　数控刀具的要求与特点

① 刀具材料应具有高的可靠性。数控加工切削速度和自动化程度高，要求刀具应具有很高的可靠性，并且要求刀具的寿命长、切削性能稳定、质量一致性好、重复精度高。

② 刀具材料应具有高的耐热性、抗热冲击性和高温力学性能。为了提高生产效率，现在的数控机床向着高速度、高刚性和大功率方向发展。切削速度的增大，导致切削温度急剧升高。因此，要求刀具材料的熔点高、氧化温度高、耐热性好、抗热冲击性能强，同时还要求刀具材料具有很高的高温力学性能，如高温强度、高温硬度、高温韧性等。

③ 数控刀具应具有高的精度和重复定位精度。现在高精密加工中心的加工精度可以达到 $3\sim5\mu m$，因此刀具的精度、刚度和重复定位精度必须与之相适应。另外，刀具的刀柄与快换夹头间或与机床锥孔间的连接部分应有高的制造、定位精度。数控机床广泛采用的机夹可转位车刀、铣刀，其刀尖的位置精度、转位精度要求较高。

④ 实现刀具尺寸的预调和快速换刀，缩短辅助时间、提高加工效率。数控刀具应能与数控机床快速、准确地结合和脱开，并能适应机械手的操作，并且要求刀具互换性好、更换迅速、尺寸调整方便、安装可靠，以减少因更换刀具而造成的停顿时间。刀具的尺寸应能借助于对刀装置或对刀仪进行预调，以减少换刀调整的时间。

⑤ 数控刀具应系列化、标准化和通用化，尽量减少刀具规格，以利于数控编程和便于刀具管理，降低加工成本，提高生产效率。

⑥ 数控刀具大量采用机夹可转位刀具、多功能复合刀具。机夹可转位刀具在数控机床上得到广泛的使用，在数量上达到整个数控刀具的 30％～40％。数控刀具采用的多功能复合刀具如多功能车刀、镗-铣刀、钻-铣刀、钻-扩刀、扩-铰刀、扩-镗刀等，使原来需要多道工序、几种刀具才能完成的加工内容，在一道工序中由一把刀具完成，以提高生产效率，保证加工精度，而且减少了刀具数量。

⑦ 数控刀具断屑及排屑性能好。数控加工中，断屑和排屑不像普通机床加工那样能及时由人工处理，切屑易缠绕在刀具和工件上，会损坏刀具和划伤工件已加工表面，甚至会发生伤人和设备事故，影响加工质量和机床的安全运行，所以要求刀具具有较好的断屑和排屑性能。

⑧ 数控刀具的类型、规格和精度等级应能够满足加工要求，刀具材料应与工件材料相适应。

1.3.2 数控刀具材料

刀具材料的种类很多，常用的有：碳素工具钢、合金工具钢和高速钢、硬质合金、陶瓷、金刚石和立方氮化硼等。

碳素工具钢和合金工具钢，因耐热性差，只宜做手工刀具和低速切削刀具。陶瓷、金刚石和立方氮化硼，由于质脆、工艺性差及价格昂贵，使用受到限制。目前最常用的刀具材料是高速钢和硬质合金。

(1) 高速钢

高速钢是在合金工具钢中加入较多的钨、钼、铬、钒等合金元素的高合金工具钢。它具有较高的强度、韧性和耐热性，是目前应用最广泛的刀具材料，因刃磨时易获得锋利的刃口，故又称"锋钢"。

高速钢按用途不同，可分为普通高速钢、高性能高速钢、粉末冶金高速钢和涂层高速钢。

① 普通高速钢 普通高速钢具有一定的硬度（62～67 HRC）和耐磨性、较高的强度和韧性，切削钢料时切削速度一般不高于 50～60m/min，不适合高速切削和硬材料的切削。常用牌号有 W18Cr4V、W6Mo5Cr4V2。

② 高性能高速钢 在普通高速钢中增加碳、钒的含量或加入一些其他合金元素而得到耐热性、耐磨性更高的新钢种，常用的有高碳高速钢、高钴高速钢、高钒高速钢、含铝高速钢。

③ 粉末冶金高速钢 以上所述各种高性能高速钢都是用熔炼方法制成的。熔炼高速钢的严重问题是碳化物偏析，硬而脆的碳化物在高速钢中分布不均匀，且晶粒粗大（可达几十微米），对高速钢刀具的耐磨性、韧性及切削性能产生不利影响。

粉末冶金高速钢没有碳化物偏析的缺陷，抗弯强度和韧性得以提高，一般比熔炼高速钢高出 0.5 倍或 1 倍。它适于制造受冲击载荷的刀具，如铣刀、插齿刀、刨刀以及小截面、薄刃刀具。粉末冶金高速钢的耐用度较高，可磨性能较好，热处理变形亦较小，适于制造刃形复杂的刀具。

④ 涂层高速钢 在高速钢的基体上，用物理气相沉积方法（即 PVD 法）涂覆耐磨材料薄层，可以大幅度地提高高速钢刀具的使用性能。

表 1-1 所示为常用高速钢牌号及其应用范围。

(2) 硬质合金

硬质合金是由硬度和熔点都很高的碳化物，用 Co、Mo、Ni 作黏结剂烧结而成的粉末冶金制品。其常温硬度可达 78～82HRC，能耐 850～1000℃ 的高温，切削速度可比高速钢高4～

10 倍。但其冲击韧性与抗弯强度远比高速钢差。实际使用中，常将硬质合金刀片用焊接或机械夹固的方式固定在刀体上。

表 1-1　常用高速钢牌号及其应用范围

类别		牌号	主要用途
普通高速钢		W18Cr4V	广泛用于制造钻头、绞刀、铣刀、拉刀、丝锥、齿轮刀具等
		W6Mo5Cr4V2	用于制造要求热塑性好和受较大冲击载荷的刀具，如轧制钻头等
		W14Cr4VMnRe	用于制造要求热塑性好和受较大冲击载荷的刀具，如轧制钻头等
高性能高速钢	高碳	95W18Cr4V	用于制造对韧性要求不高但对耐磨性要求较高的刀具
	高矾	W12Cr4V4Mo	用于制造形状简单、对耐磨性要求较高的刀具
	超硬	W6Mo5Cr4V2Al	用于制造复杂刀具和难加工材料用的刀具
		W10Mo4Cr4V3Al	耐磨性好，用于制造加工高强度耐热钢的刀具
		W6Mo5Cr4V5SiNbAl	用于制造形状简单的刀具，如加工铁基高温合金的钻头
		W12Cr4V3Mo3Co5Si	耐磨性、耐热性好，用于制造加工高强度钢的刀具
		W2Mo9Cr4VCo8(M42)	用作难加工材料的刀具，因其磨削性好可作复杂刀具，价格昂贵

① 普通硬质合金　按 ISO 标准主要以硬质合金的硬度、抗弯强度等指标为依据，硬质合金刀片材料大致可分为 K、P、M 三大类。

a. K 类（YG）　即钨钴类，由碳化钨（WC）和钴（Co）组成。这类硬质合金韧性较好，但硬度和耐磨性较差，适用于加工铸铁、青铜等脆性材料。

b. P 类（YT）　即钨钴钛类，由碳化钨（WC）、碳化钛（TiC）和钴（Co）组成。这类硬质合金耐热性和耐磨性较好，但抗冲击韧性较差，适用于加工钢料等韧性材料。

c. M 类（YW）　即钨钴钛钽铌类。由在钨钴钛类硬质合金中加入少量的稀有金属碳化物（TaC 或 NbC）组成。它具有前两类硬质合金的优点，用其制造的刀具既能加工脆性材料，又能加工韧性材料，同时还能加工高温合金、耐热合金及合金铸铁等难加工材料。

② 表面涂层硬质合金　通过化学气相沉积（CVD）等方法，在硬质合金刀片的表面上涂覆耐磨的 TiC 或 TiN、TiCN、Al_2O_3 薄层，形成表面涂层硬质合金。涂层硬质合金刀片一般均制成转位的式样用机夹方法装夹在刀杆或刀体上使用。它具有以下优点：

a. 表层的涂层材料具有极高的硬度和耐磨性。

b. 涂层材料与被加工材料之间的摩擦因数较小，故与未涂层刀片相比，涂层刀片的切削力有一定降低。

c. 涂层刀片加工时，已加工表面质量较好。

由于综合性能较好，涂层刀片有较好的通用性。

表 1-2 所示为常用硬质合金牌号及其应用范围。

表 1-2　常用硬质合金牌号及其应用范围

牌号			应用范围
YG3X	硬度、耐磨性、切削速度	抗弯强度、韧性、进给量	铸铁、有色金属及其合金的精加工、半精加工，不能承受冲击载荷
YG3			铸铁、有色金属及其合金的精加工、半精加工，不能承受冲击载荷
YG6X			普通铸铁、冷硬铸铁、高温合金的精加工、半精加工
YG6			铸铁、有色金属及其合金的半精加工和粗加工
YG8			铸铁、有色金属及其合金、非金属材料的粗加工，也可以用于断续切削
YG6A			冷硬铸铁、有色金属及其合金的半精加工，亦可用于高锰钢、淬硬钢的半精加工和精加工
YT30	硬度、耐磨性、切削速度	抗弯强度、韧性、进给量	碳素钢、合金钢的精加工
YT15			碳素钢、合金钢在连续切削时的粗加工、半精加工，亦可用于断续切削时的精加工
YT14			同 YT15
YT5			碳素钢、合金钢的粗加工，也可以用于断续切削

牌号			应用范围
YW1	硬度、耐磨性、切削速度 ↓	抗弯强度、韧性、进给量 ↑	高温合金、高锰钢、不锈钢等难加工材料及普通钢料、铸铁、有色金属及其合金的半精加工和精加工
YW2			高温合金、高锰钢、不锈钢等难加工材料及普通钢料、铸铁、有色金属及其合金的粗加工和半精加工

(3) 其他刀具材料简介

① 陶瓷　陶瓷的主要成分是 Al_2O_3，刀片硬度可达 78 HRC 以上，能耐 1200～1450℃的高温，故能承受较高的切削速度。但其抗弯强度低，冲击韧性差，易崩刃。其主要用于钢、铸铁、高硬度材料及高精度零件的精加工。

② 超硬刀具材料　超硬刀具材料是指立方氮化硼（CBN）和金刚石。它们的硬度大大超过了硬质合金与陶瓷，故称"超硬"。

刀具材料的选用应对使用性能、工艺性能、价格等因素进行综合考虑，做到合理选用。

1.3.3　数控刀具

1.3.3.1　数控铣刀

(1) 面铣刀（端铣刀）

面铣刀的圆周表面和端面上都有切削刃，端部切削刃为副切削刃，常用于端铣较大的平面。面铣刀多制成套式镶齿结构，刀齿材料为高速钢或硬质合金，刀体材料为40Cr。

高速钢面铣刀按国家标准规定，直径 $d=80～250mm$，螺旋角 $\beta=10°$，刀齿数 $z=10～26$。

硬质合金面铣刀与高速钢铣刀相比，铣削速度较高、加工表面质量也较好，并可加工带有硬皮和淬硬层的工件，故得到广泛应用。典型的面铣刀为具有可互换的硬质合金镶刀片的多齿刀具，如图 1-24 所示。

图 1-24　硬质合金面铣刀

(2) 立铣刀

立铣刀是数控铣削中最常用的一种铣刀，其结构如图 1-25 所示。立铣刀的圆柱表面和端面上都有切削刃，由于普通立铣刀端面中心处无切削刃，所以立铣刀不能作轴向进给，端面刃主要用来加工与侧面相垂直的底平面。

直径较小的立铣刀，一般制成直柄形式。常用标准直柄立铣刀直径 $d=2～20mm$，锥柄立铣刀直径 $d=14～50mm$。锥柄为带有螺孔的 7：24 锥柄，螺孔用来拉紧刀具。铣刀工作部分用高速钢或硬质合金制造。

键槽铣刀（平底立铣刀）圆柱面和端面都有切削刃，端面刃延至中心，加工时可轴向进给达到槽深，然后沿键槽方向铣出键槽全长。常用标准直柄键槽铣刀直径 $d=2～20mm$，锥柄

图 1-25 立铣刀

键铣刀直径 $d=14\sim40\text{mm}$。键槽铣刀直径的偏差有 e8 和 d8 两种。键槽铣刀的圆周切削刃仅在靠近端面的一小段长度内发生磨损，重磨时，只需刃磨端面切削刃，因此重磨后铣刀直径不变。图 1-26 所示为键槽铣刀（平底立铣刀）。

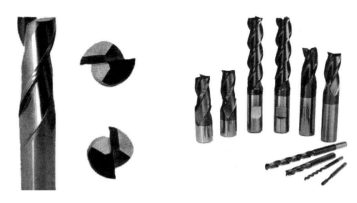

图 1-26 键槽铣刀（平底立铣刀）

模具铣刀（球形立铣刀）由立铣刀发展而成，适用于加工空间曲面零件，有时也用于平面类零件上有较大转接凹圆弧的过渡加工。模具铣刀可分为圆锥形立铣刀（圆锥半角 $\dfrac{\alpha}{2}=3°$、$5°$、$7°$、$10°$）、圆柱形球头立铣刀和圆锥形球头立铣刀三种，其柄部有直柄、削平型直柄和莫氏锥柄。它的结构特点是球头或端面上布满了切削刃，圆周刃与球头刃圆弧连接，可以作径向和轴向进给。铣刀工作部分用高速钢或硬质合金制造。图 1-27 所示为模具铣刀。

图 1-27 模具铣刀

（3）鼓形铣刀

鼓形铣刀主要用于对变斜角类零件的变斜角面的近似加工。它的切削刃分布在半径为 R 的圆弧面上，端面无切削刃。图 1-28 所示为鼓形铣刀。

（4）成形铣刀

成形铣刀一般都是为特定的工件或加工内容专门设计制造的，适用于加工平面类零件的特定形状（如角度面、凹槽面等），也适用于特形孔或台。图 1-29 所示为几种常用的成形铣刀。

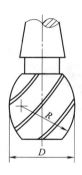

图 1-28　鼓形铣刀

图 1-30 所示为常见的铣削方式及刀具。

1.3.3.2　孔加工刀具

(1) 麻花钻

钻孔刀具较多，有普通麻花钻、可转位浅孔钻及扁钻等，应根据工件材料、加工尺寸及加工质量要求等合理选用。

在加工中心上钻孔，大多是采用普通麻花钻。麻花钻有高速钢和硬质合金两种。

根据柄部不同，麻花钻有莫氏锥柄和圆柱柄两种。直径为 3～80mm 的麻花钻多为莫氏锥柄，可直接装在带有莫氏锥孔的

图 1-29　成形铣刀

刀柄内，刀具长度不能调节。直径为 0.5～20mm 的麻花钻多为圆柱柄，可装在钻夹头刀柄上。中等尺寸麻花钻两种形式均可选用。图 1-31 所示为各种钻头。

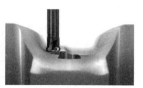

(a) 方肩铣、边缘铣　　　　(b) 面铣　　　　(c) 高进给铣削　　　(d) 仿形铣削/轮廓铣削

(e) 切断和铣槽　　　　(f) 整体铣削刀具和可换刀头　　　(g) 倒角铣削

图 1-30　常见的铣削方式及刀具

(a) 可转位刀片钻头　　　(b) 整体硬质合金钻头　　　(c) 可换头钻头 　　　(d) 深孔加工钻头

图 1-31　钻头

（2）镗孔刀具

镗孔所用刀具为镗刀。镗刀种类很多，按切削刃数量可分为单刃镗刀和双刃镗刀。图1-32所示为镗刀。

图 1-32 镗刀

图 1-33 所示为常见的镗削加工形式。

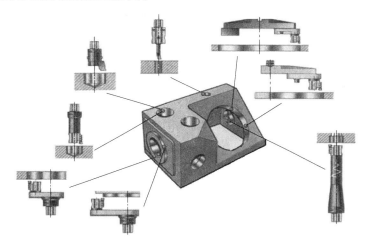

图 1-33 镗削加工示意图

（3）铰孔刀具

加工中心上使用的铰刀多是通用标准铰刀。此外，还有机夹硬质合金刀片单刃铰刀和浮动铰刀等。

加工精度为 IT7～IT10 级、表面粗糙度 Ra 为 $0.8～1.6\mu m$ 的孔时，多选用通用标准铰刀。通用标准铰刀有直柄、锥柄和套式三种。锥柄铰刀直径为 $10～32mm$，直柄铰刀直径为 $6～20mm$，小孔直柄铰刀直径为 $1～6mm$，套式铰刀直径为 $25～80mm$。图 1-34 所示为铰刀。

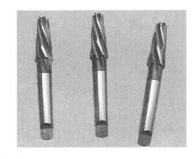

图 1-34 铰刀

1.3.4 数控铣床/加工中心刀具系统

(1) 刀柄

加工中心上刀柄与主轴孔的配合锥面一般采用 7：24 的锥柄，刀柄通过拉钉固定在主轴上。刀柄和拉钉已标准化，如图 1-35 所示。

在加工中心上，刀具种类繁多，对于不同的刀具，与之相适应的刀柄有所不同，常用刀柄有以下几种形式。

a. 整体式刀柄，如图 1-36 所示。

图 1-35 刀柄与拉钉

图 1-36 整体式刀柄

b. 模块式刀柄，如图 1-37 所示。

图 1-37 模块式刀柄

c. 转角刀柄，如图 1-38 所示。

图 1-38 转角刀柄

d. 孔加工用刀柄，如图 1-39 所示。

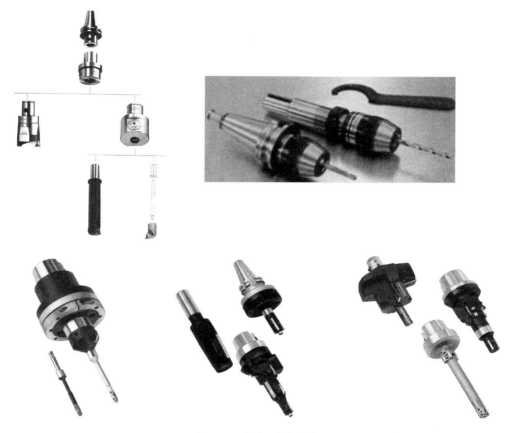

图 1-39 孔加工用刀柄

e. 侧铣刀柄，如图 1-40 所示。

f. 内冷却刀柄，如图 1-41 所示。

图 1-40 侧铣刀柄

图 1-41 内冷却刀柄

(2) 刀具系统

加工中心常用的铣刀有端铣刀、立铣刀两种，也可用锯片铣刀、三面刃铣刀等。端铣刀主要用来加工平面，而立铣刀则使用灵活、具有多种加工方式。常用刀具如图 1-42～图 1-47 所示。

① 端铣刀，如图 1-42 所示。

② 立铣刀，如图 1-43 所示。

③ 粗切削侧铣刀，如图 1-44 所示。

④ 平面铣刀，如图 1-45 所示。

⑤ 快速钻孔刀，如图 1-46 所示。

(a) 直角端铣刀

(b) 圆刃端铣刀

图 1-42 端铣刀

图 1-43 立铣刀

图 1-44 粗切削侧铣刀

图 1-45 平面铣刀

图 1-46 快速钻孔刀

⑥ 其他铣刀，如图 1-47 所示。

1.3.5　镗铣加工中心刀库

（1）刀库类型

在加工中心上使用的刀库主要有两种，一种是盘式刀库，一种是链式刀库。盘式刀库的刀库容量相对较小，一般为 1～24 把刀

T形槽铣刀　　　　　　　侧切槽铣刀

图 1-47　其他铣刀

具，主要适用于小型加工中心；链式刀库的刀库容量大，一般为 1～100 把刀具，主要适用于大中型加工中心。图 1-48 所示为盘式刀库，图 1-49 所示为链式刀库。

图 1-48　盘式刀库

图 1-49　链式刀库

（2）自动换刀装置（ATC）

自动换刀装置用来交换主轴与刀库中的刀（工）具。

① 对自动换刀装置的要求　即要求刀库容量适当；换刀时间短；换刀空间小；动作可靠、使用稳定；刀具重复定位精度高；刀具识别准确等。

② 换刀方式　换刀方式常用的有机械手换刀和主轴换刀。如图 1-50 所示为机械手换刀方式。

1.3.6　工作台自动交换装置（APC）

① 工作台自动交换装置（APC）的作用：可携带工件在工位及机床之间转换，减小定位误差，减少装夹时间，提高加工精度及生产效率。

② 对工作台自动交换装置的要求：工作台数量适当；交换时间短；交换空间小；动作可靠、使用稳定；

图 1-50　机械手换刀方式

工作台重复定位精度高。

③ 工作台自动交换装置的类型：工作台自动交换装置有回转交换式和移动交换式两种，如图 1-51 所示。

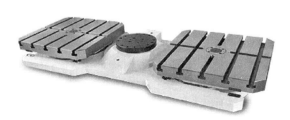

图 1-51　工作台自动交换装置（回转交换式）

1.4　铣削方式的选择

1.4.1　顺铣、逆铣的判定

铣削时，按工件与刀具相对运动的形式不同分为顺铣和逆铣。

① 顺铣：在铣刀与工件已加工面的切点处，铣刀旋转切削刃的运动方向与机床工作台进给方向相同的铣削。

② 逆铣：在铣刀与工件已加工面的切点处，铣刀旋转切削刃的运动方向与机床工作台进给方向相反的铣削。

1.4.1.1　圆周铣削时的顺、逆铣

圆周铣削是用铣刀（圆柱铣刀、立铣刀、三面刃铣刀等）圆周上的刀刃进行铣削的方式。图1-52所示为圆周铣削时（圆柱铣刀）的顺、逆铣。

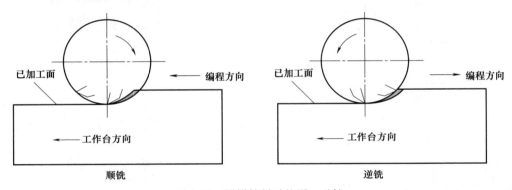

图1-52　圆周铣削时的顺、逆铣

顺铣的缺点：顺铣时，刀刃从工件的外表面切入，因此当工件是有硬皮和杂质的毛坯件时，刀刃易磨损和损坏；顺铣时因机床工作台丝杠、螺母间隙的影响，铣刀作用在工件上的力在进给方向上的分力与机床工作台进给方向相同，易使工作台产生间歇性的窜动，造成打刀等顺铣危害，故平时应采用逆铣。

顺铣的优点：顺铣时铣削力的垂直分力始终向下，方向不变，有压紧工件的作用，铣削时较平稳；顺铣时刀刃切入工件是从切削厚处切到薄处，刀刃切入容易，而且在刀刃切到已加工表面时，对已加工表面的挤压摩擦也小，故刀刃磨损较慢，加工出的工件表面质量较高；顺铣时消耗在进给运动方面的功率较小。由于顺铣的这些优点，当机床工作台丝杠、螺母间隙调整较小（0.05~0.1mm）时，可采用顺铣。

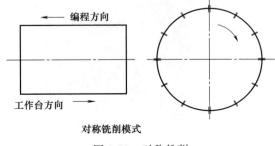

对称铣削模式

图1-53　对称铣削

数控加工由于是精加工且机床精度较高（尤其是工作台丝杠、螺母间隙较小），因此加工时多采用顺铣。

1.4.1.2　端面铣削时的顺铣和逆铣

端面铣削时，根据铣刀与工件之间的相对位置不同而分为对称铣削和非对称铣削。

① 对称铣削　对称铣削是工件处于铣刀中间时的铣削方式。图1-53所示为对称

铣削。

对称铣削时，顺铣、逆铣在交替变换，工件和工作台容易产生窜动，当对称铣削狭长工件时，工件易产生弯曲变形，导致让刀和铣削振动，影响加工质量，所以对称铣削多在工件宽度接近铣刀直径时才采用。

② 非对称铣削　非对称铣削分为非对称顺铣和非对称逆铣。非对称顺铣，铣削时顺铣占的比例大；非对称逆铣，铣削时逆铣占的比例大。图 1-54 所示为非对称铣削。

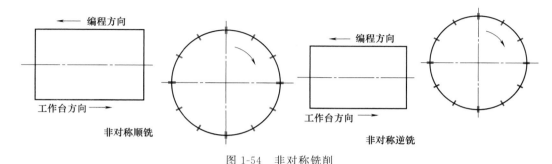

图 1-54　非对称铣削

1.4.2　刀具选择

(1) 周铣时立铣刀的选择

周铣时切削深度、切削宽度如图 1-55 所示。对于轮廓切削（凸台、槽、二维轮廓等），立铣刀半径应小于或等于所加工轮廓的最小凹圆弧半径，在满足要求的前提下为保证刀具的刚性，立铣刀直径应尽可能大。

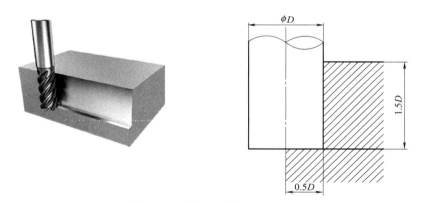

图 1-55　周铣（立铣刀周刃）

立铣刀切削时，多数情况下刀具的周刃、端刃都会参与切削，而不是单纯的周刃切削。但立铣刀的切削一般是以周刃切削为主，当以端刃切削为主时，对刀具的选择可参考端铣时端铣刀的选择。图 1-55 所示为立铣刀周刃铣削时立铣刀直径与加工深度、宽度的关系。

(2) 端铣时端铣刀的选择

典型的端铣刀为具有可互换的硬质合金镶刀片的多齿刀具。图 1-56 所示为端面铣削。

端铣刀常用于加工较大平面的粗、精加工。平面铣刀（端铣刀）的直径，对于单次平面铣削，平面铣刀的直径应为材料宽度的 1.3～1.6 倍。1.3～1.6 倍的比例可以保证切屑较好地形成与排出。对于多次平面铣削，通常选用最大直径的刀具，同时需要考虑机床的功率等级、刀具和镶刀片几何尺寸、安装刚度、每次切削的深度和宽度以及其他加工因素。

图 1-56　端面铣削（端铣刀）

平面铣削的基本目的是加工工件上表面到指定高度。这种加工需选择合理直径的平面铣刀，这也意味着使用较大直径的平面铣刀。基于机床和工作类型，刀具直径通常为 50～300mm。

1.4.3　刀具下刀、进退刀方式的确定

(1) 刀具下刀方式

Z 轴下刀方式如图 1-57 所示。

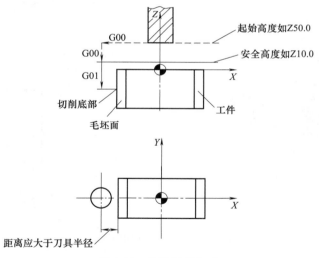

图 1-57　Z 轴下刀方式

图 1-57 中所示 G00 为快速移动，G01 为工作进给。

① 起始高度是为了防止刀具与工件发生碰撞而设置的；

② 在安全高度以下，刀具以工作进给速度切至切削深度，通常要在工件外（空中）移动刀具至所需的深度；

③ 如果加工型腔，可在工件加工位置上方直接落刀，用立铣刀须做落刀孔。

(2) 刀具的进退刀方式

进退刀方式在铣削加工中是非常重要的，二维轮廓的铣削加工常见的进退刀方式有垂直进刀、侧向进刀和圆弧进刀方式。刀具的进退刀方式如图 1-58 所示。

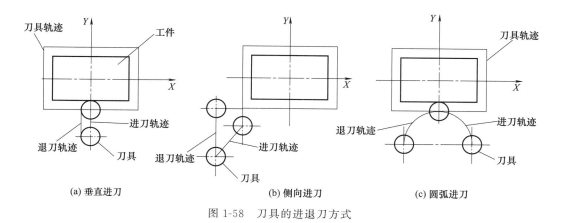

图 1-58　刀具的进退刀方式

(a) 垂直进刀　　(b) 侧向进刀　　(c) 圆弧进刀

垂直进刀路径短，但工件表面有接痕，常用于粗加工；侧向进刀和圆弧进刀的工件加工表面质量高，多用于精加工。

1.4.4　平面铣削

较大平面铣削多采用端铣刀，较小平面铣削可采用立铣刀。

（1）单次平面铣削

单次平面铣削如图 1-59 所示，刀具大约 2/3 切入工件，切屑厚度和切入角较为理想。当刀具直径大于工件表面宽度（一般在选择刀具时刀具直径约为所切削工件表面宽度的 1.3～1.6 倍）时，可一次切削出工件表面。

（2）多次平面切削

最为常见的方法为同一深度上的单向多次切削和双向多次切削（也称 Z 向切削）。

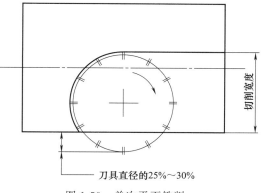

图 1-59　单次平面铣削

① 单向多次切削的起点在一根轴的同一位置上，但在工件上方改变另一轴的位置，这是平面铣削时常见的方法，但频繁的快速返回运动导致效率低。图 1-60 所示为单向多次切削。

② 双向多次切削（也称 Z 向切削）的效率比单向多次切削要高，但它将铣刀的顺铣、逆铣交替变换。图 1-61 所示为双向多次切削。

（3）圆形平面的铣削

工件表面落刀环形切削用于切削深度不大的场合；工件以外落刀环形切削用于圆形表面的粗、精加工。图 1-62 所示为圆形平面的铣削。

1.4.5　窄槽和型腔铣削

1.4.5.1　开放和封闭边界

起点和终点不在同一位置的连续

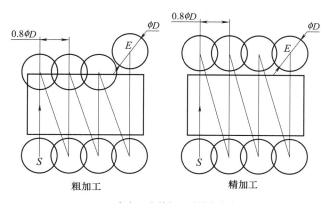

粗加工　　　　　精加工

粗加工和精加工的单向多次平面切削

图 1-60　单向多次切削

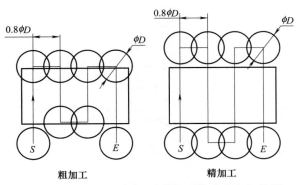

图 1-61　双向多次切削

轮廓称为开放轮廓，反之则称为封闭轮廓。

（1）开放边界

开放边界并不是真正意义上的型腔。这类轮廓的加工非常灵活，这是因为刀具可以从开放的区域进入所需的深度，可以使用各种高质量的立铣刀来加工开放边界。

（2）封闭边界

封闭边界加工时在工件实体上方落刀至切削深度再进给切削去除余量，此时若采用立铣刀则需预制落刀孔（立铣刀端面刃在接近刀心处无切削刃，不能在工件实体处直接下刀），当然一般采用键槽铣刀即平底立铣刀则可直接下刀至切削深度。常见的规则封闭轮廓（型腔）包括封闭窄槽、矩形型腔和圆柱形型腔等。不规则的型腔形状可以是任意的，但它们的加工与规则型腔是一样的。

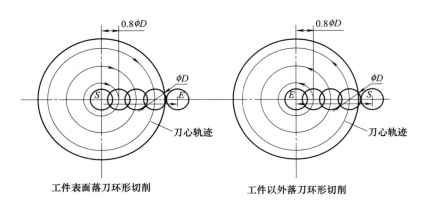

图 1-62　圆形平面的铣削

1.4.5.2　窄槽铣削

（1）开口窄槽

刀具尺寸选择：

$$s = (W - D)/2$$

式中　s——精加工余量；

　　　W——窄槽宽度；

　　　D——刀具直径。

s 应以一次切削完成精加工为合适。

刀具路径轨迹如图 1-63 所示。

（2）封闭窄槽

铣削封闭窄槽采用立铣刀需预制落刀孔，采用键槽铣刀（即平底立铣刀）则可在工件表面直接落刀。

刀具路径轨迹如图 1-64 所示，其中 $R_刀 < R_切 < R$。

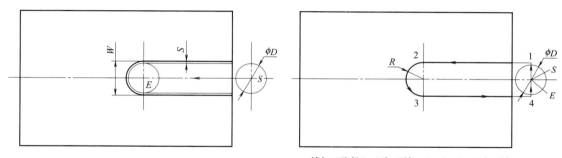

粗加工路径S—E—S

精加工路径S—1(加刀补)—2—3—4—E(去刀补)

(S点、E点为刀心位置，其余各坐标点为刀具半径补偿后坐标点)

图 1-63　开口窄槽刀具路径轨迹

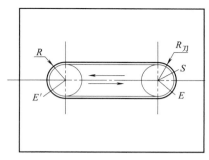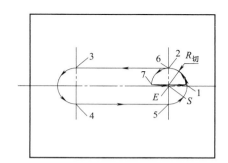

粗加工路径S—E′—E

精加工路径S—1(加刀补)—2(圆弧切入)
—3—4—5—6—7(圆弧切出)—E(去刀补)

(S点、E点为刀心位置，其余各坐标点为刀具半径补偿后坐标点)

图 1-64　封闭窄槽的刀具路径轨迹

1.4.5.3　矩形型腔

粗加工往复走刀，半精加工环形切削，精加工加刀具半径补偿切削。如图 1-65 所示为矩形型腔的刀具路径轨迹，其中 $R_刀 < R_切$、$R_刀 < R$ 。

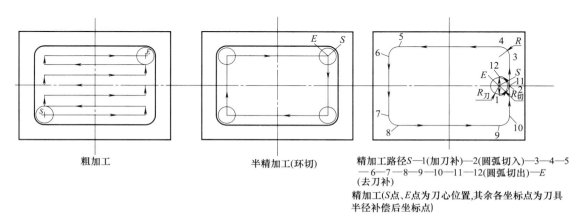

粗加工　　　　　半精加工(环切)

精加工路径S—1(加刀补)—2(圆弧切入)—3—4—5
—6—7—8—9—10—11—12(圆弧切出)—E
(去刀补)

精加工(S点、E点为刀心位置,其余各坐标点为刀具
半径补偿后坐标点)

图 1-65　矩形型腔的刀具路径轨迹

1.4.5.4　圆形型腔

粗加工时环形切削，留精加工余量。精加工时圆弧切入、切出，整圆切削。如图 1-66 所示为圆形型腔的刀具路径轨迹，其中 $R_刀 < R_切$ 。

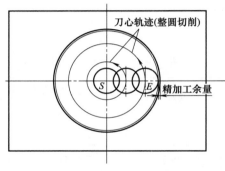

粗加工(整圆切削)

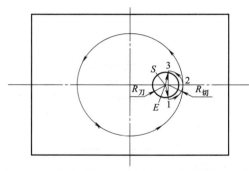

精加工路径S—1—2(圆弧切入加刀补)—2(整圆切削)—3(圆弧切出)
—E(去刀补)
(S点、E点为刀心位置,其余各坐标点为刀具半径补偿后坐标点)

图 1-66　圆形型腔的刀具路径轨迹

第**2**章

数控铣床/加工中心编程基础

2.1 数控铣床/加工中心的坐标系

2.1.1 数控机床的坐标系

(1) 坐标轴和运动方向命名的原则

① 标准坐标系是一个右手直角笛卡儿坐标系，如图 2-1 所示。

② 假定刀具相对于静止的工件而运动。当工件移动时，则在坐标轴符号上加"'"表示。

③ 刀具远离工件的运动方向为坐标轴的正方向。

④ 机床主轴旋转运动的正方向是按照右旋螺纹进入工件的方向。

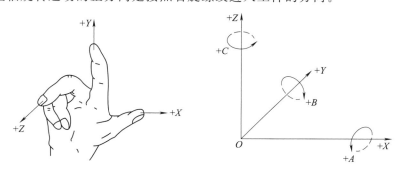

图 2-1　右手直角笛卡儿坐标系

(2) 坐标轴的规定

① Z 坐标轴。在机床坐标系中，规定传递切削动力的主轴为 Z 坐标轴。如机床上有几个主轴，则选一垂直于工件装夹面的主轴作为主要的主轴。

② X 坐标轴。X 坐标轴是水平的，它平行于工件装夹平面。如果 Z 坐标轴是水平（卧式）的，当从主要刀具的主轴向工件看时，向右的方向为 X 轴的正方向；如果 Z 坐标轴是垂直（立式）的，当从主要刀具的主轴向立柱看时，X 轴的正方向指向右边。

③ Y 坐标轴。Y 坐标轴根据 Z 和 X 坐标轴，按照右手直角笛卡儿坐标系确定。

④ 如在 X、Y、Z 主要直线运动之外另有第二组、第三组平行于它们的运动，可分别将它们的坐标轴定为 U、V、W 和 P、Q、R。

⑤ 旋转坐标轴 A、B、C。A、B、C 分别表示其轴线平行于 X、Y、Z 的旋转坐标轴，

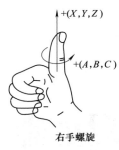

图 2-2　右手螺旋法则

可用右手螺旋法则判定（如图 2-2 所示），大拇指指向坐标轴正向，则弯曲的四指指向旋转坐标轴的正向。

（3）机床坐标系的确定方法

① 坐标轴的确定方法　一般先确定 Z 坐标轴，因为它是传递主切削动力的主要轴或方向，再按规定确定 X 坐标轴，最后用右手法则确定 Y 坐标轴。图 2-3、图 2-4 所示为数控铣床坐标系。

② 机床原点（机械原点）　机床坐标系是机床固有的坐标系，机床坐标系的原点也被称为机床原点或机床零点。这个原点在机床一经设计和制造调整后，便被确定下来，它是固定的点。其作用是使机床与控制系统同步，建立测量机床运动坐标的起始点。机床原点是工作坐标系、机床参考点的基准点，是数控机床进行加工运动的基准参考点。

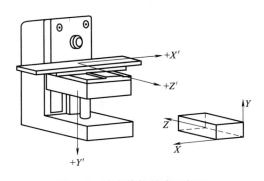

图 2-3　卧式数控铣床坐标系

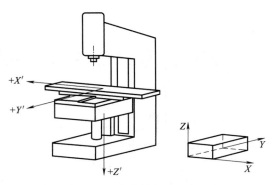

图 2-4　立式数控铣床坐标系

数控铣床的机床原点，各个生产厂家不一致，有的设在机床工作台的中心，有的设在进给行程的终点，如设在 X、Y、Z 坐标轴的正方向极限位置上。机床原点一般设置在机床移动部件沿其坐标轴正向的极限位置，如图 2-5 所示。

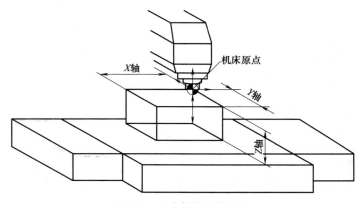

图 2-5　立式铣床机床原点

③ 机床参考点　为了正确地在机床工作时建立机床坐标系，通常在每个坐标轴的移动范围内设置一个机床参考点（测量起点），机床启动时，通常要进行机动或手动回参考点，以建立机床坐标系。

机床参考点通常设置在机床各轴靠近正向极限的位置上，通过减速行程开关粗定位，由零位点脉冲精确定位。机床参考点对机床原点的坐标是一个已知定值。在机床接通电源后，通常都要进行回零操作，即利用 CRT/MDI 控制面板上的功能键和机床操作面板上的有关按钮，使工作台运行到机床参考点。回零操作又称作返回参考点操作。当返回参考点工作完成后，显示器即显示出机床参考点在机床坐标系中的坐标值，表明机床坐标系已经建立。因此，回零操作是对基准的重新校定，可以消除由于种种原因产生的基准偏差。

在数控加工程序中，可以用相关的指令使刀具经过一个中间点后自动返回参考点。机床参考点已由机床制造厂测定后输入数控系统，并且记录在机床说明书中，用户不做更改。

机床原点是工作坐标系原点、机床参考点的基准点，是数控机床进行加工运动的基准参考点。通常在数控铣床上机床原点和机床参考点是重合的，加工中心的参考点为机床的自动换刀位置点。

2.1.2 工作（件）坐标系

工作（件）坐标系是编程人员在编程和加工时使用的坐标系，是程序的参考坐标系。工作坐标系的原点设置以机床坐标系为参考点，一般在一个机床中可以设定 6 个工作坐标系，同时还可以在程序中多次设置原点。设置时一般用 G92 或 G54～G59 等指令。工作坐标系采用右手直角笛卡儿坐标系，图 2-6 所示为工作坐标系。

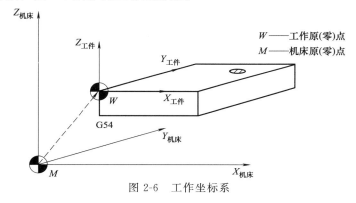

图 2-6 工作坐标系

编程人员以工件图纸上某点为工作坐标系的原点，称为工作原点。工作（程序）原点一般设在工件的设计工艺基准处，便于坐标计算。一般情况下，以坐标尺寸标注的零件，程序原点应选在尺寸标注的基准点。对称零件或以同心圆为主的零件，程序原点应选在对称中心或圆心上。Z 轴的程序原点通常选在工件的上表面。

编程时的刀具轨迹坐标点是按工件轮廓在工作坐标系中的坐标确定的。

在加工时，工件随夹具安装在机床上，这时测量工作（件）原点与机床原点间的距离称作工作原点偏置值，该值预存在数控系统中。在加工时，工作原点偏置值能自动加到工作坐标系上，使数控系统可按机床坐标系确定加工时的绝对坐标值。

2.2 编程的一般步骤

所谓编程，即把零件的工艺过程、工艺参数及其他辅助动作，按动作顺序，按数控机床规定的指令、格式编成加工程序，输入控制装置，从而操纵机床进行加工。

2.2.1 数控机床编程方法

(1) 手工编程

利用一般的计算工具，通过各种数学方法，人工进行刀具轨迹坐标点的运算（也可用

CAD/CAM 软件获取坐标点），并进行指令编制。这种方式比较简单，很容易掌握，适应性较好。它适用于中等复杂程度、计算量不大的零件编程，对于机床操作人员来讲必须掌握。

（2）自动编程

分析零件图样和制订工艺方案由人工进行，数学处理、编写程序、检验程序由计算机完成。这种方法效率高，可解决复杂形状零件的编程难题。

利用 CAD/CAM 软件进行零件的设计、分析及加工编程的编制，常用的软件有 UG、Pro/Engineer、Cimatron、PowerMill、Mastercam、CAXA 等。这种方法适用于制造业中的 CAD/CAM 集成系统，目前正被广泛应用。该方法适应面广、效率高、程序质量好，适用于各类柔性制造系统（FMS）和集成制造系统（CIMS），但投资大，掌握起来需要一定时间。

2.2.2 手工编程的一般步骤

（1）确定工艺过程及工艺路线

既要按一般工艺原则确定工艺方法，划分加工阶段，选择机床、刀具、切削用量及定位夹紧方法；又要根据数控机床加工特点，做到工序集中、换刀次数少、空行程路线短等。

（2）计算刀具轨迹的坐标值

根据零件的形状、尺寸，确定走刀路线，计算出零件轮廓线上各几何要素的起点、终点，圆弧的圆心坐标。当用直线、圆弧来逼近非圆曲线时，应计算曲线上各节点的坐标值。

（3）编写加工程序

手工编程适合零件形状较简单、加工工序较短、坐标计算较简单的场合；对于形状复杂（如：空间自由曲线、曲面）、工序很长、计算烦琐的零件可采用计算机辅助编程。

（4）程序输入数控系统

可通过键盘直接将程序输入数控系统，也可采用计算机传输程序。

（5）程序检验

对有图形显示功能的数控机床，可进行图形模拟加工，检查刀具轨迹是否正确。对无此功能的数控机床可进行空运行检验。

手工编程的一般过程如图 2-7 所示。

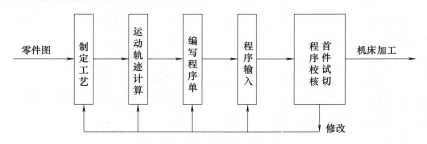

图 2-7　手工编程的一般过程

2.3　程序编制的基本概念

2.3.1　程序代码

国际标准化组织（ISO）在数控技术方面制定了一系列相应的国际标准，各国根据实际情况制定了各自的国家标准，这些标准是数控加工编程的基本原则。

在数控加工中常用的标准有：数控加工机床坐标轴和运动方向；数控编程的编码字符；数控编程的程序段格式；数控编程的功能代码。

国际上通用的 EIA（美国电子工业协会）和 ISO（国际标准化协会）两种代码中有数字码（0～9）、文字码（A～Z）和符号码。

2.3.2 程序结构（以 FANUC 系统为例）

(1) 程序号

每一种工件在编程时，必须先指定一个程序号，并编在整个程序的开始。在 FANUC 系统中程序编号的结构如下：

O┓
 ┗━━用最多 4 位数（1～9999）表示，不允许为 0

程序编号可用下列方式：

O3；

O03；

O103；

O1003；

O1234；

例如：O100；（NAME） 程序编号

_____；

_____；

_____；⎱程序结束

_____；

M02；

在程序后面可注释程序的名字和年月日并用括号括起。程序名可用 16 位字符表示，要求有利于理解。程序号要单独使用一个程序段。程序结构如上例所示。

程序在存储器中的位置决定了该程序的一些权限，根据程序的重要程度和使用频率用户可选择合适的程序号，具体如表 2-1 所示。

表 2-1 程序编号使用规则

O1～O7999	程序能自由存储、删除和编辑
O8000～O8999	不经设定该程序就不能进行存储、删除和编辑
O9000～O9019	用于特殊调用的宏程序
O9020～O9899	如果不设定参数就不能进行存储、删除和编辑
O9900～O9999	用于机器人操作程序

(2) 一个"字"

某个程序中安排字符的集合，称为"字"（图 2-8）。程序段由各种字组成。指令字代表某一信息单元；每个指令字由地址符和数字组成，它代表机床的一个位置或动作。

图 2-8 字的含义

(3) 程序段

程序段由程序段号及各种字组成。

程序段号用以识别程序段的编号，位于程序段之首，由地址码 N 和后面的若干位数字组成。例如，N20 表示该程序段的段号为 20。

　　程序段格式是指令字在程序段中排列的顺序，不同的数控系统有不同的程序段格式。一个程序段中各字也可不按顺序（但为了编程方便常按一定顺序），这种格式虽然增加了地址读入电路，但是编程直观灵活，便于检查。

　　常见程序格式如表2-2所示。

表 2-2　常见程序格式

1	2	3	4	5	6	7	8	9	10	11
N __	G __	X __ U __ P __	Y __ V __ Q __	Z __ W __ R __	I __ J __ K __ R __	F __	S __	T __	M __	L_F
顺序号	准备功能	\multicolumn{4} 坐　标　字				进给功能	主轴转速功能	刀具功能	辅助功能	程序段结束符号

　　① 准备功能（G功能）：由表示准备功能的地址符"G"和两位数字组成，是使机床做好某种操作准备的指令。G功能代码已标准化。

　　② 坐标字：由坐标地址代码的字母（如X、Y等）开头。各坐标轴的地址符按下列顺序排列：X、Y、Z、U、V、W、Q、R、A、B、C、D、F。其中，数字的格式含义如下：

　　如果机床设置加工单位为脉冲，则：

　　X50.
　　X50.0 ｝都可以表示沿X轴移动50mm。
　　X50000

　　如果机床设置加工单位为mm，则：

　　50
　　50. ｝同样作用。

　　③ 程序段序号及加工顺序：

　　a. 进给功能F：由进给地址符F及数字组成，数字表示所选定的进给速度，单位一般为"mm/min"或"mm/r"。

　　b. 主轴转速功能S：由主轴地址符S及数字组成，数字表示主轴转速，单位为"r/min"。

　　c. 刀具功能T：由地址符T和数字组成，用以指定刀具的号码。

　　d. 辅助功能（M功能）：由辅助操作地址符"M"和两位数字组成。M功能的代码已标准化。

　　e. 程序段结束符号：列在程序段的最后一个有用的字符之后，表示程序段的结束。用ISO标准时为"L_F"，有的用"；"或"＊"表示；也有的数控系统不设结束符，直接回车即可。

2.3.3　编程规则

(1) 自保持功能

　　为了使编程和输入尽可能简单，大多数G代码和M代码都具有自保持功能（即模态码、续效码），除非是被取代或取消，否则总是有效的。另外X、Y、Z、F、S的内容不变，下一程序段会自动接受该内容，因此亦可不编写和不输入。

　　例如：

　　N40　G00　X30.0　Y30.0　S700　T01；
　　N50　G00　X0　Y30.0　S700　T01；
　　N60　G01　X0　Y-30.0　F50　S700　T01；

N70　G01　X30.0　Y-30.0　F50　S700　T01；

以上程序可简写为：

N40　G0　X30.　Y30.　S700　T01；

N50　X0；

N60　G1　Y-30.　F50；

N70　X30.；

① G00、G01、G02、G03 编程、输入时可写为 G0、G1、G2、G3。

② X30.0 Y5.0 可写为 X30.Y5.。

这样，程序编写和输入计算机就方便多了。

（2）指令的取消和替代

G 代码和 M 代码可分成不同的组（详见 FANUC 系统指令代码），同组中的代码，后编入的代码有效。

例如：

N40 G00 X30.0 Y5.0；

N50 G01 X－25.0 F50；

N50 中 G01 取消 N40 中的 G00。

数控操作系统中有一些特殊的 G 指令和 M 指令可直接取消其他规定的几个指令。

如：G40 取消 G41、G42；

　　G49 取消 G43、G44；

　　M30 程序结束，并执行 M05（主轴停）、M09（切削液停）。

（3）初始状态

各类数控机床有其通电后的初始状态，常见的有绝对值编程、米制单位、取消刀补、切削液停、主轴停等。

（4）准备程序段和结束程序段

每个程序的格式不可能完全相同。但是一个完整的程序必须具备准备程序段和结束程序段。

准备程序段一般必须具备以下几个指令：

① 程序号（O0001～O7999）。

② 编程零点的确定，也就是零点偏置尺寸（如 G92 X50.0 Y50.0 Z50.0）。

③ 刀具数据（如 T01 D01）。

④ 主轴转速（如 S500）。

⑤ 主轴旋转方向（M03、M04）。

⑥ 刀具快速定位的位置尺寸（如 G00 X ＿ Y ＿ Z ＿ ）。

结束程序段一般具备以下几个指令：

① 刀具快速退回远离工件（如返回参考点）。

② 主轴停转（M05）。

③ 取消刀具数据补偿（T00）。

④ 程序结束并返回至程序开始（M30）。

第❸章

数控铣床/加工中心编程指令（FANUC系统）

在数控加工过程中，用各种 G、M 指令来描述工艺过程的各种操作和运动特征。国际上广泛使用 ISO 标准 G、M 指令。常用 G、M 指令分别由地址字 G、M 及两位数字组成，常用 G 代码组及含义见表 3-1。

表 3-1　常用 G 代码组及含义

G 代码	组别	解释	G 代码	组别	解释
* G00	01	定位(快速移动)	* G54	14	选择工作坐标系 1
G01		直线进给	G54~G59		选择工作坐标系 2~6
G02		顺时针切圆弧	G68	16	坐标系旋转
G03		逆时针切圆弧	G69		取消坐标系旋转
G04	00	暂停	G73	09	高速深孔钻循环
G15	17	取消极坐标指令	G74		左螺旋攻螺纹切削循环
G16		极坐标指令	G76		精镗孔循环
* G17	02	XY 面选择	* G80		取消固定循环
G18		XZ 面选择	G81		钻削固定循环、钻中心孔
G19		YZ 面选择	G82		钻削固定循环、锪孔
G28	00	机床返回原点	G83		深孔钻削固定循环
G30		机床返回第 2 原点	G84		右螺旋攻螺纹切削循环
* G40	07	取消刀具直径偏移	G85		镗孔固定循环
G41		刀具半径左偏移	G86		退刀型镗孔循环
G42		刀具半径右偏移	G87		反向镗孔循环
G43	08	刀具长度＋方向偏移	G88		镗孔固定循环
G44		刀具长度－方向偏移	G89		镗孔固定循环
* G49		取消刀具长度偏移	* G90	03	使用绝对值命令
* G50	11	取消缩放	G91		使用相对值命令
G51		比例缩放	G92	00	设置工作坐标系
* G50.1	22	可编程镜像取消	* G94	05	每分进给
G51.1		可编程镜像有效	G95		每转进给
G52	00	局部坐标系设定	G98	10	固定循环返回起始点
G53		选择机床坐标系	* G99		返回固定循环 R 点

注：带 * 者表示是开机时会初始化的代码。

3.1 FANUC 系统编程指令

3.1.1 常用指令

3.1.1.1 工作坐标系的确定

（1）工作坐标系设定指令 G92

指令格式：G92 X __ Y_Z_；

坐标值 X、Y、Z 为刀具刀位点在工作坐标系中（相对于工作零点）的初始位置。

例：G92 X300.0 Y290.0 Z240.0；

含义：工作零点在距离刀具起始点 $X = -300$mm，$Y = -290$mm，$Z = -240$mm的位置上，如图 3-1 所示。加工时刀具须位于刀具起刀点处（即 $X300.0$，$Y290.0$，$Z240.0$ 处）。

① 加工时刀具须位于刀具起刀点处。

② 执行 G92 指令时，机床不动作，即 X、Y、Z 轴均不移动。

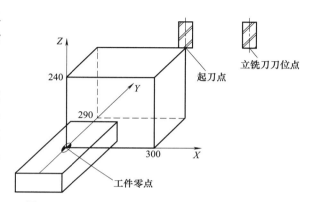

图 3-1　G92 X300.0 Y290.0 Z240.0 程序段示意图

（2）工作坐标系的零点设置选择指令 G54～G59

一般数控机床可以预先设定 6 个（G54～G59）工作坐标系，这些坐标系在机床重新开机时仍然存在。6 个工作坐标系皆以机床零点为参考点，分别测出工作零点相对机床零点的坐标值即零点偏置值，并输入到 G54～G59 对应的存储单元中，在执行程序时，遇到 G54～G59 指令后，便将对应的零点偏置值取出来参加计算，从而得到刀具在机床坐标系中的坐标值，控制刀具运动。

例如：现测得图 3-2 所示零点偏置值。

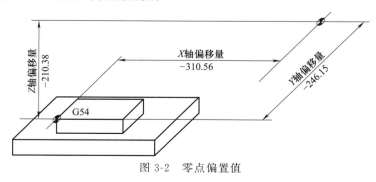

图 3-2　零点偏置值

则 G54 偏置寄存器中值输入为：

```
            X          Y          Z
G54     -310.56    -246.15    -210.38
```

此时，工作零点在机床坐标值为（$X-310.56$，$Y-246.15$，$Z-210.38$）处。

若程序编为 G90 G54 G00 X0 Y0 Z10.0；则刀具自动位于工作零点上方 10.0mm 处（仅与工作零点有关），此时机床坐标自动计算为（$X-310.56$，$Y-246.15$，$Z-200.38$）。

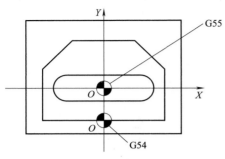

图 3-3　工作坐标系原点设置

如图 3-3 所示，铣凸台时用 G54 设置零点，铣槽用 G55 设置零点，编程时比较方便。

（3）局部坐标系指令 G52

局部坐标系是当前工作偏置的一种补充，或者是一个子集或子系统，只有在选择了标准或附加的工作偏置后，才能设定局部坐标系。局部坐标系的正式定义是与有效的工作偏置相关的坐标系统，它使用 G52 指令编程。G52 指令通常是已知工作坐标的补充，它设置一个新的临时程序零点。

如图 3-4 所示为了加工孔编程方便，可用 G52 设置局部坐标系。

程序：

G90 G54 G0 X0 Y0；	G54 设置工作零点
G52 X100. Y75.；	建立局部坐标系,确定新的程序零点
……	
……	此时的坐标值均以新的程序原点为准
……	
G52 X0 Y0；	取消局部偏置并返回 G54

3.1.1.2　公制和英制单位指令 G21、G20

G21 指令选择公制（毫米，mm）单位，G20 指令选择英制（英寸，in）单位。一般机床出厂时，将毫米输入 G21 设定为参数缺省状态。

G20、G21 是两个互相取代的 G 指令。用毫米输入过程时，可不再指定 G21；但用英寸输入程序时，在程序开始时必须指定 G20。G21、G20 具有停电后的续效性，为避免出现意外，在使用 G20 英制输入后，在程序结束前务必加一个 G21 的指令，以恢复机床的缺省状态。

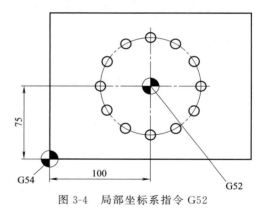

图 3-4　局部坐标系指令 G52

3.1.1.3　绝对值坐标指令 G90 和增量值坐标指令 G91

G90 和 G91 表示运动轴的移动方式。G90 表示程序语句中的坐标为绝对坐标值，即从编程零点开始的坐标值。G91 表示程序中的坐标为增量坐标值（相对坐标值），即刀具从当前位置到下一个位置之间的增量值。

如图 3-5 所示，表示刀具从 A 点到 B 点的移动，用以上两种指令编程分别如下：

G90 X10.0 Y30.0；绝对坐标　　　G91 X-30.0 Y20.0；增量坐标

大多数 FANUC 控制器允许在同一程序段使用两种模式，但是须在地址前指定 G90 和 G91 准备功能。

3.1.1.4　平面选择指令 G17、G18、G19

平面选择指令 G17、G18、G19 分别用来指定程序段中刀具的圆弧插补平面和刀具半径补偿平面，如图 3-6 所示。其中 G17 指定 XY 平面；G18 指定 XZ 平面；G19 指定 YZ 平面。数控铣、加工中心缺省状态为 G17。

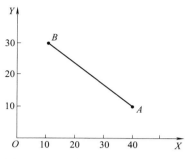

图 3-5 刀具从 A 点到 B 点的移动

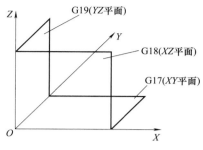

图 3-6 平面选择指令

3.1.1.5 进给率 F

F __；每分钟的进给率。进给率 F 的单位由 G 功能确定，即 G94 和 G95。

G94——直线进给率，单位为 mm/min（缺省设定）。

G95——旋转进给率，单位为 mm/r（只有主轴旋转才有意义）。

3.1.1.6 主轴转速/旋转方向 S

当机床具有受控主轴时，主轴的转速可以用地址 S 编程，单位为 r/min。旋转方向和主轴运动起始点和终点通过 M 指令规定：

M03——主轴正转 M04——主轴反转 M05——主轴停止

说明：如果在程序段中不仅有 M03 或 M04 指令，而且还写有坐标轴运行指令，则 M 指令在坐标轴运行之前生效。

缺省设定：当主轴运行之后（M03、M04），坐标轴才开始运行。如程序段中有 M5，则坐标轴在主轴停止之前就开始运动。可以通过程序结束或复位停止主轴。程序开始时主轴转速零（S0）有效。

编程举例：

N10 G1 X70 Z20 F300 S300 M03;	在 X、Z 轴运行之前，主轴以 300r/min 的转速启动，旋转方向为顺时针
......	
N80 S450 __;	改变转速
......	

3.1.1.7 快速点定位指令 G00

指令格式：G00 X __ Y __ Z __；

注：X __ Y __ Z __为目标点坐标。

① G00 命令指刀具从当前位置快速移动到目标点。G00 快速速度由系统预先设定，其运动速度因具体的控制系统不同而异。

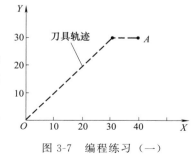

② G00 指令刀具轨迹不是标准的直线插补。各轴按同一速度进给，距离短的轴先到。移动速度由系统参数设定。由于是快速移动，所以只用于空程，不能用于切削。

图 3-7 编程练习（一）

例如，如图 3-7 所示 O—A 轨迹编程。

程序：G90 G00 X40.0 Y30.0;

3.1.1.8　直线插补指令 G01

格式：G01 X __ Y __ Z __ F __；

注：X __ Y __ Z __为目标点坐标；F __为进给速度，单位为 mm/min；G01、F 均为模态指令。

① G01 命令指刀具以进给速度沿直线移动到规定的位置。

② G01 指令以直线插补运算，联动方式按 F 代码规定的速度作进给运动。

【例1】　完成如图 3-8 所示 O—A 轨迹的程序编制。

程序：G01 X40.0 Y30.0 F50；

【例2】　完成如图 3-9 所示 O—A 轨迹的程序编制。

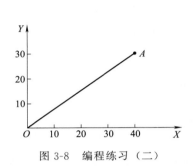

图 3-8　编程练习（二）

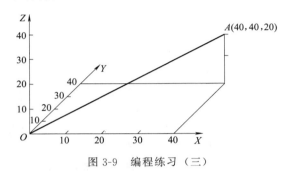

图 3-9　编程练习（三）

程序：G01 X40.0 Y40.0 Z20.0 F50；

【例3】　G00、G01 指令的使用，路径如图 3-10 所示（无 Z 向移动）。

程序：

```
O0001;
G90 G54 G00 X20.0 Y20.0;
G01 Y50.0 F50;
X50.0;
Y20.0;
X20.0;
G00 X0 Y0;
……
```

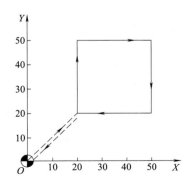

图 3-10　G00、G01 指令的使用（一）

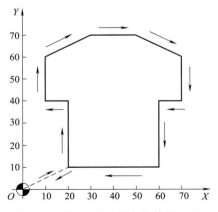

图 3-11　G00、G01 指令的使用（二）

【例4】　根据图3-11所示加工轨迹，完成程序（无Z向移动）。

程序：

```
O1;
G90 G54 G0 X0 Y0;
G01 X20.0 Y10.0 F100;
Y40.0;
X10.0;
Y60.0;
X30.0  Y70.0;
X50.0;
X70.0 Y60.0;
Y40.0;
X60.0;
Y10.0;
X20.0;
G0X0 Y0;
M30;                        程序结束并返回
```

3.1.1.9　圆弧插补指令 G02、G03

指令格式：$G17\begin{cases}G02 \\ G03\end{cases} X\_\_\ Y\_\_ \begin{cases}I\_\_J\_\_F\_\_; \\ R\_\_\end{cases}$

$\qquad\quad G18\begin{cases}G02 \\ G03\end{cases} X\_\_\ Z\_\_ \begin{cases}I\_\_K\_\_F\_\_; \\ R\_\_\end{cases}$

$\qquad\quad G19\begin{cases}G02 \\ G03\end{cases} Y\_\_\ Z\_\_ \begin{cases}J\_\_K\_\_F\_\_; \\ R\_\_\end{cases}$

格式中 X__、Y__、Z__ 为圆弧终点坐标，增量编程是圆弧终点相对于圆弧起点的坐标；I__、J__、K__ 为圆心在 X、Y、Z 轴上相对于圆弧起点的坐标；R__ 为圆弧半径。

G02 为顺时针加工，G03 为逆时针加工。刀具进行圆弧插补时必须规定所在的平面；旋转方向规定为沿圆弧所在平面（如 XY 平面）的另一坐标轴的负方向（−Z）看去，顺时针方向为 G02，逆时针方向为 G03，如图 3-12 所示。

① X__、Y__、Z__ 表示圆弧终点坐标，可以用绝对值，也可以用增量值，由 G90、G91 指定。I__、J__、K__ 分别为圆弧的起点到圆心的 X、Y、Z 轴方向的增量，R__ 为半径值。

② 现代 CNC 系统中，采用 I、J、K 指令，则圆弧是唯一的；用 R 指令时须规定圆弧角，如

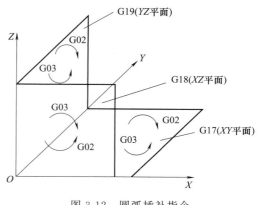

图 3-12　圆弧插补指令

圆弧角≥180°时 R 值为负（当然各系统规定有所不同）。一般＜180°的圆弧用 R 指令，其余用 I、J、K 指令。

【例1】 完成图 3-13 所示加工路径的程序编制（刀具现位于 A 点上方，只进行轨迹运动）。
程序：

```
O1;          A→B(逆圆插补)
G03 X20.0 Y0 I0 J20.0;


O1;          C→B(顺圆插补)
G02 X20.0 Y0 I0 J-20.0;
```

【例2】 完成图 3-14 所示加工路径的程序编制（刀具现位于 A 点上方，只进行轨迹运动）。

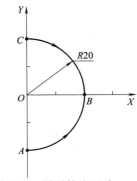

图 3-13　圆弧轨迹运动

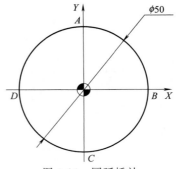

图 3-14　圆弧插补

程序：

```
O2;
G90 G54 G00 X0 Y25.0;        A 点
G02 X25.0  Y0  I0 J-25.0;    A 点—B 点
G02 X0  Y-25.0 I-25.0 J0;    B 点—C 点
G02 X-25.0 Y0 I0 J25.0;      C 点—D 点
G02 X0  Y25.0  I25.0  J0;    D 点—A 点
或：
G90 G54 G00 X0 Y25.0;        A 点
G02 X0 Y25.0 I0 J-25.0;      A 点—A 点整圆
……
```

【例3】 完成图 3-15 所示加工路径的程序编制（刀具现位于 O 点上方，只进行轨迹运动）。

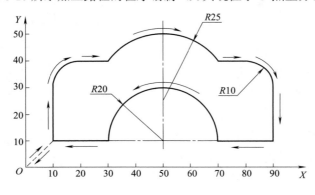

图 3-15　例 3 刀具运动轨迹

程序：

```
O3;
G00 X10.0 Y10.0;
G01 Y30.0 F100;
G02 X20.0 Y40.0 R10.0;
G01 X30.0;
G02 X70.0 Y40.0 R25.0;
G01 X80.0;
G02 X90.0 Y30.0 R10.0;
G01 Y10.0;
X70.0;
G03 X30.0 Y10.0 I-20.0 J0;
G01 X10.0 Y10.0;
G00 X0 Y0;
……
```

【例4】 完成图3-16所示加工路径的程序编制（刀具现位于O点上方，只进行轨迹运动）。

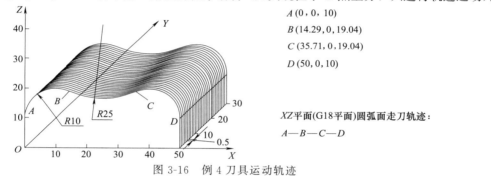

$A(0,0,10)$

$B(14.29,0,19.04)$

$C(35.71,0,19.04)$

$D(50,0,10)$

XZ平面(G18平面)圆弧面走刀轨迹：

$A—B—C—D$

图3-16 例4 刀具运动轨迹

程序：

```
O4;
……
G01 X-10.0 Y0 Z10.0F100;          φ16mm 球头刀
G18;                              选择 XZ 平面
G01 X0 Z10.0;                     A 点
G03X14.29 Z19.04 R10.0;           B 点
G02 X35.71 Z19.04 R25.0;          C 点
G03 X50.0 Z10.0 R10.0;            D 点
G01 Y0.5;
G02 X35.71 Z19.04 R10.0;          C 点
G03X14.29 Z19.04 R25.0;           B 点
G02 X0 Z10.0 R10.0;               A 点
G01 Y1.0;
……
往复循环加工,每次步距为 0.5mm(Y 方向)
G17;
……
```

3.1.1.10 任意倒角 C 与拐角圆弧过渡 R 指令

该指令可以在直线轮廓和圆弧轮廓之间插入任意倒角或拐角圆弧过渡轮廓，简化编程。倒角、拐角圆弧过渡指令格式：

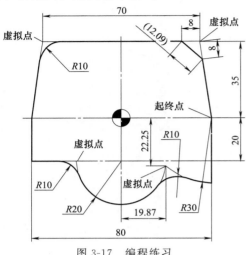

图 3-17 编程练习

| ,C __; | 倒角 |
| ,R __; | 拐角圆弧过渡 |

① 任意倒角 C 与拐角圆弧过渡 R 指令加在直线插补（G01）或圆弧插补（G02 或 G03）程序段的末尾时，加工中自动在拐角处加上倒角或过渡圆弧。倒角或拐角圆弧过渡的程序段可连续性地指定。

② 采用倒角 C 与拐角圆弧过渡 R 指令编程时，工件轮廓虚拟拐点坐标必须易于确定，且下一个程序段必须是倒角与拐角圆弧过渡后的轮廓插补加工指令，否则不能切出正确加工轨迹。

编程实例：完成图 3-17 所示轨迹的程序编制。

程序：

```
O1;
G90 G54 G0 X40 Y0;
G1 X35. Y35,C8 F100;
G1 X-35,R10;
G1 X-40 Y0;
Y-20;
X-20,R10;
G3 X19. 87 Y-22. 25 R20,R10;
G3 X40 Y-30 R30;
G1 Y0;
M30;
```

3.1.1.11 自动返回参考点指令 G28

该指令使刀具自动返回参考点（一般设置为机床原点），或经过某一中间位置，再回到参考点。

指令格式：G91（或 G90）G28 X __ Y __ Z __;

X __ Y __ Z __ 为中间点坐标。

① G91 G28 Z0；表示刀具经过当前坐标点返回 Z 向参考点（加工中心为换刀点）。

② G91 G28 X0 Y0 Z0；表示刀具经过当前坐标点返回参考点。

③ G90 G28 X __ Y __ Z __；表示刀具经过以工作坐标系为参考的中间坐标点(X __ Y __ Z __)返回参考点。中间点的确定应考虑到不致发生碰撞。

3.1.1.12 暂停指令 G04

指令格式：$G04 \begin{cases} X \underline{\quad} \\ P \underline{\quad} \end{cases}$

例如：

G04 X5.0　……暂停 5s。

G04 P5000　……暂停 5s。

3.1.1.13　辅助功能（M 功能）

辅助功能包括各种支持机床操作的功能，如主轴的启停、程序停止和切削液开关等，如表3-2 所示。

表 3-2　辅助功能（M 功能）

代码	说　　明	代码	说　　明
M00	程序停	M28	返回原点
M01	选择停止	M30	程序结束（复位）并回到开头
M02	程序结束（复位）	M48	主轴过载取消 不起作用
M03	主轴正转（CW）	M49	主轴过载取消 起作用
M04	主轴反转（CCW）	M60	APC 循环开始
M05	主轴停	M80	分度台正转（CW）
M06	换刀	M81	分度台反转（CCW）
M08	切削液开	M98	子程序调用
M09	切削液关	M99	子程序结束
M19	主轴定向停止		

3.1.2　刀具选择指令 T

用 T 指令编程可以选择刀具。可以用两种方法来执行：一种是用 T 指令直接更换刀具；另一种是仅仅进行刀具的预选，换刀还必须由 M06 来执行。选择哪一种，必须在机床参数中确定。

编程：

T __;　　　　　　刀具号，T0 表示没有刀具

编程举例：

(1)不用 M6 更换刀具

N10 T1;　　　　刀具 1

……

N70 T12;　　　刀具 12

(2)用 M6 更换刀具

N10 T10;　　　预选刀具 10

N15 M6;　　　执行刀具更换,然后 T10 有效

3.1.3　刀具补偿

铣削加工中，不同的刀具，其半径、长度是不同的。刀具零点是数控镗铣类机床主轴装刀锥孔端面与轴线的交点，是刀具半径、长度的零点。编程时为了编程方便，按工件轮廓轨迹编制程序。执行程序时的走刀轨迹实际上是刀具零点的轨迹，因此使用不同的刀具时，应进行刀具半径及长度的补偿。

3.1.3.1　刀具半径补偿

(1) 不同平面内的刀具半径补偿

刀具半径补偿用 G17、G18、G19 指令在被选择的工作平面内进行补偿。比如当 G17 命令执行后，刀具半径补偿仅影响 X、Y 轴移动，而对 Z 轴不起补偿作用。

（2）刀具半径补偿指令 G40、G41、G42

① G40 取消刀具半径补偿指令。G40 应写在程序开始的第一个程序段以及取消刀具半径补偿的程序段。G40 取消 G41、G42。

② G41 刀具半径左补偿、G42 刀具半径右补偿。判定：沿着刀具运动方向看，刀具在工件切削位置左侧称左补偿即 G41；刀具在工件切削位置右侧称右补偿即 G42，如图 3-18 所示。

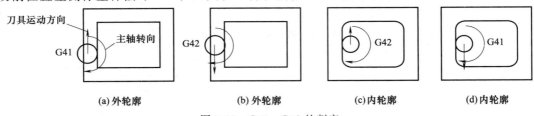

图 3-18   G41、G42 的判定

注：主轴顺时针转时，G41 为顺铣，G42 为逆铣。数控铣床上常用顺铣。

程序格式（以 G17 平面为例）

```
G00/G01 G41/G42 X __ Y __ D __;      建立刀具半径补偿程序段
……                                  轮廓加工程序段
G00/G01 G40 X __ Y __;                取消半径补偿程序段
```

① G41/G42 程序段中的 X、Y 值是建立半径补偿点的坐标值。

② G40 程序段中的 X、Y 值是取消补偿点的坐标值。

③ 在使用 G41 或 G42 指令时，不允许有两句连续的在补偿平面内的非移动指令，否则刀具在前面程序段的终点的垂直位置停止，且产生过切或欠切现象。

非移动指令：M 代码、S 代码、暂停指令 G04、某些 G 代码（如 G92、G21）、移动量为零的切削指令（如 G91 G01 X0 Y0）。

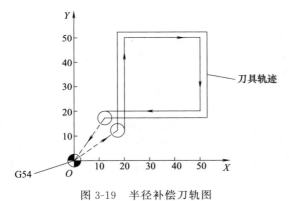

图 3-19   半径补偿刀轨图

④ D __ 所对应的值为刀具半径值。D 为刀具半径代号地址字，后面一般用两位数字表示代号，代号与刀具半径值一一对应。刀具半径值可用 CRT/MDI 方式输入。如果用 D00 也可取消刀具半径补偿。

⑤ 一般刀具半径补偿量的符号为正，若输入为负值时，会引起刀具半径补偿指令 G41 与 G42 的相互转换。

【例1】 在 G17 平面（XY 平面）内使用刀具半径补偿完成轮廓加工（未加刀具长度补偿），如图 3-19 所示。

程序：

```
O0003;
N5 T1 M06;                            调用 T1 号刀（立铣刀）
N10 G90 G54 G00 X0 Y0 M03 S500 F50;
N15 G00 Z50.0;                        起始高度（仅用一把刀具可不加刀长补偿）
N20 Z10.0;                            安全高度
N25 G41 X20.0 Y10.0 D01;              刀具半径补偿, D01 为刀具半径补偿号
```

```
N30 G01 Z-10.0;              落刀,切深10mm
N35 Y50.0;
N40 X50.0;
N45 Y20.0;
N50 X10.0;
N55 G00 Z50.0;              抬刀到起始高度
N60 G40 X0 Y0 M05;          取消补偿
N65 M30;
```

（3）刀具半径补偿过程描述

在例1中，当G41被指定时包含G41的程序句的下边两句被预读（N30、N35）。N25指令执行完成后，机床的坐标位置由以下方法确定：将含有G41的程序句的坐标点与下边两句中最近的、在选定平面内有坐标移动语句的坐标点相连，其连线垂直方向为偏置方向，G41左偏，G42右偏，偏置大小为指定的偏置号（D01）地址中的数值，在这里N25坐标点与N35坐标点运动方向垂直于X轴，所以刀具中心的位置应在（20.0，10.0）左边刀具半径处。

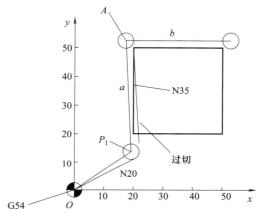

图3-20　刀具半径补偿的过切现象

【例2】 如图3-20所示，起始点在（0，0）、高度为50mm，使用刀具进行半径补偿时，由于接近工件及切削工件时要有Z轴的移动，这时容易出现过切现象，切削时应避免过切现象。以下是一个过切削程序实例。

程序：

```
O0004;
N5 T1 M06;                  调用T1号刀(立铣刀)
N10 G90 G54 G00 X0 Y0 M03 S500;
N15 G00 Z50.0;              起始高度(仅用一把刀具可不加刀长补偿)
N20 G41 X20.0 Y10.0 D01;    刀具半径补偿,D01为刀具半径补偿号
N25 Z10.0;
N30 G01 Z-10.0 F50;         连续两句Z轴移动(只能有一句与刀补无关的语句)
N35 Y50.0;
N40 X50.0;
N45 Y20.0;
N50 X10.0;
N55 G00 Z50.0;              抬刀到起始高度
N60 G40 X0 Y0 M05;          取消补偿
N65 M30;
```

当补偿从N20开始建立的时候，系统只能预读两句，而N25、N30都为Z轴的移动，没有X、Y轴移动，系统无法判断下一步补偿的矢量方向，这时系统不会报警，补偿照常进行，

只是 N20 目的点发生变化。刀具中心将会运动到 P_1 点，其位置是 N20 目的点。从目标点看原点，与原点连线垂直方向左偏 D01 值，于是发生过切。

（4）使用刀具半径补偿时的注意事项

① 使用刀具半径补偿时应避免过切现象。

a. 使用刀具半径补偿和去除刀具半径补偿时刀具必须在所补偿平面内移动，且移动距离应大于刀补值。

b. 加工半径小于刀具半径的内圆弧时，进行半径补偿将产生过切，如图 3-21 所示，只有在"过渡圆角 $R \geqslant$ 刀具半径 r ＋精加工余量"情况下才能正常切削。

c. 被铣削槽底宽小于刀具直径时将产生过切，如图 3-22 所示。

图 3-21 过切现象（一） 图 3-22 过切现象（二）

② G41、G42、G40 须在 G00 或 G01 模式下使用，当然现在一些系统也可以在 G02、G03 模式下使用。

③ D00～D99 为刀具补偿号，D00 意味着取消刀补。刀具补偿值在加工或试运行之前须设定在补偿存储器中。

（5）刀具半径补偿的作用

刀具半径补偿除方便编程外还可以用改变刀补大小的方法，实现同一程序进行粗、精加工。刀具半径补偿如图 3-23 所示。

粗加工刀补＝刀具半径＋精加工余量 精加工刀补＝刀具半径＋修正量

如图 3-23 所示，刀具为 $\phi 20 \text{mm}$ 立铣刀，现零件粗加工后给精加工留余量 1.0mm，则粗加工刀补 D01 的值为：$R_{补} = R_刀 + 1.0 = 10.0 + 1.0 = 11.0$（mm）。粗加工后实测 L 尺寸为 $L + 1.98\text{mm}$，则精加工刀补 D11 值应为 $R_{补} = 11.0 - (1.98 + 0.03)/2 = 9.995$（mm），则加工后工件实际 L 值为 $L - 0.03\text{mm}$。

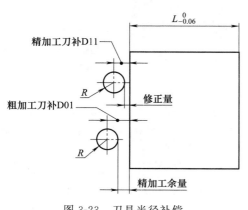

图 3-23 刀具半径补偿

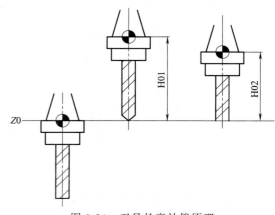

图 3-24 刀具长度补偿原理

3.1.3.2　刀具长度补偿

刀具长度补偿原理如图 3-24 所示。设定工作坐标系时，让主轴锥孔基准面与工件上理论表面重合，在使用每一把刀具时可以让机床按刀具长度升高一段距离，使刀尖正好在工件表面上，这段高度就是刀具长度补偿值，其值可在刀具预调仪或自动测长装置上测出。实现这种功能的 G 代码是 G43、G44、G49。G43 是把刀具向上抬起，G44 是把刀具向下补偿。图 3-24 中钻头用 G43 命令正向补偿了 H01 值，铣刀用 G43 命令向上正向补偿了 H02 值。

刀具长度补偿使用格式如下：

```
G43 G0/G01 Z __ H __ ;      刀具长度正向补偿
G44 G0/G01 Z __ H __ ;      刀具长度负向补偿
G49(或 H00)；               取消刀具长度补偿
H __ 所对应的值为刀具长度补偿量。
```

H 为刀具长度补偿代号地址字，后面一般用两位数字表示代号，代号与长度补偿量一一对应。刀具长度补偿量可用 CRT/MDI 方式输入。如果用 H00 则取消刀具长度补偿。

① G43 为正补偿，即将 Z 坐标尺寸字与 H __ 所对应的值相加，其结果进行 Z 轴运动。

② G44 为负补偿，即将 Z 坐标尺寸字与 H __ 所对应的值相减，其结果进行 Z 轴运动。

加工程序中使用一把刀具时，可直接对刀获取刀具 Z 向数据，在程序中可不采用刀具长度补偿。刀具长度补偿编程实例见图 3-25。

【例 1】　如图 3-26 所示起刀点在工件上方 50mm 处（起始高度），切深 10mm 完成外形铣削。

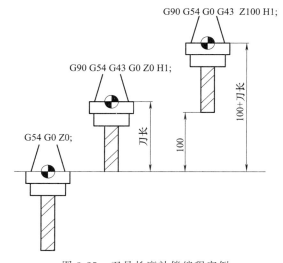

图 3-25　刀具长度补偿编程实例

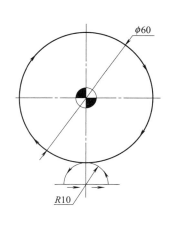

图 3-26　外形铣削

程序：

```
O0001;
T1M06;                      φ16mm 立铣刀
G90 G54 G00 X0 Y-40.0 S500 M03;
Z50.0;
Z10.0;
```

```
G01 Z-10.0 F50;
G41 X10.0 D01;                          加刀补
G03 X0 Y-30.0 R10.0;                    圆弧切入
G02 X0 Y-30.0 I0 J30.0;
G03 X-10.0 Y-40.0 R10.0;                圆弧切出
G01 G40 X0;                             去刀补
G00 Z50.0;
G91 G28 Z0 M05;
M30;
```

【例2】　根据如图 3-27 所示加工轨迹，完成程序编制（无 Z 轴移动）。

程序：

```
O1;
G90 G54 G0 X0 Y0 M3 S500;
G1 G41 X-10.0 Y10.0 D1 F100;
G3 X-20.0 Y0 R10.0;
G3 I20.0;
G3 X-10.0 Y-10.0 R10.0;
G1 G40 X0 Y0;
M5;
M30;
```

【例3】　完成图 3-28 所示内侧切削，切深 10mm（仅精加工）。

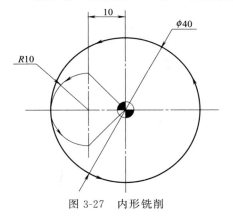

图 3-27　内形铣削

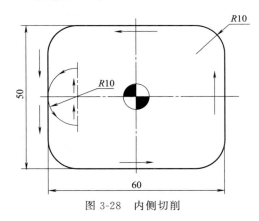

图 3-28　内侧切削

程序：

```
O0002;
T1 M06;                                 φ16mm 平底刀
G90 G54 G00 X-20.0 Y0 S500 M03;
G00 Z50.0;
Z10.0;
G01 Z-10.0 F50;
G41 Y10.0 D01;
```

```
G03 X-30.0 Y0 R10.0；
G01 Y-15.0；
G03 X-20.0 Y-25.0 R10.0；
G01 X20.0；
G03 X30.0 Y-15.0 R10.0；
G01 Y15.0；
G03 X20.0 Y25.0 R10.0；
G01 X-20.0；
G03 X-30.0 Y15.0 R10.0；
G01 Y0；
G03 X-20.0 Y-10.0 R10.0；
G01 G40 Y0；
G00 Z50.0；
G00 X0 Y0 M05；
M30；
```

【例4】 完成图 3-29 所示槽的铣削，切深 6mm。

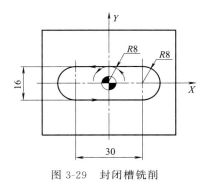

图 3-29　封闭槽铣削

程序：

```
O0003；
T1 M06；                              φ14mm 平底刀
G90 G54 G00 X15.0 Y0 S600 M03；
Z50.0；
Z10.0；
G01 Z-6.0 F50；                       落刀
X-15.0；                              去余量
G41 X8.0 D01；
G03 X0 Y8.0 R8.0；                    圆弧切入
G01 X-15.0；
G03 X-15.0 Y-8.0 I0 J-8.0；
G01 X15.0；
G03 X15.0 Y8.0 I0 J8.0；
G01 X0；
```

```
G03 X-8.0 Y0 R8.0;            圆弧切出
G01 G40 X15.0;                去刀补
Z50.0;
G91 G28 Z0 M05;
M30;
```

3.1.4 循环指令

数控铣和加工中心设定的固定循环功能，主要用于孔的加工，包括钻孔、镗孔和螺纹加工等。

（1）孔加工循环的 6 个动作 （图 3-30）

① $A \rightarrow B$：刀具快速定位到孔位坐标（X，Y），即循环起点 B，Z 值进至起始高度。

② $B \rightarrow R$：刀具 Z 向快进至安全平面（即 R 平面）。

③ $R \rightarrow E$：孔加工过程（如钻孔、镗孔、攻螺纹等），此时进给采用工作进给速度。

④ E 点孔底动作（如进给暂停、刀具偏移、主轴准停、主轴反转等）。

⑤ $E \rightarrow R$：刀具快速返回 R 平面。

⑥ $R \rightarrow B$：刀具快退至起始高度（B 点高度）。

（2）固定循环指令格式

G90（G91）G98（G99）G __ X __ Y __ Z __ R __ Q __ P __ F __ L __;

① G90 为绝对值指令，G91 为增量值指令。

② G98 和 G99 两个模态指令控制孔加工循环结束后刀具的返回平面，如图 3-31 所示。

G98：刀具返回平面为起始平面（B 点），为缺省方式。G99：刀具返回平面为安全平面（R 平面）。

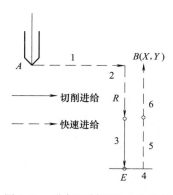

图 3-30 孔加工循环的 6 个动作

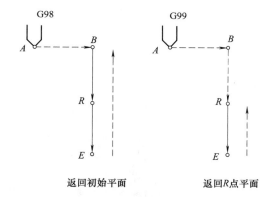

图 3-31 返回平面选择

③ G __ 为孔加方式，对应于固定循环指令。

④ X __、Y __ 值为孔位数据，刀具以快进的方式到达（X、Y）点。

⑤ Z __ 值为孔深，如图 3-32 所示。

G90 模式 Z __ 值为孔底的绝对值。G91 模式 Z __ 值是 R 平面到孔底的距离。

⑥ R __ 值用来确定安全平面（R 平面），如图 3-32 所示。

G90 方式，R __ 值为绝对值；G91 方式，R __ 值为从起始平面（B 点）到 R 平面的增量。

⑦ Q __ 值：在 G73 或 G83 方式下规定分步切深；在 G76 或 G87 方式下规定刀具退让值。

⑧ P __ 值：规定在孔底的暂停时间，单位为 ms，用整数表示。

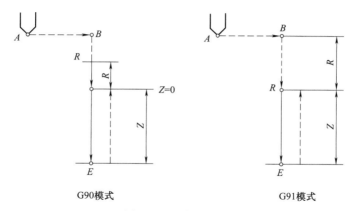

图 3-32 孔加工数据

⑨ F ___ 值：进给速度，单位为 mm/min。

⑩ L ___ 值：L ___ 值为循环次数，执行一次可不写 L1；如果是 L0，则系统存储加工数据，但不执行加工。

固定循环指令是模态指令，可用 G80 取消循环。此外 G00、G01、G02、G03 也起取消固定循环指令的作用。

3.1.4.1 钻孔循环指令

① G73：高速深孔钻削如图 3-33 所示。

指令格式：G73 X ___ Y ___ Z ___ R ___ Q ___ F ___ L ___ ；

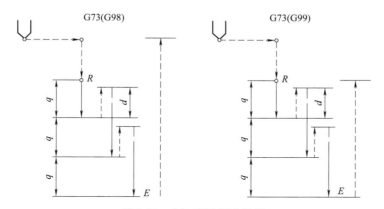

图 3-33 G73 高速深孔钻削

G73 指令是在钻孔时间断续进给，有利于断屑、排屑，适于深孔加工。其中 Q ___ 值为分步切深，即图 3-33 中所示 q，最后一次进给深度 $\leqslant q$，退刀距离为 d（由系统内部设定）。

② G81：钻孔循环如图 3-34 所示。

指令格式：G81 X ___ Y ___ Z ___ R ___ F ___ L ___ ；

③ G82：钻孔、镗孔。

指令格式：G82 X ___ Y ___ Z ___ R ___ P ___ F ___ L ___ ；

如图 3-35 所示，G82 与 G81 的区别在于 G82 指令使刀具在孔底暂停，暂停时间用 P ___ 来指定。

④ G83：深孔钻削。

指令格式：G83 X ___ Y ___ Z ___ R ___ Q ___ F ___ L ___ ；

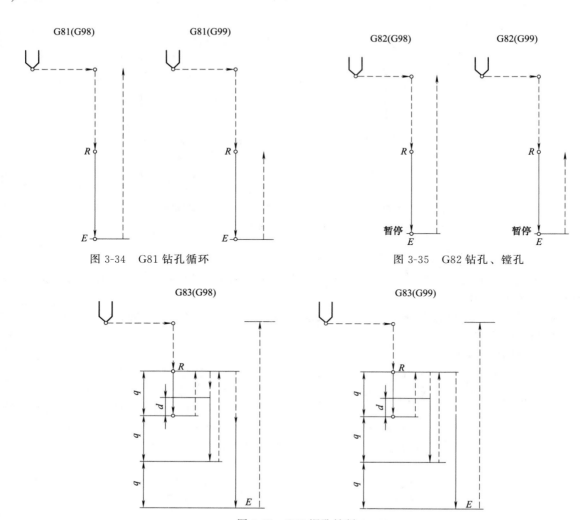

图 3-34　G81 钻孔循环　　　　　　　　图 3-35　G82 钻孔、镗孔

图 3-36　G83 深孔钻削

如图 3-36 所示，其中 q、d 与 G73 相同。G83 与 G73 的区别在于：G83 指令在每次进刀 q 距离后返回 R 点，这样深孔钻削时排屑有利。

3.1.4.2　镗孔循环

① G76：精镗循环指令，如图 3-37 所示。

指令格式：G76 X＿＿ Y＿＿ Z＿＿ R＿＿ Q＿＿ P＿＿ F＿＿ L＿＿；

G76 精镗至孔底后，有三个孔底动作：进给暂停（P）、主轴准停即定向停止（OSS）、刀具偏移 q 距离（➡），然后刀具退出，这样可使刀尖不划伤精镗表面。

② G85：镗孔循环指令。

指令格式：G85 X＿＿ Y＿＿ Z＿＿ R＿＿ F＿＿ L＿＿；

如图 3-38 所示，主轴正转，刀具以进给速度镗孔至孔底后以进给速度退出（无孔底动作）。

③ G86：镗孔循环指令。

指令格式：G86 X＿＿ Y＿＿ Z＿＿ R＿＿ P＿＿ F＿＿ L＿＿；

G86 指令与 G85 的区别是到达孔底位置后，主轴停止，并快速退回。

④ G87：背镗孔循环指令。

指令格式：G87 X ＿ Y ＿ Z ＿ R ＿ P ＿ F ＿ L ＿;

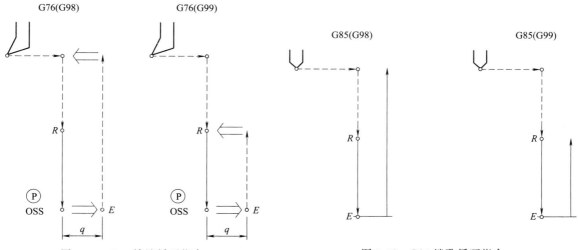

图 3-37　G76 精镗循环指令　　　　　　图 3-38　G85 镗孔循环指令

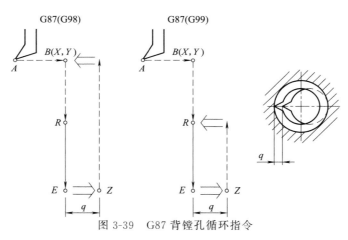

图 3-39　G87 背镗孔循环指令

如图 3-39 所示，刀具运动到起始点 B（X，Y）后，主轴准停，刀具沿刀尖的反方向偏移 q 值；然后快速运动到孔底位置，主轴正转，刀具沿偏移值 q 正向返回，刀具向上进给运动至 R 点；再主轴准停，刀具沿刀尖的反方向偏移 q 值，快退；接着沿刀尖正方向偏移到 B 点，主轴正转，本加工循环结束，继续执行下一段程序。该让刀量及方向与 G76 相同（G76 和 G87 的方向设定相同）。

3.1.4.3　攻螺纹循环指令

① G74：左旋攻螺纹循环，如图 3-40 所示。

指令格式：G74 X ＿ Y ＿ Z ＿ R ＿ P ＿ F ＿ L ＿;

a. 左旋螺纹主轴在 R 点反转切至 E 点，正转退刀。

b. F ＿为走刀速度，此时此值必须与主轴转速匹配。进给速度 F 值根据主轴转

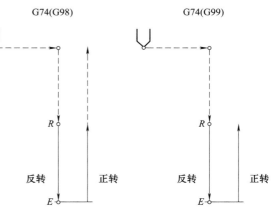

图 3-40　G74 左旋攻螺纹循环

速 S 与螺纹导程 P（单线螺纹时为螺距）来计算（$F=SP$）。

c. 在 G74 指定攻左旋螺纹时，进给率调整无效。即使用进给暂停，在返回动作结束之前，循环不会停止。

② G84：右旋攻螺纹循环。

指令格式：G84 X__ Y__ Z__ R__ P__ F__ L__；

a. G84 指令和 G74 指令中的主轴旋向相反，其他与 G74 指令相同。

b. 在 G84 指定攻右旋螺纹时，进给率调整无效。即使用进给暂停，在返回动作结束之前，循环不会停止。

3.1.4.4 固定循环编程实例

【例1】 完成零件 4 孔加工，如图 3-41 所示。

程序：

```
O0001;                          使用 G81
T1 M06;                         φ8mm 钻头
G90 G54 G00 X0 Y0 S500 M03;
Z50.0;
Z10.0;
G99 G81 X25.0 Y15.0 Z-17.0 R2.0 F50;
X-25.0;
Y-15.0;
G98 X25.0;
G80 X0 Y0；
G0 Z50.0;
M05;
M30;
```

【例2】 完成零件 4 孔加工，如图 3-42 所示。

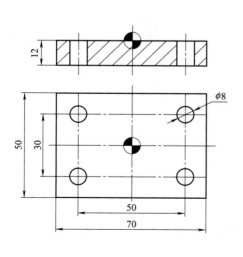

图 3-41 孔加工（一）

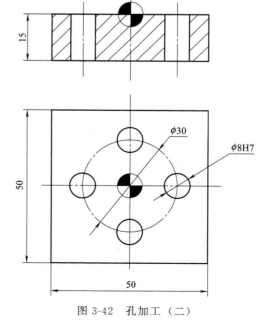

图 3-42 孔加工（二）

程序：

```
O0002;                              使用 G81
T1 M06;                             φ7.7mm 钻头
G90 G54 G00 X0 Y0 S500 M03;
G0 G43 Z50.0 H01;
Z10.0;
G99 G81 X15.0 Z-20.0 R2.0 F50;
X0 Y15.0;
X-15.0 Y0;
G98 X0 Y-15.0;
G80 X0 Y0;
G0 Z50.;
M05;
M30;


O 0020;                             使用 G81
T2 M06;                             φ8H7 铰刀
G90 G54 G00 X0 Y0 S500 M03;
G0 G43 Z50.0 H02;
Z10.0;
G99 G85 X15.0 Z-20.0 R2.0 F50;
X0 Y15.0;
X-15.0 Y0;
G98 X0 Y-15.0;
G80 X0 Y0;
G0 Z50.;
M05;
M30;
```

【例3】 使用 G73（高速钻孔循环），完成图 3-43 所示孔加工。

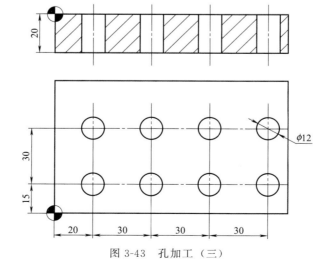

图 3-43　孔加工（三）

程序：

```
O0003；
T1 M06；                           φ12mm 钻头
G90 G54 G00 X0 Y0 S600 M03；
G0 Z50.0；
Z10.0；
G99 G73 X20.0 Y15.0 Z-25.0 R3.0 Q5.0 F50；
G91 X30.0 L3；
Y30.0；
X-30.0 L3；
G80 X0 Y0；
G00 Z50.0；
M05；
M30；
```

【**例 4**】 完成图 3-44 所示孔加工。

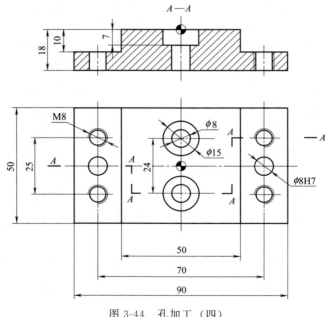

图 3-44 孔加工（四）

程序：

① 加工 M8 螺孔。

```
O1；
T1 M06；                           φ6.7mm 钻头
G90 G54 G00 X-35.Y12.5 S800 M03；
G00 G43 Z50.0 H01；
Z5.0；
G98 G81 Z-24.0 R-8.0 F50；
```

```
Y- 12. 5；
X35. ；
Y12. 5；
G00 Z50. 0；
M05；
T2 M06；                              M8 丝锥
G90 G54 G00 X- 35. Y12. 5 S80 M03；
G00 G43 Z50. 0 H02；
Z5. 0；
G98 G84 Z- 22. 0 R- 8. 0 F80；
Y- 12. 5；
X35. ；
Y12. 5；
G00 Z50. 0；
M05；
M30；
```

② 加工 ϕ8mmH7 孔。

```
O2；
T3 M06；                              $\phi$7. 7mm 钻头
G90 G54 G00 X- 35. Y0 S800 M03；
G00 G43 Z50. 0 H03；
Z5. 0；
G98 G81 Z- 24. 0 R- 8. 0 F50；
X35. ；
G00 Z50. 0；
M05；
T4 M06；                              $\phi$8H7 铰刀
G90 G54 G00 X- 35. S200 M03；
G00 G43 Z50. 0 H04；
Z5. 0；
G98 G85 Z- 24. 0 R- 8. 0 F50；
X35. ；
G00 Z50. 0；
M05；
M30；
```

③ 加工 ϕ8mm、ϕ15mm 台阶孔。

```
O3；
T5 M06；                              $\phi$8mm 钻头
G90 G54 G00 X0 Y12. 0 S800 M03；
G00 G43 Z50. 0 H05；
```

```
Z10.0;
G98 G81 Z-24.0 R2.0 F50;
Y-12.0;
G0 Z50.0;
M05;
T6 M06;                              φ15mm 平钻
G90 G54 G00 X0 Y12.0 S800 M03;
G00 G43 Z50.0 H06;
Z10.0;
G98 G81 Z-6.0 R5.0 F50;
Y-12.0;
G0 Z50.0;
M05;
M30;
```

3.1.5　极坐标

3.1.5.1　极坐标系指令 G15、G16

　　直角坐标系有 X、Y、Z 三个相互垂直的坐标轴，是数控加工的基本坐标类型。为了方便用户编程，数控系统也允许用一个长度和一个角度表示平面内的一个点 $P(r, \alpha)$。这种坐标系称为极坐标。它的长度称为极径，角度称为极角，极半径的起点称为极点。这三者是用极坐标编程时的三要素。

　　格式：

　　G15：极坐标系指令取消。

　　G16：极坐标系指令有效。

　　极坐标使用平面为 G17～G19 平面。用所在轴的第一轴指令半径，第二轴指令角度（如 G17 平面 X 表示极半径、Y 表示极角）。规定所选平面第一轴（＋方向）的逆时针方向为角度的正方向，顺时针方向为角度的负方向。

　　① 半径和角度可以用绝对值坐标指令 G90，也可用增量值坐标指令 G91。

　　② 当半径用绝对值坐标指令 G90 时，当前坐标系原点为极坐标系中心（即极点），如图 3-45 所示。

　　③ 当半径用增量值坐标指令 G91 时，当前位置点为极坐标系中心（即极点），如图 3-46 所示。

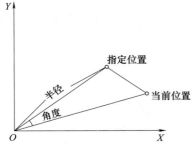

图 3-45　半径用绝对值、角度为增量值

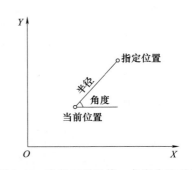

图 3-46　半径用增量值、角度为绝对值

3.1.5.2 极坐标指令练习

【例】 完成图 3-47 所示零件孔的加工。

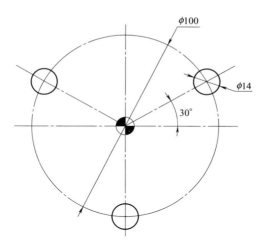

图 3-47 极坐标系编程

（1）半径和角度均为绝对值指令

G90 G17 G16;	极坐标系指令有效,XY 平面
G99 G81 X50.Y30.Z-20.R5.F100;	第 1 孔,30°
Y150.;	第 2 孔,150°
Y270.;	第 3 孔,270°
G15 G80;	极坐标系指令、固定循环取消

（2）半径为绝对值指令，角度为增量值指令

G90 G17 G16;	极坐标系指令有效,XY 平面
G99 G81 X50.Y30.Z-20.R5.F100;	第 1 孔,30°
G91 Y120.;	第 2 孔,距第 1 孔 120°
Y120.;	第 3 孔,距第 2 孔 120°
G15 G80;	极坐标系指令、固定循环取消

① 下列指令即使使用轴地址代码，也不视作极坐标指令：
G04（暂停）、G92（工件坐标系设定指令）、G68（坐标系旋转）、G51（比例缩放）。
② 选择极坐标系指令时，指定圆弧插补或螺旋线切削（G02、G03）时用半径指定。

3.1.6 子程序

在零件加工时，当某一加工内容重复出现（即工件上相同的切削路线重复）时，可以将加工内容程序编制出来作为子程序，而在编程时通过主程序调用，使程序简化。

3.1.6.1 子程序的格式的调用

（1）子程序的格式

O____;	
......	
M99;	子程序结束

(2)子程序的调用

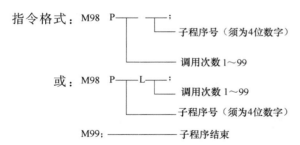

指令格式：M98 P┬─┬；
　　　　　　　　　└子程序号（须为4位数字）
　　　　　　　　└调用次数1～99

或：M98 P┬─L┬；
　　　　　　　│　└调用次数1～99
　　　　　　　└子程序号（须为4位数字）

M99；──────子程序结束

如图3-48所示为子程序调用编程原理。子程序可为多重嵌套。

3.1.6.2 子程序实例

【例1】 如图3-49所示，Z 起始高度为100mm，切削深度为25mm，每层切削深度为5mm，共切5层结束。

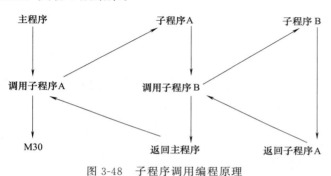

图3-48 子程序调用编程原理

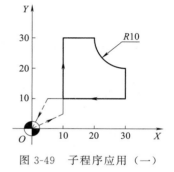

图3-49 子程序应用（一）

程序：

```
O0002;                                    主程序
G90 G54 G00 X0 Y0 S500 M03;
G00 Z100.0;
Z5.0;
G01 Z0 F50;
D01 M98 P200 L5;                          粗加工刀补
G90 Z-20.0;
D11 M98 P200;                             精加工刀补
G90 G00 Z100.0 M05;
M30;

O 0200;                                   子程序
G91 Z-5.0;
G01 G41 X10.0 Y5.0;
Y25.0;
X10.0;
G03 X10.0 Y-10.0 R10.0;
```

```
G01 Y-10.0;
X-25.0;
G40 X-5.0 Y-10.0;
M99;
```

【例2】 如图3-50所示，加工凸台（深10mm）时采用不同刀补，调用子程序，完成同一位置加工。

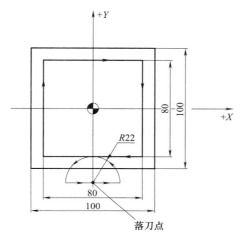

图3-50 子程序应用（二）

根据加工图，采用ϕ20mm立铣刀加工，刀长为177.10mm。

刀补：D01值为R10.50mm，H01值为177.6mm，用于粗加工；D11值为R10.0mm，H11值为177.1mm，用于精加工。

程序：

```
O0004;                                 主程序
T1 M06;
G90 G54 G00 X0 Y-62.0 S500 M03;
G43 Z50.0 H01;
D01 M98 P400;
G43 Z50.0 H11;
D11 M98 P400;
G00 Z50.0;
G91 G28 Z0 M05;
M30;
O0400;                                 子程序
G00 Z10.0;
G01 Z-10.0;
G41 X22.0;
G03 X0 Y-40.0 R22.0;
G01 X-40.0;
Y40.0;
```

```
X40.0;
Y-40.0;
X0;
G03 X-22.0 Y-62.0 R22.0;
G01 G40 X0;
Z20.0;
M99;
```

【例 3】 加工图 3-51 所示型腔。

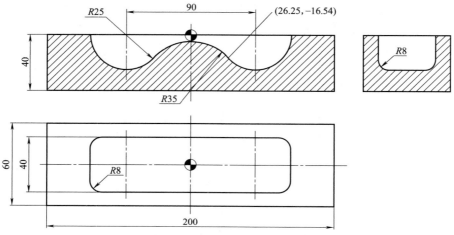

图 3-51　子程序应用（三）

主程序：

```
O0005;
N1;                            去余量
T1 M06;                        φ20mm 平底刀
G90 G54 G00 X-45.0 Y-8.0 S500 M03;
G00 G43 Z50.0 H01;
Z10.0;
G01 Z-16.54 F50;
Y8.0;
Z-1.5;
X45.0;
Z-16.54;
Y-8.0;
Z-1.5;
X-45.0;
Y0;
X45.0;
Z50.0;
G91 G28 Z0 M05;
```

```
N2;
T2 M06;                              φ16mm 球头刀
G90 G54 G00 X0 Y-13.0 S600 M03;
G43 Z50.0 H02;
Z18.4;                              留 0.4mm 余量精铣
M98 P0100 L8;                       调用 O0100 号子程序循环 8 次
G90 G00 Z10.0;
Y-12.5
M98 P0120 L48;
G90 G00 Z50.0;
G91 G28 Z0 M05;
M30;
```

子程序：

```
O0100;
G91 Z-1.0;
M98 P0110 L24;
Y-24.0;
M99;
```

子程序：

```
O0110;
G91 Y1.0;
G18 G00 G42 X-70.0 Z-10.0;
G02 X43.75 Z-16.54 R25.0;
G03 X52.5 Z0 R35.0;
G02 X43.75 Z16.54 R25.0;
G00 G40 X-70.0 Z10.0;
M99;
```

子程序：

```
O0120;
G91 Y0.5;
G18 G00 G42 X-70.0 Z-10.0;
G02 X43.75 Z-16.54 R25.0;
G03 X52.5 Z0 R35.0;
G02 X43.75 Z16.54 R25.0;
G00 G40 X-70.0 Z10.0;
M99;
```

注意：① 此零件加工，也可采用自动编程，本例子是采用子程序加工。

② O0110 子程序用来加工圆弧轮廓线；O0110 子程序用来加工每次切深 1mm 的圆弧轮廓，切削时，行距为 1.0mm。O0120 子程序用来精加工圆弧轮廓，切削时行距为 0.5mm。

3.1.7　坐标变换指令

3.1.7.1　比例缩放功能（G50、G51）

对加工程序指定的图形指令进行缩放。有两种指令格式。

（1）各轴比例因子相同

格式：G51 X __ Y __ Z __ P __;

其中：X、Y、Z 为比例缩放中心，以绝对值指定。

比例缩放方式由 G50 取消，指令格式：G50;

P 为比例因子，指定范围为 0.001～999.999 或 0.0001～9.99999。最大的比例缩放因子与最小的比例缩放因子有关，0.001 或 0.0001 为系统预先设置的最小比例缩放因子。对于大多数应用，0.001 的最小比例缩放因子就已经足够了。

若不指定 P，可用 MDI 预先设定的比例因子（用参数设置），任何其他指令都不能改变这个值。若省略 X、Y、Z，则用指令 G51 时刀具所在位置作为比例缩放中心。比例缩放功能不能缩放偏置量。

（2）各轴比例因子单独指定

通过对各轴指定不同的比例，可以按各自比例缩放各轴指令。

格式：G51 X __ Y __ Z __ I __ J __ K __;

其中：X、Y、Z 为比例缩放中心（绝对值指令）。

I、J、K 为各轴比例因子，指定范围为：±0.0001～±9.99999 或 ±0.001～±9.999。

若省略 I、J、K，则按参数（分别对应 I、J、K）设定的比例因子缩放。这些参数必须设定为非零值。

比例缩放方式由 G50 取消，指令格式：G50;

注意：如果不指定 I、J、K 值，则预先设定的比例因子有效。

【例】 完成图 3-52 所示零件凸台的加工，毛料 $\phi80\text{mm}\times35\text{mm}$ 已加工。

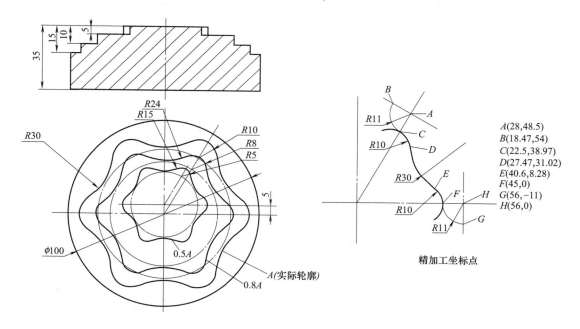

A(28,48.5)
B(18.47,54)
C(22.5,38.97)
D(27.47,31.02)
E(40.6,8.28)
F(45,0)
G(56,−11)
H(56,0)

精加工坐标点

图 3-52　比例缩放功能实例

程序：

```
O1;
T1M6;                              调用 1 号刀具，φ20mm 平刀
G90 G54 G0 X28. Y48. 5 M3 S600;
G0 Z50;
Z10. ;
G1 Z-15. F100;
M98 P061000;
G51 X0 Y0 I800 J800;
G1 Z-10. F100;
M98 P061000;
G50;
G51 X0 Y5. I500 J500;
G1 Z-5. F100;
M98 P061000;
G50;
G69;
G0 Z50. ;
M5;
M30;

O 1000;
G90 G1 X28. Y48. 5 F100;       A 点
G41 X18. 47 Y54. D1;           B 点
G3 X22. 5 Y38. 97 R11. ;        C 点
G2 X27. 47 Y31. 02 R10. ;       D 点
G3 X40. 6 Y8. 28 R30. ;         E 点
G2 X45. Y0 R10. ;               F 点
G3 X56. Y-11. R11. ;            G 点
G1 G40 Y0;                      H 点
G68 X0 Y0 G91 R60. ;           坐标旋转中心，旋转 60°
M99;
```

当各轴比例因子为负值时，则执行镜像加工，以比例缩放中心为镜像对称中心。

镜像加工编程，也称轴对称加工编程，是将数控加工刀具轨迹沿某坐标轴做镜像变换而形成加工轴对称零件的刀具轨迹。对称轴（或镜像轴）可以是 X 轴或 Y 轴或原点。

① 当只对 X 轴或 Y 轴进行镜像加工时，刀具的实际切削顺序将与原程序相反，刀具矢量方向相反，圆弧插补转向相反。当同时对 X 轴和 Y 轴进行镜像加工时切削顺序、刀补方向、圆弧时针方向均不变，如图 3-53 所示。

② 使用镜像后，应取消镜像。

③ 使用坐标系旋转则旋转角度反向。

④ 在使用中，对连续形状不使用镜像功能，因为走刀中有接刀使轮廓不光滑。

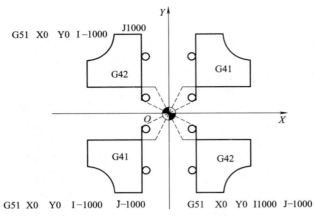

图 3-53　镜像时刀补变化

3.1.7.2　可编程镜像（G50.1、G51.1）

用编程的镜像指令可实现坐标轴的对称加工。

指令格式：G51.1 IP；设置可编程镜像。

G50.1 IP；取消可编程镜像。

IP：用 G51.1 指定镜像的对称点（位置）和对称轴，用 G50.1 指定镜像的对称轴，不指定对称点。

注意：① CNC 的数据处理顺序是从程序镜像到比例缩放和坐标系旋转。应该按顺序指定指令，取消时，按相反顺序。在比例缩放或坐标系旋转方式下，不能指定 G50.1 或 G51.1。

② 在可编程镜像方式中，与返回参考点（G27、G28、G29、G30 等）和改变坐标系（G52～G59、G92 等）有关的 G 代码不准指定。

FANUC 系统由于版本不同，也有用以下指令完成镜像加工的。

M21：X 轴镜像加工；M22：Y 轴镜像加工；M23：取消轴镜像加工。

注意：使用镜像指令后必须用 M23 进行取消，以免影响后面的程序。在 G90 模式下，使用镜像或取消指令，都要回到工件坐标系原点才能使用。否则，数控系统无法计算后面的运动轨迹，会出现乱走刀现象。这时必须实行手动原点复归操作予以解决。主轴转向不随着镜像指令变化。

【例 1】　完成图 3-54 所示轮廓加工程序。

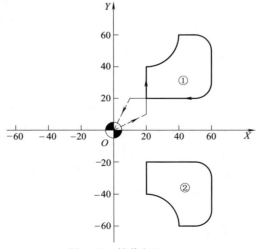

图 3-54　镜像加工（一）

程序：

(1) 采用比例缩放

```
O0005;（主程序）
G90 G54 G00 X0 Y0 S500 M03;
Z100.0;
M98 P0500;
G51 X0 Y0 I1000 J-1000;        Y轴镜像
M98 P0500;
G51;                           取消镜像
M05;
M30;
O0500;（子程序）
Z5.0;
G41 X20.0 Y10.0 D01;
G01 Z-10.0 F50;
Y40.0;
G03 X40.0 Y60.0 R20.0;
G01 X50.0;
G02 X60.0 Y50.0 R10.0;
G01 Y30.0;
G02 X50.0 Y20.0 R10.0;
G01 X10.0;
G00 G40 X0 Y0;
Z100.0;
M30;
```

(2) 采用可编程镜像

```
O0005;（主程序）
G90 G54 G00 X0 Y0 S500 M03;
Z100.0;
M98 P0500;
G51.1 Y0;           Y轴镜像
M98 P0500;
G50.1;              取消镜像
M05;
M30;
```

【例2】 完成图3-55所示零件凸台的加工，毛料 $\phi 80\text{mm} \times 25\text{mm}$ 已加工。

程序：

```
O1;
T1 M6;                      调用1号刀具, φ20mm 平刀
G90 G54 G0 X52.0 Y0 M3 S600;
```

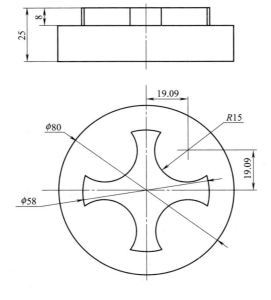

图 3-55　镜像加工（二）

G0 Z50.0;	
Z10;	
G1 Z-7.5 F100;	落刀
X40;	
G3 I-40;	整圆去余量
G1 Z-8;	进至切深
G41 Y11 D01;	加刀补
G3 X29. Y0 R11;	圆弧切入
G2 I-29;	精加工 ϕ58mm
G3 X40 Y-11 R11;	圆弧切出
G1 G40 Y0;	去刀补
G0 Z5;	
X0 Y0;	
M98 P0010;	调用加工 R15mm 子程序
G51.1 X0;	X 轴镜像
M98 P0010;	
G51.1 X0 Y0;	X 轴、Y 轴镜像（原点镜像）
M98 P0010;	
G51.1 Y0;	Y 轴镜像
M98 P0010;	
G50.1;	取消镜像
G0Z50;	
M5;	
M30;	

```
O0010;
G0 X19.09 Y19.09;                落刀点（R15mm 圆心处）
G1 Z-8 F50;                      进至切深
G1 G41 Y34.09 D01 F100;          加刀补
G3 X34.09 Y19.09 J-15;           加工 R15mm 圆弧
G1 G40 X19.09;                   去刀补
G0 Z5;                           抬刀
M99;                             子程序结束
```

3.1.7.3　坐标系旋转功能（G68、G69）

编程形状能够旋转。用该功能（旋转指令）可将编程形状旋转某一指定的角度。另外，如果工件的形状由许多相同的图形组成，则可将图形单元编成子程序，然后用主程序的旋转指令调用。

指令格式：（G17/G18/G19）G68 a ＿ b ＿ R ＿：坐标系开始旋转。

G17/G18/G19：平面选择，在其上包含旋转的形状。

a ＿ b ＿：与指令坐标平面相应的 X、Y、Z 轴中的两个轴的绝对指令，在 G68 后面指定旋转中心

R ＿：角度位移，正值表示逆时针旋转；根据指令的 G 代码（G90 或 G91）确定绝对值或增量值。

最小输入增量单位：0.001°。有效数据范围：-360.000°～360.000°。

G69：坐标系旋转取消指令。

【例 1】　完成图 3-56 所示零件槽的加工程序编制，毛料 φ70mm×20mm 已加工。

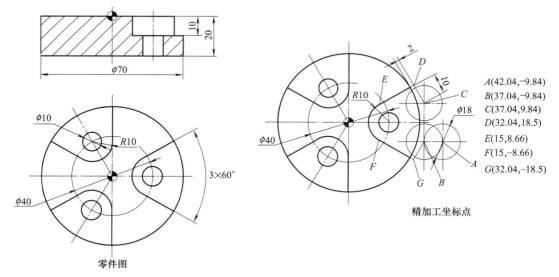

图 3-56　坐标系旋转（一）

程序一：

```
O1;
T1 M6;                           φ18mm 平底刀
G90 G54 G0 X0 Y0 M3 S700;
```

```
G0 G43 Z50. H01;
Z10. ;
M98 P0100;                           调用 O0100 子程序
G68 X0 Y0 R120. ;                    坐标系绕(0,0)旋转至 120°
M98 P0100;                           调用 O0100 子程序
G68 X0 Y0 R240. ;                    坐标系绕(0,0)旋转至 240°
M98 P0100;                           调用 O0100 子程序
G69;                                 取消坐标旋转
G90 G0 Z50. ;
M5;
M30;


O 0100;                              铣槽子程序
G90 G0 X42. 04 Y-9. 84;              A 点
G1 Z0;
/M98 P50110;                         调用 O0110 子程序 5 次;/为跳步指令,精加工
                                     时机床操作采用跳步

G1 Z-10. F100;
X37. 04 Y9. 84;                      C 点
G41 X32. 04 Y18. 5 D01;              D 点
G1 X15. Y8. 66;                      E 点
G3 X15. Y-8. 66 R10. ;               F 点
G1 X32. 04 Y-18. 5;                  G 点
G40 X37. 04 Y-9. 84;                 B 点
G0 Z10. ;
M99;


O 0110;
G90 G1 X42. 04 Y-9. 84 F200;         A 点
G91 Z-2. F100;
X37. 04;                             B 点
X20. Y0;
X37. 04 Y9. 84;                      C 点
M99;
```

程序二:

```
O1;
T1 M6;                               φ18mm 平底刀
G90 G54 G0 X0 Y0 M3 S700;
G0 G43 Z50. H01;
Z10. ;
M98 P031000;                         调用 O1000 子程序 3 次
```

```
G69;                              取消坐标旋转
G90 G0 Z50.;
M5;
M30;

O 1000;                           铣槽子程序
G90 G0 X42.04 Y-9.84;
G1 Z0;
/M98 P50110;                      调用 O0110 子程序 5 次;/为跳步指令,精加
                                  工时机床操作采用跳步
G1 Z-10.F100;
X37.04 Y9.84;
G41 X32.04 Y18.5 D01;
G1 X15.Y8.66;
G3 X15.Y-8.66 R10.;
G1 X32.04 Y-18.5;
G40 X37.04 Y-9.84;
G0 Z10.;
G68 X0 Y0 G91 R120.;              坐标系绕(0,0)增量旋转 120°
M99;

O 0110;
G90 G1 X42.04 Y-9.84 F200;
G91 Z-2.F100;
X37.04;
X20.Y0;
X37.04 Y9.84;
M99;
```

【例 2】 完成图 3-57 所示零件槽的加工程序编制，毛料 φ80mm×20mm 已加工。

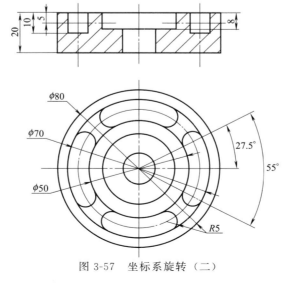

图 3-57 坐标系旋转（二）

程序：

```
O1；
N1；                                    粗加工
T1 M6；                                 φ8mm 平底刀
G90 G54 G0 X0 Y0 M3 S700；
G0 G43 Z50. H01；
Z10. ；
G1 Z0 F100；
M98 P050100；
G90 G0 Z10. ；
M98 P040110；
G0 Z50. ；
M5；
N2；                                    精加工
T2 M6；                                 φ8mm 平底刀
G90 G54 G0 X0 Y0 M3 S700；
G0 G43 Z50. H01；
Z10. ；
D02 M98 P1000；                         半精加工刀补（刀补值 4.15mm）
D02 M98 P041100；
D12 M98 P1000；                         半精加工刀补（刀补值 4.0mm）
D12 M98 P041100；
G0 Z50. ；
M5；
M30；


O 0100；                                粗铣整圆弧槽
G90 G1 X30. Y0 F200；
G91 Z-1. ；                             每次切深 1mm
G3 I-30. ；
M99；

O 0110；                                粗铣 4 等分圆弧槽
G90 G16 G01 X30. Y-27.5 F300；          极坐标
G1 Z-5. F200；
M98 P020120；                           子程序嵌套
G15；                                   取消极坐标
G0Z5. ；
G68 X0 Y0 G91 R90. ；                   坐标系旋转，增量旋转 90°
M99；

O 0120；
G91 Z-1.25 F200；
```

```
G90 G3 X30. Y27. 5 R30. ;
G91 Z-1. 25;
G90 G2 X30. Y-27. 5 R30. ;
M99;


O 1000;                              精铣整圆弧槽
G1 X30. Y0 F100;
G1 Z-5. ;
G41 Y-5. ;
G3 X35. Y0 R5. ;                     圆弧切入
G3 I-35. ;                           铣整圆
G3 X25. Y0 I-5. ;
G2 I-25. ;
G3 X30. Y0 R5. ;
G1 G40 Y0;
M99;
```

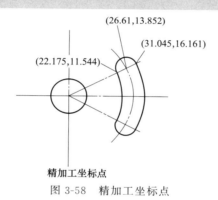

图 3-58　精加工坐标点

```
O1100;                               精铣 4 等分圆弧槽(精加工坐标点见图 3-58)
G1 25. F200
G0 X60. Y0;
G1 Z-10. F100;
G41 Y-5. ;
G3 X35. Y0 R5. ;                     圆弧切入
G3 X31. 045 Y16. 161 R35. ;
G3 X22. 175 Y11. 544 I-4. 435 J-2. 309;
G2 X22. 175 Y-11. 544 R50. ;
G3 X31. 045 Y-16. 161 I4. 435 J-4. 621;
G3 X35. Y0 R35. ;
G3 X30. Y5. R5. ;
G1 G40 Y0;
G0 Z10. ;
G68 X0 Y0 G91 R90. ;
M99;
```

3.2 宏程序

在一般的程序中，程序字为常量，故只能描述固定的几何形状，缺乏灵活性和实用性。为此数控系统提供了用户宏程序功能，用户可以自己扩展数控系统的功能。

在程序中使用变量，通过对变量进行赋值及处理使程序具有特殊功能，这种有变量的程序称为宏程序。FANUC 系统提供两种用户宏功能，即用户宏程序功能 A 和用户宏程序功能 B。这里我们介绍用户宏程序功能 B 的程序编制。

3.2.1 变量

(1) 变量的表示

一个变量由变量符号（♯）和变量号组成，如♯i（i＝1，2，3，…），也可用表达式来表示变量，如：♯[＜表达式＞]。

(2) 变量的使用

在地址号后可使用变量，如：

F♯8：若♯8＝80.，则表示 F80。

X－♯26：若♯26＝20.，则表示 X－20.。

G♯13：若♯13＝2.，则表示 G2。

(3) 变量的赋值

① 直接赋值。变量可在操作面板 MACRO 内容处直接输入，也可用 MDI 方式赋值，也可在程序内直接赋值，如：♯10＝100.（或表达式），但等号左边不能用表达式。

② 自变量赋值。宏程序体以子程序方式出现，所用的变量可在宏调用时在主程序中赋值。自变量赋值有两种类型：

a. 变量的赋值方法Ⅰ。

这类变量中的文字变量与数字序号变量之间有如下确定的关系：

A	♯1	I	♯4	T	♯20
B	♯2	J	♯5	U	♯21
C	♯3	K	♯6	V	♯22
D	♯7	M	♯13	W	♯23
E	♯8	Q	♯17	X	♯24
F	♯9	R	♯18	Y	♯25
H	♯11	S	♯19	Z	♯26

上表中，文字变量为除 G、L、N、O、P 以外的英文字母，一般可不按字母顺序排列，但 I、J、K 例外；♯1～♯26 为数字序号变量。

例如：G65　P9120　A200.0　X100.0　F100.0；

其含义为：调用宏程序号为 9120 的宏程序运行一次，并为宏程序中的变量赋值，其中，♯1 为 200.0，♯24 为 100.0，♯9 为 100.0。

b. 变量的赋值方法Ⅱ。

A	♯1	K_3	♯12	J_7	♯23
B	♯2	I_4	♯13	K_7	♯24
C	♯3	J_4	♯14	I_8	♯25
I_1	♯4	K_4	♯15	J_8	♯26

续表

J₁	♯5	I₅	♯16	K₈	♯27
K₁	♯6	J₅	♯17	I₉	♯28
I₂	♯7	K₅	♯18	J₉	♯29
J₂	♯8	I₆	♯19	K₉	♯30
K₂	♯9	J₆	♯20	I₁₀	♯31
I₃	♯10	K₆	♯21	J₁₀	♯32
J₃	♯11	I₇	♯22	K₁₀	♯33

例：G65　P9100　A20.0　I10.0　J0　K0　I8.0　J10.0　K9.0；

其含义为：调用宏程序号为9100的宏程序运行一次，并为宏程序中的变量赋值，其中，♯1为20.0，♯4为10.0，♯5为0，♯6为0，♯7为8.0，♯8为10.0，♯9为9.0。

注意：a. 变量的赋值方法Ⅰ和方法Ⅱ可以共存，此时后者有效。

例如：G65　P1000　A1.B2　I−3.　I4.　D5.；可以看出，I4. 和 D5. 都对♯7赋值，后面的 D5. 有效，所以，♯7=5.0。

b. I、J、K 的顺序不能颠倒，不赋值可以省略。

例如：G65　P1000　J5.　I4.；则♯5=5.0，♯7=4.0。

（4）变量的种类

变量有局部变量、公用变量（全局变量）和系统变量三种。

① 局部变量♯1~♯33。作用于宏程序某一级中的变量称为局部变量，即这一变量在同一程序级中调用时含义相同，若在另一级程序（如子程序）中使用，则意义不同。局部变量主要用于变量间的相互传递，初始状态下未赋值的局部变量即为空白变量。

② 公用变量♯100~♯199，♯500~♯999。可在各级宏程序中被共同使用的变量称为公用变量，即这一变量在不同程序级中调用时含义相同。因此，一个宏程序中经计算得到的一个公用变量的数值，可以被另一个宏程序应用。当断电时，变量♯100~♯199初始化为空。变量♯500~♯999的数据保存，即使断电也不丢失。

③ 系统变量。系统变量用于读和写 CNC 运行时各种数据的变化，例如，刀具的当前位置和补偿值。但是某些系统只能读。系统变量是自动控制和通用加工程序开发的基础。

a. 接口信号：是可编程机床控制器（PLC）和用户宏程序之间交换的信号。

b. 刀具补偿♯2000~♯2200：用系统变量可以读和写刀具补偿值。

c. 程序报警的系统变量♯3000。♯3000 中存储报警信息地址，如：♯3000=n，则显示 n 号警告。

d. 时间信息♯3001、♯3002。

e. 自动运行控制♯3003、♯3004。

f. 模态信息♯4001~♯4130。如：♯4001 为 G00~G03，若当前为 G01 状态则♯4001 中值为 01；♯4002 为 G17~G19，若当前为 G17 平面则♯4002 中值为 17；♯4003 为 G90、G91。

g. 位置信息♯5001~♯5104：保存各种坐标值，包括绝对坐标、距下一点距离等。

系统变量还有多种，为编制宏程序提供了丰富的信息来源。

（5）未定义变量的性质

当变量值未定义时，这样的变量成为"空变量"。变量♯0总是空变量。

① 空变量引用。当引用一个未定义的变量时，地址本身也被忽略。

♯1=＜空＞	♯1=0
G90 X100. Y♯1；相当于 G90 X100.；	G90 X100. Y♯1；相当于 G90 X100. Y0；

② 空变量运算。除了用＜空＞赋值以外，其余情况下＜空＞与 0 相同。

#1=＜空＞	#1=0
#2=#1,则#2=＜空＞	#2=#1,则#2=0
#2=#＊5,则#2=0	#2=#1＊5,则#2=0
#2=#1＋#1,则#2=0	#2=#1＋#1,则#2=0

③ 条件表达式。

#1=＜空＞	#1=0
#1＝#0 成立	#1＝#0 不成立
#1≠#0 成立	#1≠#0 不成立
#1≥#0 成立	#1≥#0 成立
#1＞#0 不成立	#1＞#0 不成立

3.2.2 用户宏程序的调用

(1) 宏程序的使用格式

宏程序的编写格式与子程序相同。其格式为：

O ～（0001～8999 为宏程序号）

N10 指令

…

N～M99

上述宏程序内容中，除通常使用的编程指令外，还可使用变量、算术运算指令及其他控制指令。变量值在宏程序调用指令中赋值。

(2) 选择程序号

程序在存储器中的位置决定了该程序的一些权限，根据程序的重要程度和使用频率，用户可选择合适的程序号，具体如表 3-3 所示。

表 3-3 程序编号使用规则

O1～O7999	程序能自由存储、删除和编辑
O8000～O8999	不经设定该程序就不能进行存储、删除和编辑
O9000～O9019	用于特殊调用的宏程序
O9020～O9899	如果不设定参数就不能进行存储、删除和编辑
O9900～O9999	用于机器人操作程序

(3) 用户宏程序的调用指令

用户宏指令是调用用户宏程序本体的指令。

① 非模态调用（单纯调用）。

指令格式：G65 P（宏程序号）L（重复次数）（自变量赋值）；

其中：G65 为宏程序调用指令；P（宏程序号）为被调用的宏程序代号；L（重复次数）为宏程序重复运行的次数，重复次数为 1 时，可省略不写；（自变量赋值）为宏程序中使用的变量赋值。

在书写时，G65 必须写在（自变量赋值）之前。

② 模态调用。模态调用功能近似固定循环的续效作用，在调用宏程序的语句以后，每执行一次移动指令就调用一次宏程序。

指令格式：G66 P（宏程序号）L（重复次数）（自变量赋值）；

G67；取消宏程序模态调用方式。

在书写时，G66 必须写在（自变量赋值）之前。

```
例:O0001；
   ⋮
G0 G90 X100.Y50.；
G66 P9110 Z-20.R5.F100；      O9110宏程序钻孔（O9110程序略）
G90 X20.Y20.；                孔位
X50.；                        孔位
Y50.；                        孔位
X0 Y80.；                     孔位
G67；
M30；
```

③ 多重非模态调用。宏程序与子程序相同的一点是：一个宏程序可被另一个宏程序调用，最多可调用 4 重。

3.2.3 算术运算指令

宏程序具有赋值、算术运算、逻辑运算、函数运算等功能。变量之间进行运算的通常表达形式是：$\#i$ ＝（表达式）。

（1）变量的定义和替换

$\#i = \#j$

（2）加减运算

$\#i = \#j + \#k$ 加

$\#i = \#j - \#k$ 减

（3）乘除运算

$\#i = \#j * \#k$ 乘

$\#i = \#j / \#k$ 除

（4）逻辑运算

$\#i = \#j \, OR \, \#k$ 或

$\#i = \#j \, XOR \, \#k$ 异或

$\#i = \#j \, AND \, \#k$ 与

（5）函数运算

$\#i = SIN [\#j]$ 正弦函数（单位为度）

$\#i = ASIN [\#j]$ 反正弦函数

$\#i = COS [\#j]$ 余函数（单位为度）

$\#i = ACOS [\#j]$ 反余弦函数

$\#i = TAN [\#j]$ 正切函数（单位为度）

$\#i = ATAN [\#j]$ 反正切函数（单位为度）

$\#i = SQRT [\#j]$ 平方根

$\#i = ABS [\#j]$ 取绝对值

$\#i = ROUND [\#j]$ 四舍五入整数化

$\#i = FIX [\#j]$ 小数点以下舍去

$\#i = FUP [\#j]$ 小数点以下进位

$$\#i = \text{LN}[\#j] \qquad\qquad\qquad 自然对数$$
$$\#i = \text{EXP}[\#j] \qquad\qquad\qquad e^x$$

(6) 运算的组合

以上算术运算和函数运算可以结合在一起使用，运算的先后顺序是：函数运算、乘除运算、加减运算。

(7) 括号的应用

表达式中括号的运算将优先进行。连同函数中使用的括号在内，括号在表达式中最多可用5层。

3.2.4 控制指令

控制指令起到控制程序流向的作用。

(1) 条件转移

程序格式　IF　[条件表达式]　GOTO　n

以上程序段含义为：

① 如果条件表达式的条件得以满足，则转而执行程序中程序号为 n 的程序段，程序段号 n 可以由变量或表达式替代。

② 如果表达式中条件未满足，则顺序执行下一段程序。

③ 如果程序作无条件转移，则条件部分可以被省略。

④ 条件表达式可按如下形式书写：

$\#j$ EQ $\#k$		表示＝
$\#j$ NE $\#k$		表示≠
$\#j$ GT $\#k$		表示＞
$\#j$ LT $\#k$		表示＜
$\#j$ GE $\#k$		表示≥
$\#j$ LE $\#k$		表示≤

例如：下面的程序可计算数值 1～10 的总和。

```
O9200;
#1=0;                         存储和数变量的初值
#2=1;                         被加数变量的初值
N1 IF[#2 GT 10]GOTO 2;        当被加数大于 10 时转移到 N2
#1=#1+#2;                     计算和数
#2=#2+1;                      下一个被加数
GOTO 1;                       转到 N1
N2 M30;                       程序结束
```

(2) 循环指令

程序格式：

WHILE　[条件表达式]　DO m（m ＝ 1,2,3）;

⋮

END　m;

上述"WHILE…END　m"程序含义为：

① 条件表达式满足时，程序段 DO m 至 END m 即重复执行；

② 条件表达式不满足时，程序转到 END m 后处执行；

③ 如果 WHILE [条件表达式] 部分被省略，则程序段 DO m 至 END m 之间的部分将一直重复执行。

注意：

a. WHILE DO m 和 END m 必须成对使用。

b. DO 语句允许有 3 层嵌套，即：

DO 1

DO 2

DO 3

END 3

END 2

END 1

c. DO 语句范围不允许交叉，即如下语句是错误的：

DO 1

DO 2

END 1

END 2

例如：下面的程序可计算数值 1～10 的总和。

```
O1000;
#1=0;
#2=1;
WHILE[#2 LE 10]DO 1;
#1=#1+#2;
#2=#2+1;
END 1;
M30;
```

3.2.5 宏程序练习（椭圆、球面、型面、孔加工）

【例1】 矩形区域平面加工

矩形区域平面加工如图 3-59 所示。

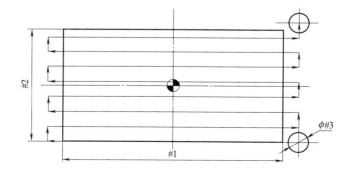

图 3-59 矩形区域平面加工

程序：

```
O1;
#1=___;                                          矩形 X 向边长
#2=___;                                          矩形 Y 向边长
#3=___;                                          刀具直径(平底刀)
#4=-#2/2;                                        Y 坐标设为自变量
#14=0.8*#3;                                      变量#4每次递增量,即步距(经验值)
#5=[#1+#3]/2+2.;                                 开始点的 X 坐标
G90 G54 G0 X0 Y0 M3 S1000;
Z50.;
X#5 Y#4;                                         快速进至开始点位置
Z10.;
G1 Z0 F200;                                      快速进至Z=0平面(假设此为加工平面)
WHILE [#4 LT [#2/2+0.3*#3]] DO 1;                如果刀具没有加工到上边缘,则继续以下循环
G1 X-#5 F500;                                    G01加工至左边
#4=#4+#14;                                        Y 坐标变量#4递增#14
Y#4;                                              Y 坐标正向移动#14
X#5;                                              G01加工至右边
#4=#4+#14;                                        Y 坐标变量#4递增#14
Y#4;                                              Y 坐标正向移动#14
END 1;                                            循环 1 结束
G0 Z50.;
M5;
M30;
```

条件表达式（第 n 次循环结束时刀具的 Y 坐标值）的推导参考图 3-60。

图 3-60　条件表达式的推导图

解：点 a：　$Ya = \#4$

　　点 b：　$Yb = \#4 - \#14 = \#4 - 0.8 * \#3$

　　点 c：　$Yc = \#2/2$

　　点 d：　$Yd = Yb + \#3/2$

　　　当 $Yd < Yc$ 时循环应继续，即推导出 $\#4$ LT $[\#2/2 + 0.3 * \#3]$。

【例2】　四角圆角过渡矩形内腔粗加工

四角圆角过渡矩形内腔粗加工如图 3-61 所示。

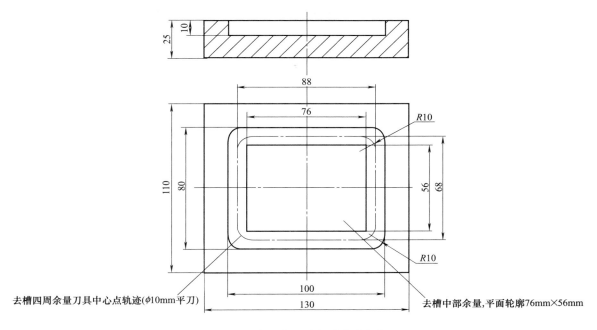

图 3-61　四角圆角过渡矩形内腔粗加工

程序：

```
O2;
T1 M6;                              φ10mm 平刀
G90 G54 G0 X0 Y0 M3 S1000;
G0 Z50.;
Z10.;
M98 P1000;
M98 P1001;
G0 Z50.;
M5;
M30;


O1000;                             去槽四周余量
G0 X44.Y-24.;
#6=0;                              切深 Z 设为自变量,赋初值 0
#7=10.;                            需加工深度 H(绝对值)
#17=1.;                            Z 坐标每次递增量 1mm(每层切深即层间距),
                                   要求#17 必须能被#7 整除
WHILE [#6 LT #7] DO 1;             如果刀具没有达到预定深度,继续循环 1
Z[-#6+1.];                         快速进至当前加工平面 Z-#6 上方 1mm 处
G1 Z-[#6+#17] F100;               G01 进至加工平面
G2 X34.Y-34.R10.F500;
G1 X-34.;
```

```
G2 X-44.Y-24.R10.;
G1 Y24.;
G2 X-34.Y34.R10.;
G1 X34.;
G2 X44.Y24.R10.;
G1 Y-24.;
#6=#6+#17;                          Z坐标(绝对值)依次递增#17(层间距)
END 1;
G0 Z10.;
M99;


O1001;                              去槽中部余量,平面76mm×56mm
#1=76.;                             矩形X向边长
#2=56.;                             矩形Y向边长
#3=10.;                             刀具直径(平底刀)
#4=-#2/2;                           Y坐标设为自变量
#14=0.8*#3;                         变量#4每次递增量,即步距(经验值)
#5=[#1+#3]/2+2.;                    开始点的X坐标
#6=0;                               切深Z设为自变量,赋初值0
#7=10.;                             需加工深度H(绝对值)
#17=1.;                             Z坐标每次递增量1mm(每层切深即层间距),要
                                    求#17必须能被#7整除
WHILE [#6 LT #7] DO 1;              如果刀具没有达到预定深度,继续循环1
#4=-#2/2;                           (每层平面加工完毕后)重置#4为初始值
X#5 Y#4;                            快速进至开始点位置
Z[-#6+1.];                          快速进至当前加工平面Z-#6上方1mm处
G1 Z-[#6+#17] F100;                 G01进至加工平面
WHILE [#4 LT [#2/2+0.3*#3]] DO 2;   如果刀具没有加工到上边缘,继续以下循环
G1 X-#5 F500;                       G01加工至左边
#4=#4+#14;                          Y坐标变量#4递增#14
Y#4;                                Y坐标正向移动#14
X#5;                                G01加工至右边
#4=#4+#14;                          Y坐标变量#4递增#14
Y#4;                                Y坐标正向移动#14
END 2;                              循环2结束
G0 Z10.;                            G00抬至安全高度
#6=#6+#17;                          Z坐标(绝对值)依次递增#17(层间距)
END 1;                              循环1结束
M99;
```

【例3】 圆孔内腔加工（中心垂直下刀）

圆孔内腔加工（中心垂直下刀）如图3-62所示。

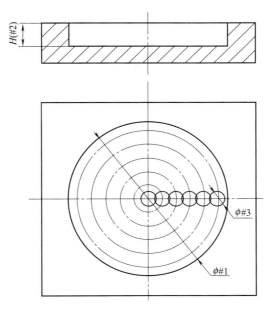

图 3-62　圆孔内腔加工（中心垂直下刀）

程序：

```
O3;
G90 G54 G0 X0 Y0;
G0 Z50.;
#1=__;                          圆孔直径
#2=__;                          圆孔深度
#3=__;                          刀具直径(平底刀)
#4=0;                           Z 坐标(绝对值)设为自变量
#17=__;                         Z 坐标(绝对值)每次递增量(每层切深即层间距 q)
#5=0.8 *#3;                     步距设为刀具直径的 80%(经验值)
#6=#1-#3;                       刀具(中心)在内腔中最大回转直径
WHILE [#4 LT #2] DO 1;          如果加工深度#4 小于圆孔深度#2,则循环 1 继续
Z[-#4+1.];                      快速进至当前加工平面 Z-#4 上方 1mm 处
G1 Z-[#4+#17] F100;             G01 进至当前加工深度(Z-#4 处下降#17)
#7=FIX [#6/#5];                 刀具(中心)在内腔中最大回转直径除以步距并上取整
#8=FIX [#7/2];                  #7 是奇数或偶数都可上取整,重置#8 为初始值
WHILE [#8 GE0] DO 2;            如果#8≥0(即还没走到最外一圈),循环 2 继续
#9=#6/2-#8 *#5;                 每圈在 X 方向上移动的距离目标值(绝对值)
G1 X#9 F1000;                   以 G01 移动
G3 I-#9;                        逆时针走整圆
#8=#8-1;                        #8 依次递减直至为 0
END 2;                          循环 2 结束(最外一圈已走完)
G0 Z10.;                        抬刀至安全点
X0 Y0;                          G0 快速回原点,准备下一层加工
```

```
#4=#4+#17;                        Z 坐标(绝对值)依次递增#17(层间距q)
END 1;                            循环 1 结束(此时#4=#2)
G0 Z50.;
M5;
M30;
```

例如：完成图 3-63 所示槽的加工，毛坯 φ100mm×25mm 已加工。

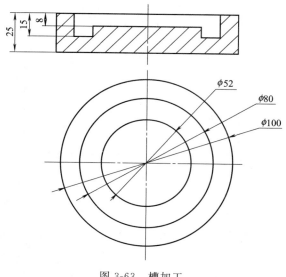

图 3-63 槽加工

程序：

```
O4;
N1;                              粗加工
T1 M6;                           φ12mm 平刀
G90 G54 G0 X0 Y0 M3 S1000;
G0 Z50.;
Z10.;
M98 P1000;                       粗加工 φ79.6mm×8mm 圆槽
M98 P1001;                       粗加工环形槽,刀具中心在 φ66mm 圆上,深 15mm
G0 Z50.;
M5;
M30;


O1000;                           粗加工 φ79.6mm×8mm 圆槽
#1=79.6;                         圆孔直径(已留 0.4mm 余量)
#2=8.;                           圆孔深度
#3=12.;                          刀具直径(平底刀)
#4=0;                            Z 坐标(绝对值)设为自变量
#17=1.;                          Z 坐标(绝对值)每次递增量(每层切深即层间距q)
```

#5=0.8 *#3;	步距设为刀具直径的 80%（经验值）
#6=#1-#3;	刀具（中心）在内腔中最大回转直径
WHILE [#4 LT #2] DO 1;	如果加工深度#4 小于圆孔深度#2,循环 1 继续
Z[-#4+1.];	快速进至当前加工平面 Z-#4 上方 1mm 处
G1 Z-[#4+#17] F100;	G01 进至当前加工深度（Z-#4 处下降#17）
#7=FIX[#6/#5];	刀具（中心）在内腔中最大回转直径除以步距并上取整
#8=FIX[#7/2];	#7 是奇数或偶数都可上取整,重置#8 为初始值
WHILE [#8 GE0] DO 2;	如果#8≥0（即还没走到最外一圈）,循环 2 继续
#9=#6/2-#8 *#5;	每圈在 X 方向上移动的距离目标值（绝对值）
G1 X#9 F1000;	以 G01 移动
G3 I-#9;	逆时针走整圆
#8=#8-1;	#8 依次递减直至为 0
END 2;	循环 2 结束（最外一圈已走完）
G0 Z10.;	抬刀至安全点
X0 Y0;	G0 快速回原点,准备下一层加工
#4=#4+#17;	Z 坐标（绝对值）依次递增#17（层间距 q）
END 1;	循环 1 结束（此时#4=#2）
G0 Z10.;	
M99;	
O 1001;	粗加工环形槽,刀具中心在 φ66mm 圆上,深 15mm
G0 X33.Y0;	
Z10.;	
#11=8.;	切深 Z 设为自变量,赋初值 8mm
#12=15.;	需加工深度 H（绝对值）
#13=1.;	Z 坐标每次递增量 1mm（每层切深即层间距）,要求#13 必须能被#15 整除
G1 Z-#11 F100;	G01 进至加工平面
WHILE [#11 LT #12] DO 1;	如果刀具没有达到预定深度,继续循环 1
G3 I-33. Z-[#11+ #13] F500;	螺旋下刀
#11=#11+ #13;	Z 坐标（绝对值）依次递增#13（层间距）
END 1;	
G0 Z10.;	
M99;	

【例4】 球面加工

(1) 外球面加工

① 平底刀粗加工（自上而下），如图 3-64 所示。

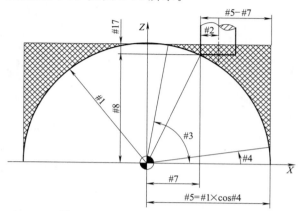

图 3-64　平底刀粗加工（自上而下）

自变量赋值说明：

A：#1，（外）球面圆弧半径。

B：#2，平底刀半径。

C：#3，（外）球面起始角度，#3≤90°。

I：#4，（外）球面终止角度，#4≥0°。

Q：#17，Z 坐标每次递减量（每层切深 q）。

宏程序：

```
O1200;
G0 X0 Y0;                          快速定位至零点(球面中心)上方
Z[#1+30.];                         快速进至安全高度
#5=#1*COS[#4];                     终止高度上接触点的 X 坐标值
#6=1.6*#2;                         步距设为刀具直径的 80%（经验值）
#8=#1*SIN[#3];                     任意高度上刀尖的 Z 坐标值设为自变量,赋初始值
#9=#1*SIN[#4];                     终止高度上刀尖的 Z 坐标值
WHILE[#8 GT #9]DO 1;                如果#8＞#9,循环 1 继续
X[#5+#2+1.]Y0;                     (每层)G0 快速移动至毛坯外侧
Z[#8+1.];                          下降至#8 以上 1mm 处
#18=#8-#17;                        当前加工深度（切削到材料时）对应的 Z 坐标
G1 Z#18 F100;                      G1 下降至当前加工深度
#7=SQRT[#1*#1-#18*#18];            任意高度上刀具与球面接触点的 X 坐标值
#10=#5-#7;                         任意高度上被去除部分的宽度（绝对值）
#11=FIX[#10/#6];                   每层被去除宽度除以步距并上取整,重置为初始值
WHILE[#11 GE 0]DO 2;                如#11≥0,循环 2 继续
#12=#7+#11*#6+#2;                  每层(刀具中心)在 X 方向上移动的 X 坐标目标值
G1 X#12 Y0 F500;                   以 G1 移动至第一目标点
G2 I-#12;                          顺时针走整圆
#11=#11-1;                         自变量#11（每层走刀圈数）依次递减至 0
```

```
END 2；                        循环 2 结束
G0 Z［#1+30.］；              G0 退刀至安全高度
#8=#8-#17；                  Z 坐标自变量#8 递减#17
END 1；                        循环 1 结束
G0 Z［#1+30.］；              G0 退刀至安全高度
M99；                          宏程序结束
```

例如：完成图 3-65 所示零件的粗加工。

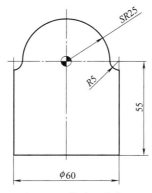

图 3-65　外球面的加工

粗加工程序：

```
O200；
T1 M6；                        T1—φ16mm 平刀
G90 G54 G0 X0 Y0 M3 S700；
G0 G43 Z50.H01；
G65 P1200 A25.5 B8.C90.I0 Q2.；   赋值，调用宏程序 O1200
G0 Z50.；
M5；
M30；
```

② 球刀精加工（自下而上），如图 3-66 所示。

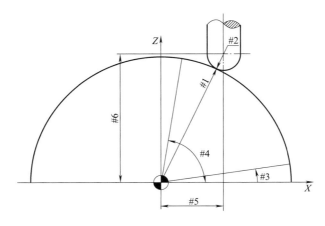

图 3-66　球刀精加工（自下而上）

自变量赋值说明：

A：#1，（外）球面圆弧半径。

B：#2，球头铣刀半径。

C：#3，（ZX 平面）角度设为自变量，赋初始值。

I：#4，（外）球面终止角度，#4≤90°。

Q：#17，角度每次递减量（绝对值）。

宏程序：

```
O1210;
G0 X0 Y0;                        快速定位至零点（球面中心）上方
Z[#1+30.];                       快速进至安全高度
#12=#1+#2;                       球心与刀心连线距离
WHILE [#3LT#4] DO 1;             如果#3＜#4,循环1继续
#5=#12*COS[#3];                  任意角度时铣刀球心的 X 坐标值（绝对值）
#6=#12*SIN[#3];                  任意角度时铣刀球心的 Z 坐标值（绝对值）
#7=#6-#2;                        任意角度时刀尖的 Z 坐标值（绝对值）
X[#5+#2] Y#2;                    G0 定位至进刀点
Z#7;                             快速移至 Z 坐标处
G3 X#5 Y0 R#2 F100;              G3 圆弧进刀
G2 I-#5;                         G2 走整圆
G3 X[#5+#2] Y-#2 R#2;            G3 圆弧退刀
G0 Z[#7+1.];                     在当前高度上 G0 提刀 1mm
Y#2;                             Y 方向 G0 移至进刀点
#3=#3+#17;                       角度#3 每次递增#17
END 1;                           循环1结束
G0 Z[#1+30.];                    G0 退刀至安全高度
M99;                             宏程序结束
```

例如：完成图 3-65 所示零件的精加工。

精加工程序：

```
O210;
T2 M6;                    T2—φ10mm 球刀（R5mm 限制了球刀直径）
G90 G54 G0 X0 Y0 M3 S700;
G0 G43 Z50.H02;
G65 P1210 A25.B5.C0 I90.Q1.;赋值,调用宏程序 O1210
G0 Z50.;
M5;
M30;
```

（2）内球面加工：

① 平底刀粗加工（自上而下），如图 3-67 所示。

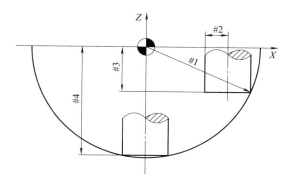

图 3-67 平底刀粗加工（自上而下）

自变量赋值说明：

A：♯1，（内）球面圆弧半径。

B：♯2，平底刀半径。

C：♯3，Z 坐标值设为自变量，赋初始值。

I：♯4，平底刀到达内球面底部时的 Z 坐标；如果是标准的半球，则 ♯4＝－SQRT［♯1＊♯1－♯2＊♯2］。

Q：♯17 Z 坐标每次递减量（每层切深 q）。

宏程序：

O1220;	
G0 X0 Y0;	快速定位至零点(球面中心)上方
Z30.;	快速进至安全高度
#5=1.6*#2;	步距设为刀具直径的 80%（经验值）
#3=#3-#17;	自变量#3,赋第一刀初始值
WHILE［#3GT#4］DO 1;	如果 Z 坐标#3＞#4,循环 1 继续
Z［#3+1.］;	G0 进至 Z=#3 面以上 1mm 处
G1 Z#3 F100;	G1 进至 Z=#3 处
#7=SQRT［#1*#1-#3*#3］-#2;	任意深度时刀具中心对应的 X 坐标值
#8=FIX［#7/#5］;	任意深度时刀具中心在内腔的最大回转半径除以步距并上取整,重置#8 为初始值
WHILE［#8GE0］DO 2;	如果#8≥0(即还没有走到最外一圈),循环 2 继续
#9=#7-#8*#5;	每圈在 X 方向上移动的距离（绝对值）
G1 X#9 F150;	G1 进至 X=#9 处
G3 I-#9 F300;	逆时针走整圆
#8=#8-1.;	#8 依次递减至 0
END 2;	循环 2 结束(最外一圈已走完)
G0 Z1.;	G0 提刀至 1mm 处
X0 Y0;	G0 进至球面中心处
#3=#3-#17;	Z 坐标依次递减#17（层间距 q）
END 1;	循环 1 结束(此时#3=#4)
M99;	宏程序结束

② 球头刀精加工（自上而下），如图3-68所示。

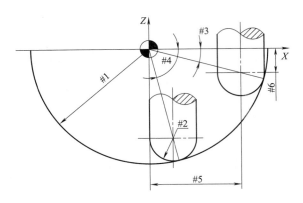

图 3-68　球头刀精加工（自上而下）

自变量赋值说明：

A：♯1，（内）球面圆弧半径。

B：♯2，球头刀半径。

C：♯3，（ZX 平面）角度设为自变量，赋初始值。

I：♯4，球面终止角度，♯4≤90°。

Q：♯17，角度每次递减量（绝对值）。

宏程序：

O1230;	
X0 Y0;	快速定位至零点(球面中心)上方
Z30.;	快速进至安全高度
#12=#1-#2;	球心与刀心连线距离
#5=#12*COS[#3];	初始点刀心(刀尖)的 X 坐标值
#6=-#12*SIN[#3];	初始点刀心的 Z 坐标值
X[#5-2.];	X 方向 G0 移至距初始点 2mm 处
Z[#6-#2];	G0 降至初始点刀尖的 Z 坐标值
G1 X#5 F150;	X 方向 G1 进给至初始点
WHILE [#3LT#4] DO 1;	如果#3＜#4,循环 1 继续
#5=#12*COS[#3];	任意角度时当前层刀心(刀尖)的 X 坐标值
#7=#12*COS[#3+#17];	下一层刀心(刀尖)的 X 坐标值
#8=-#12*SIN[#3+#17]-#2;	下一层刀心(刀尖)的 Z 坐标值
G17 G3 I-#5 F300;	G17 平面内(当前层)沿球面 G3 走整圆
G18 G3 X#7 Z#8 R#12;	G18 平面内当前层以 G3 过渡至下一层
#3=#3+#17;	角度#3 每次递增#17
END 1;	循环 1 结束
G0Z30.;	G0 提刀至安全高度
M99;	宏程序结束

【例5】 椭圆加工

① 椭圆外形加工，如图 3-69 所示。

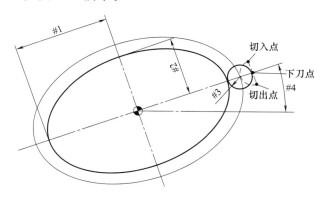

图 3-69 椭圆外形加工

自变量赋值说明：

A：♯1，椭圆长半轴长（对应 X 轴）。

B：♯2，椭圆短半轴长（对应 Y 轴）。

C：♯3，刀具半径（平底刀）。

I：♯4，椭圆长半轴的轴线与 X 轴的夹角。

F：♯9，进给速度。

H：♯11，切深设为自变量，赋初始值。

Q：♯17，自变量♯11 每次递增量（等高）。

R：♯18，角度设为自变量，赋初值为 0°。

S：♯19，角度递增量。

Z：♯26，椭圆外形高度（绝对值）。

宏程序：

```
O1100;
G0 X0 Y0;                       快速定位至零点(椭圆圆心)上方
G68 X0 Y0 R#4;                  以零点为旋转中心,坐标系旋转角度为#4
#5=#1+#3;                       刀具中心所对应的"长半轴"
#6=#2+#3;                       刀具中心所对应的"短半轴"
WHILE [#11 LE #26] DO 1;        如果加工高度#11≤#26,循环 1 继续
G1 X[#5+#3] F[#9*2];            刀具进至下刀点
Z-#11 F[#9*0.15];               Z 轴进至当前加工深度
Y#3;                             Y 轴进至切入点
G3 X#5 Y0 R#3 F#9;              以刀具半径为旋转半径,圆弧切入工件
#18=0;                          重置#18=0
WHILE [#18 LE 360] DO 2;        如果#18≤360°,则循环 2 继续
#7=#5*COS[#18];                 椭圆上任一点的 X 坐标值
#8=#6*SIN[#18];                 椭圆上任一点的 Y 坐标值
G1 X#7 Y-#8;                    以直线 G1 逼近走出椭圆
```

#18=#18+#19;	#18 以#19 为增量递增
END 2;	循环 2 结束(完成一圈椭圆加工,此时#18＞360°)
G3 X[#5+#3] Y-#3 R#3;	圆弧切出退刀
#11=#11+#17;	Z 坐标(绝对值)依次递增#17(层间距)
END 1;	循环 1 结束(此时#17＞#26)
G0 Z30.;	抬刀至安全高度
G69;	取消坐标旋转
M99;	子程序结束

② 椭圆内腔加工,如图 3-70 所示。

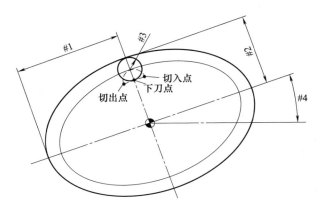

图 3-70　椭圆内腔加工

变量赋值说明:

A: #1,椭圆长半轴长(对应 X 轴)。

B: #2,椭圆短半轴长(对应 Y 轴)。

C: #3,刀具半径(平底刀)。

I: #4,椭圆长半轴的轴线与 X 轴的夹角。

F: #9,进给速度。

H: #11,切深设为自变量,赋初始值。

Q: #17,自变量#11 每次递增量(等高)。

R: #18,角度设为自变量,赋初值为 90°。

S: #19,角度递增量。

Z: #26,椭圆内腔深度(绝对值)。

宏程序:

O1110;	
G0 X0 Y0;	快速定位至零点(椭圆圆心)上方
G68 X0 Y0 R#4;	以零点为旋转中心,坐标系旋转角度为#4
#5=#1-#3;	刀具中心所对应的"长半轴"
#6=#2-#3;	刀具中心所对应的"短半轴"

```
WHILE [#11 LE #26] DO 1;           如果加工高度#11≤#26,循环 1 继续
G1 Y[#6-#3]F[#9 * 2];              刀具进至下刀点
Z-#11 F[#9 *0.15];                Z 轴进至当前加工深度
X#3;                              Y 轴进至切入点
G3 X0 Y#6 R#3 F#9;                以刀具半径为旋转半径,圆弧切入工件
#18=90;                           重置#18=90°
WHILE [#18 LE 450] DO 2;          如果#18≤450°(90°+360°=450°),则循环 2 继续
#7=#5 *COS[#18];                  椭圆上任一点的 X 坐标值
#8=#6 *SIN[#18];                  椭圆上任一点的 Y 坐标值
G1 X#7 Y#8;                       以直线 G1 逼近走出椭圆
#18=#18+#19;                      #18 以#19 为增量递增
END 2;                            循环 2 结束(完成一圈椭圆加工,此时#18>450°)
G3 X-#3 Y[#6-#3] R#3;             圆弧切出退刀
#11=#11+#17;                      Z 坐标(绝对值)依次递增#17(层间距)
END 1;                            循环 1 结束(此时#17>#26)
G0 Z30. ;                         抬刀至安全高度
G69;                              取消坐标旋转
M99;                              子程序结束
```

【例 6】　沿圆周均布孔系加工

① 采用直角坐标编程，如图 3-71 所示。

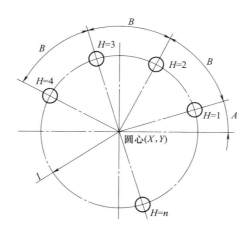

图 3-71　沿圆周均布孔系加工（直角坐标）

自变量赋值说明：

A：#1，孔加工起始角（第一孔）。

B：#2，各孔间角度间隔（即增量角）。

C：#3，孔数。

I：#4，均布圆圆周半径。

F：#9，进给速度。

R：#18，固定循环中安全高度 R 点坐标值。

X：♯24，圆心 X 坐标值。

Y：♯25，圆心 Y 坐标值。

Z：♯26，孔深。

宏程序：

```
O1300;
N20 #5=#24+#4*COS[#1];
#6=#25+#4*SIN[#1];
G99 G81 X#5 Y#6 Z#26 R#18 F#9;
#1=#1+#2;
#3=#3-1;
IF [#3GT0] GOTO 20;
G80;
M99;
```

举例：加工一圆周均布孔，圆心坐标为（100，50），圆半径为 70mm，孔加工起始角为 30°，各孔间间隔角度为 45°，孔数为 6（未布满圆周），孔径为 φ8mm，孔深为 30mm。

程序：

```
O300;
T1 M6;
M3 S800;
G90 G54 G0 X0 Y0;
Z50.;
G65 P1300 X100.Y50.Z-30.R2.F60 A30.B45.C6 I70.;
G0 Z50.;
M5;
M30;
```

② 采用极坐标编程。

程序：

```
O310;
T1 M6;
M3 S800;
G90 G54 G0 X0 Y0;
Z50.;
G65 P1310 X100.Y50.Z-30.R2.F60 A30.B45.C6 I70.;
G0 Z50.;
M5;
M30;
```

宏程序：

```
O1310;
G52 X#24 #25;          在均布圆圆心(X,Y)处建立局部坐标系
```

```
G16;
N20 G99 G81 X#4 Y#1 Z#26 R#18 F#9;
#1=#1+#2;
#3=#3-1;
IF[#3GT0] GOTO 20;
G80;
G15;
G52 X0 Y0;                    取消局部坐标系,恢复 G54 原点
M99;
```

【例7】 圆柱面加工

① 轴线垂直于坐标平面的外圆柱面加工，如图 3-72 所示。

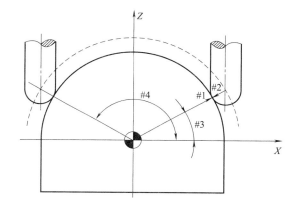

图 3-72　轴线垂直于坐标平面的外圆柱面加工

程序：

```
O500;
T1 M6;
S1000 M3;
G90 G54 G0 X0 Y0;
Z50.;
#1=34.;                      圆柱面的圆弧半径
#2=6.;                       球头铣刀半径
#3=30.;                      圆柱面起始角度
#4=150.;                     圆柱面终止角度
#5=-20.;                     Y 坐标设为自变量,赋初始值
#6=20.;                      Y 坐标终止值
#7=0.1;                      Y 坐标每次递增量
#12=#1+#2;                   球头铣刀中心与圆弧中心连线的距离
#13=#12*COS[#3];             起始点对应的 X 坐标值
#14=#12*SIN[#3];             起始点对应的 Z 坐标值
#15=#12*COS[#4];             终止点对应的 X 坐标值
```

```
#16=#12*SIN[#4];                          终止点对应的 Z 坐标值
G0 X#13;                                   定位至起始点的上方
Z[#1+1.];                                  G0 移至圆柱面最上方 1mm 处
G1 Z[#14-#2] F100;                         G1 进给至起始点(X、Z 坐标)
N10 Y#5 F400;                              进给至起始点(Y 坐标)
G18 G2 X#15 Z[#16-#2] R#12 F100;          从起始点以 G2 切至终止点(刀心轨迹)
#5=#5+#7;                                   Y 坐标变量#5 递增#7
G1 Y#5;                                     Y 坐标移动至#5 处
G18 G3 X#13 Z[#14-#2] R#12;               从终止点以 G3 切至起始点(刀心轨迹)
#5=#5+#7;                                   Y 坐标变量#5 递增#7
IF [#5LE#6] GOTO 10;                        如果#5≤#6,执行 N10
G0 Z50.;
M5;
M30;
```

② 轴线垂直于坐标平面的内圆柱面加工,如图 3-73 所示。

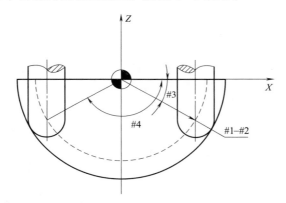

图 3-73　轴线垂直于坐标平面的内圆柱面加工

程序:

```
O510;
T1 M6;
S1000 M3;
G90 G54 G0 X0 Y0;
Z50.;
#1=34.;                                    圆柱面的圆弧半径
#2=6.;                                     球头铣刀半径
#3=0;                                      圆柱面起始角度
#4=180.;                                   圆柱面终止角度
#5=0;                                      Y 坐标设为自变量,赋初始值
#6=40.;                                    Y 坐标终止值
#7=0.1;                                    Y 坐标每次递增量
#12=#1-#2;                                 球头铣刀中心与圆弧中心连线的距离
```

```
#13=#12 *COS[#3];                       起始点对应的 X 坐标值
#14=#12 *SIN[#3];                       起始点对应的 Z 坐标值（绝对值）
#15=#12 *COS[#4];                       终止点对应的 X 坐标值
#16=#12 *SIN[#4];                       终止点对应的 Z 坐标值（绝对值）
G0 X#13;                                定位至起始点的上方
Z1. ;                                   G0 移至 Z=1mm 处
G1 Z[#14-#2] F100;                      G1 进给至起始点（X、Z 坐标）
N10 G1 Y#5 F400;                        进给至起始点（Y 坐标）
G18 G3 X#15 Z[-#16-#2] R#12 F100;       从起始点以 G3 切至终止点（刀心轨迹）
#5=#5+#7;                               Y 坐标变量#5 递增#7
G1 Y#5;                                 Y 坐标移动至#5 处
G18 G2 X#13 Z[-#14-#2] R#12;            从终止点以 G2 切至起始点（刀心轨迹）
#5=#5+#7;                               Y 坐标变量#5 递增#7
IF [#5LE#6] GOTO 10;                    如果#5≤#6,执行 N10
G0 Z50. ;
M5;
M30;
```

③ 完成图 3-74 所示圆弧面的加工。

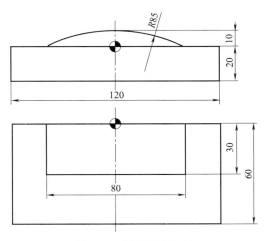

图 3-74　圆弧面的加工

程序：

```
O520;
T1 M6;
S1000 M3;
G90 G54 G0 X0 Y0;
Z50. ;
Z10. ;
#1=0;                                   圆柱面的圆弧 Y 向起始位置
#2=-30. ;
```

```
N10 #3=#1-0.5;
G1 X-46.Y#1 F500;
G18 G3 X-6.Z10.R85.;
G1 X6.;
G18 G3 X46.Z0 R85.;
G1 Y#3;
G2 X6.Z10.R85.;
G1 X-6.;
G2 X-46.Z0 R85.;
#1=#1-1.;
IF[#1 GE #2]GOTO 10;
G17 G0 Z50.;
M5;
M30;
```

【例8】 G10 指令的应用（用程序输入刀具补偿值）

在 FANUC 0i 数控系统中，可以使用 G10 指令通过程序输入刀具补偿值到 CNC 存储器中。G10 指令的格式取决于需要使用的刀具补偿存储器，见表 3-4。

表 3-4　FANUC 0i 系统中刀具补偿存储器和刀具补偿值的设置范围

刀具补偿存储器的种类	指令格式
H 代码（长度补偿）的几何补偿值	G10 L10 P __ R __
H 代码（长度补偿）的磨损补偿值	G10 L11 P __ R __
D 代码（半径补偿）的几何补偿值	G10 L12 P __ R __
D 代码（半径补偿）的磨损补偿值	G10 L13 P __ R __

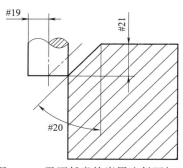

图 3-75　平面任意轮廓周边斜面加工
（平底立铣刀）加工示意图

表 3-4 中，P __ 表示刀具补偿号；R __ 表示绝对值指令（G90）方式下的刀具补偿值；如果在增量值指令（G91）方式下，该值与指定的刀具补偿号的值相加和为刀具补偿值。一般情况下 D 代码（半径补偿）的几何补偿值使用较多。在以上四种指令格式中，R 后面的刀具补偿值可以是变量，如 G10 L12 P05 R#5，表示变量 #5 代表的值等于 "D05" 所代表的刀具半径补偿值，即在程序中输入刀具的半径补偿值。

① 平面任意轮廓周边斜面加工（平底立铣刀），见图 3-75。

程序（Z＝0 平面为工件上表面）：

```
O1000;
G90 G54 G0 X0 Y0 M3 S1000;
G0 Z50.;
X____ Y____;                    下刀点坐标
Z5.;                            Z 向快速降至 z=5mm 处
#19=____;                       平底立铣刀刀具半径
```

```
#20=____ ;                          倒角斜面与垂直方向夹角
#21=____ ;                          倒角斜面的高度
#11=0;                              dZ(绝对值)设为自变量,赋初始值 0
N5 IF [#11 GT #21] GOTO 99;         如果加工高度#11＞#21,跳转至 N99 语句
G1 Z[-#21+#11] F100;                以 G01 速度进至当前加工深度
#22=#11 *TAN[#20];                  每次提高 dZ 所对应的刀补的变化值
#23=#19-#22;                        每层对应的刀具半径补偿值
G10 L12 P01 R#23;                   变量#23 赋给刀具半径补偿值 D01
M98 P ____ ;                        零件轮廓加工程序
#11=#11+1. ;                        #11(dZ)依次递增 1mm(层间距)
GOTO 5;                             无条件跳转至 N5 语句(循环执行)
N99 G0 Z50. ;                       快速提刀至安全高度
M30;
```

② 平面任意轮廓周边顶部倒 R 面加工（平底立铣刀），见图 3-76。

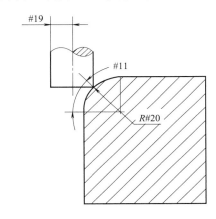

图 3-76　平面任意轮廓周边顶部倒 R 面加工（平底立铣刀）

程序（Z=0 平面为工件上表面）：

```
O1001;
G90 G54 G0 X0 Y0 M3 S1000;
G0 Z50. ;
X ____  Y ____ ;                    下刀点坐标
Z5. ;                               Z 向快速降至 Z=5mm 处
#19=____ ;                          平底立铣刀刀具半径
#20=____ ;                          周边倒 R 面圆角半径
#11=0;                              角度设为自变量,赋初始值 0
N5 IF [#11 GT90] GOTO 99;           如果加工角度#11＞90°,跳转至 N99 语句
#22=#20 *COS[#11]+#19;              任意角度时刀轴线到倒 R 面圆心水平距离
#23=#20 *[SIN[#11]-1];              任意角度时刀底部中心的 Z 坐标值(非绝对值)
#24=#22-#20;                        任意角度时对应的刀具半径补偿值
G1 Z#23 F100;                       以 G01 速度进至当前加工深度
```

```
  G10 L12 P01 R#24;                         变量#24赋给刀具半径补偿值 D01
  M98 P ____;                               零件轮廓加工程序(主程序、子程序均可)
  #11=#11+1.;                               角度#11依次递增1°
  GOTO 5;                                   无条件跳转至 N5 语句(循环执行)
  N99 G0 Z50.;                              快速提刀至安全高度
  M30;
```

③ 平面任意轮廓周边顶部倒 R 面加工（球头铣刀），见图 3-77。

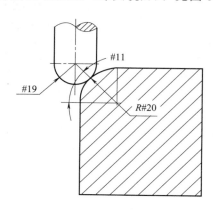

图 3-77 平面任意轮廓周边顶部倒 R 面加工（球头铣刀）

程序（Z＝0 平面为工件上表面）：

```
  O1002;
  G90 G54 G0 X0 Y0 M3 S1000;
  G0 Z50.;
  X ____ Y ____;                            下刀点坐标
  Z5.;                                      Z 向快速降至 Z=5mm 处
  #19= ____;                                球头铣刀刀具半径
  #20= ____;                                周边倒 R 面圆角半径
  #11=0;                                    角度设为自变量,赋初始值 0
  #21=#19+#20;                              倒 R 面圆心与刀心连线距离(常量)
  N5 IF [#11 GT90] GOTO 99;                 如果加工角度#11＞90°,跳转至 N99 语句
  #22=#21*COS[#11];                         任意角度时刀轴线到倒 R 面圆心水平距离
  #23=#21*[SIN[#11]-1];                     任意角度时刀尖的 Z 坐标值(非绝对值)
  #24=#22-#20;                              任意角度时对应的刀具半径补偿值
  G1 Z#23 F100;                             以 G01 速度进至当前加工深度
  G10 L12 P01 R#24;                         变量#24赋给刀具半径补偿值 D01
  M98 P ____;                               零件轮廓加工程序(主程序、子程序均可)
  #11=#11+1.;                               角度#11依次递增1°
  GOTO 5;                                   无条件跳转至 N5 语句(循环执行)
  N99 G0 Z50.;                              快速提刀至安全高度
  M30;
```

【例9】 斜面加工

① 标准矩形周边外斜面加工，如图 3-78 所示。

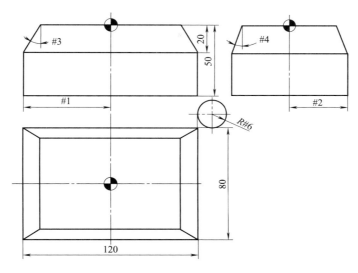

图 3-78　标准矩形周边外斜面加工（平底立铣刀）

程序：

```
O600;
T1 M6;                         φ20mm 平刀
S1000 M3;
G90 G54 G0 X0 Y0;
Z50.;
#1=60.;                        X 向大端 1/2 尺寸
#2=40.;                        Y 向大端 1/2 尺寸
#3=30.;                        斜面与 Z 轴的夹角(ZX 平面)
#4=20.;                        斜面与 Z 轴的夹角(YZ 平面)
#5=20.;                        斜面高度
#6=10.;                        刀具半径
#7=0;                          高度设为自变量,赋初值为 0
#17=0.1;                       自变量#7 的每次递增量(等高)
#8=#1+#6;                      首轮初始刀位点到原点的距离(X 方向)
#9=#2+#6;                      首轮初始刀位点到原点的距离(Y 方向)
G0 X#8 Y#9;                    G0 快速移动至首轮初始刀位点
G1 Z-#5 F200;                  G1 下降至斜面底部
N10 #10=#8-#7*TAN[#3];         次轮初始刀位点到原点的距离(X 方向)
#11=#9-#7*TAN[#4];             次轮初始刀位点到原点的距离(Y 方向)
G1 X#10 Y#11 F300;             G1 进至次轮初始刀位点
Z[-#5+#7];                     进至 Z 向切削位置
Y-#11;
X-#10;
```

```
Y#11;
X#10;
#7=#7+#17;                        自变量#7每次递增#17
IF [#7 LE #5] GOTO 10;           如果#7≤#5,则继续执行N10
G0 Z50.;
M5;
M30;
```

② 四角圆角过渡（上下变半径）矩形周边外斜面加工，如图 3-79 所示。

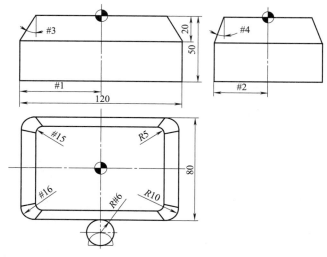

图 3-79　四角圆角过渡（上下变半径）矩形周边外斜面加工（平底立铣刀）

程序：

```
O610;
T1 M6;                           φ20mm 平刀
S1000 M3;
G90 G54 G0 X0 Y0;
Z50.;
#1=60.;                          X向大端 1/2 尺寸
#2=40.;                          Y向大端 1/2 尺寸
#3=30.;                          斜面与 Z 轴的夹角（ZX 平面）
#4=20.;                          斜面与 Z 轴的夹角（YZ 平面）
#5=20.;                          斜面高度
#6=10.;                          刀具半径
#7=0;                            高度设为自变量,赋初值为 0
#15=10.                          矩形四周圆角过渡半径（下面大端）
#16=5.                           矩形四周圆角过渡半径（上面小端）
#17=0.1;                         自变量#7的每次递增量（等高）
#18=11.                          1/4 圆弧切入和圆弧切出半径
#8=#1+#6;                        首轮初始刀位点到原点的距离（X方向）
```

```
#9=#2+#6;                           首轮初始刀位点到原点的距离（Y方向）
#20=#15+#6;                         首轮刀具轨迹四周圆角半径
G0 X0 Y[-#9-#18];                   G0快速移动至首轮初始刀位点
G1 Z-#5 F200;                       G1下降至斜面底部
N10 #10=#8-#7*TAN[#3];              次轮初始刀位点到原点的距离（X方向）
#11=#9-#7*TAN[#4];                  次轮初始刀位点到原点的距离（Y方向）
#30=#20-[#15-#16]*#7/#5;            次轮刀具轨迹四周圆角半径
X#18 Y[-#11-#18];                   G1移动至首轮圆弧切入点
G1Z[-#5+#7];
G3 X0 Y-#11 R#18;                   1/4圆弧切入进刀
G1 X-#10,R#30 F300;
Y#11,R#30;
X#10,R#30;
Y-#11,R#30;
X0;
G3 X-#18 Y[-#11-#18] R#18;          1/4圆弧切入退刀
G1 X0;
#7=#7+#17;                          自变量#7每次递增#17
IF [#7 LE #5] GOTO 10;              如果#7≤#5,则继续执行N10
GO Z50.;
M5;
M30;
```

③ 完成图 3-80 所示零件凸台及孔的精加工程序编制。

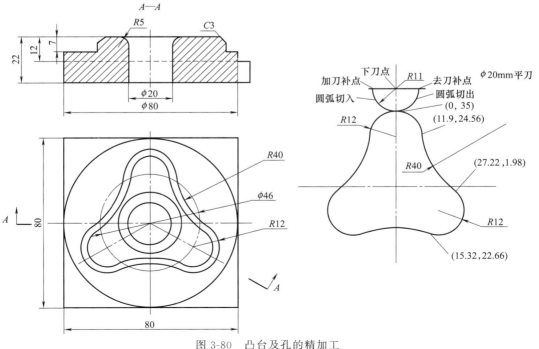

图 3-80　凸台及孔的精加工

程序：

a. 精加工程序。

```
O0001;                              精加工程序
T1 M6;                              φ18mm 平刀
N1;                                 加工 φ80mm 整圆
G90 G54 G0 X0 Y90. M3 S800;
Z50. ;
Z10. ;
G1 Z-12. F100;
G1 G41 X-10. D01;                   加刀补
G3 X0 Y40. R10. ;                   圆弧切入
G2 J-40. ;                          铣 φ80mm 整圆
G3 X10. Y50. R10. ;                 圆弧切出
G1 G40 X0;                          去刀补
N2;                                 铣三角形外轮廓
Z-7. F200;
X0 Y46. ;                           铣三角形外轮廓下刀点
M98 P2000;                          调用铣三角形外轮廓子程序 O2000
G0 Z50;
N3;                                 铣 φ20mm 内孔
X0 Y0;                              下刀点
Z10. ;
G1 Z-23. F200;
M98 P2001;                          调用铣 φ20mm 内孔子程序 O2001
G1 Z50. F500;
M5;
M30;
```

```
O2000;                              铣三角形外轮廓子程序
G1 X0 Y46. F300;                    下刀点
G1 G41 X-11. D01;                   加刀补
G3 X0 Y35. R11. F100;               圆弧切入
G2 X11. 9 Y24. 56 R12. ;            顺圆铣 R12mm 圆弧
G3 X27. 22 Y-1. 98 R40. ;           逆圆铣 R40mm 圆弧
G2 X15. 32 Y-22. 36 R12. ;          顺圆铣 R12mm 圆弧
G3 X-15. 32 Y-22. 36 R40. ;         逆圆铣 R40mm 圆弧
G2 X-27. 22 Y-1. 98 R12. ;          顺圆铣 R12mm 圆弧
G3 X-11. 9 Y24. 56 R40. ;           逆圆铣 R40mm 圆弧
G2 X0 Y35. R12. ;                   顺圆铣 R12mm 圆弧
G3 X11. Y46. R11. ;                 圆弧切出
G1 G40 X0;                          去刀补
M99;                                子程序结束
```

```
O2001;                              铣 φ20mm 内孔子程序
G1 X0 Y0 F300;                      下刀点
G1 G41 X0.5 Y-9.5 D11;              加刀补
G3 X10. Y0 R9.5 F100;               圆弧切入
G3 I-10.;                           顺圆铣 φ20mm 内孔
G3 X0.5 Y9.5 R9.5;                  圆弧切出
G1 G40 X0 Y0;                       去刀补
M99;                                子程序结束
```

b. 铣三角形外轮廓倒角程序。

```
O0002;                              铣三角形外轮廓倒角程序
T1 M6;                              φ18mm 平刀
G90 G54 G0 X0 Y0 M3 S1000;
G0 Z50.;
X0 Y46.;                            下刀点坐标
Z5.;                                Z 向快速降至 Z=5mm 处
#19=9.;                             平底立铣刀刀具半径
#20=45.;                            倒角斜面与垂直方向夹角
#21=3.;                             倒角斜面的高度
#11=0;                              dZ（绝对值）设为自变量，赋初始值 0
N5 IF [#11 GT #21] GOTO 99;         如果加工高度#11＞#21，则跳转至 N99 语句
G1 Z[-#21+#11] F100;                以 G01 速度进至当前加工深度
#22=#11 * TAN[#20];                 每次提高 dZ 所对应的刀补的变化值
#23=#19-#22;                        每层对应的刀具半径补偿值
G10 L12 P01 R#23;                   变量#23 赋给刀具半径补偿值 D01
M98 P2000;                          调用铣三角形外轮廓子程序 O2000
#11=#11+1.;                         #11（dZ）依次递增 1mm（层间距）
GOTO 5;                             无条件跳转至 N5 语句（循环执行）
N99 G0 Z50.;                        快速提刀至安全高度
M30;
```

c. 铣 φ20 内孔孔口倒圆。

程序一：

```
O0003;                              Z=0 平面为工件上表面
T1 M6;                              φ18mm 平刀
G90 G54 G0 X0 Y0 M3 S1000;
G0 Z50.;
X0 Y0;                              下刀点坐标
Z5.;                                Z 向快速降至 Z=5mm 处
#19=9.;                             平底立铣刀刀具半径
#20=5.;                             周边倒 R 面圆角半径
#11=0;                              角度设为自变量，赋初始值 0
```

```
N5   IF[#11 GT90]GOTO 99;        如果加工角度#11＞90°,则跳转至 N99 语句
#22=#20*COS[#11]+#19;            任意角度时刀轴线到倒 R 面圆心水平距离
#23=#20*[SIN[#11]-1];            任意角度时刀底部中心的 Z 坐标值(非绝对值)
#24=#22-#20;                     任意角度时对应的刀具半径补偿值
G1 Z#23 F100;                    以 G01 速度进至当前加工深度
G10 L12 P11 R#24;                变量#24 赋给刀具半径补偿值 D11
M98 P2001;                       调用铣 φ20mm 内孔子程序 O2001
#11=#11+1.;                      角度#11 依次递增 1°
GOTO 5;                          无条件跳转至 N5 语句(循环执行)
N99 G0 Z50.;                     快速提刀至安全高度
M30;
```

程序二（Z＝0 平面为工件上表面）：

```
O1002;
T2 M6;                           φ18mm 球刀(刀位点为球刀顶点)
G90 G54 G0 X0 Y0 M3 S1000;
G0 Z50.;
X0 Y0;                           下刀点坐标
Z5.;                             Z 向快速降至 Z=5mm 处
#19=9.;                          球头铣刀刀具半径
#20=5.;                          周边倒 R 面圆角半径
#11=0;                           角度设为自变量,赋初始值 0
#21=#19+#20;                     倒 R 面圆心与刀心连线距离(常量)
N5   IF[#11 GT90]GOTO 99;        如果加工角度#11＞90°,则跳转至 N99 语句
#22=#21*COS[#11];                任意角度时刀轴线到倒 R 面圆心水平距离
#23=#21*[SIN[#11]-1];            任意角度时刀尖的 Z 坐标值(非绝对值)
#24=#22-#20;                     任意角度时对应的刀具半径补偿值
G1 Z#23 F100;                    以 G01 速度进至当前加工深度
G10 L12 P01 R#24;                变量#24 赋给刀具半径补偿值 D01
M98  P2001;                      调用铣 φ20mm 内孔子程序 O2001
#11=#11+1.;                      角度#11 依次递增 1°
GOTO 5;                          无条件跳转至 N5 语句(循环执行)
N99 G0 Z50.;                     快速提刀至安全高度
M30;
```

第**4**章

数控铣床/加工中心编程指令（SIEMENS系统）

4.1 常用指令

4.1.1 平面选择指令 G17～G19

平面选择指令 G17、G18、G19 分别用来指定程序段中刀具的圆弧插补平面和刀具半径补偿平面。其中 G17 指定 XY 平面；G18 指定 ZX 平面；G19 指定 YZ 平面。数控镗铣加工中心初始状态为 G17。

4.1.2 绝对坐标和相对坐标定义指令 G90 和 G91

G90 和 G91 指令分别对应着绝对坐标和相对坐标。G90/G91 适用于所有坐标轴。

说明：在坐标不同于 G90/G91 的设置时，可以在程序段中通过 AC/IC 以绝对坐标/相对坐标方式进行。

G90 和 G91 编程举例：

```
N10 G90 X20 Y90;              绝对值尺寸
N20 X70 Y=IC(-30);           X 仍为绝对值尺寸,Y 是增量值尺寸
N150 G91 X40 Y20;            转换为增量值尺寸
N160 X-15 Y= AC(16);         X 仍为增量值尺寸,Y 是绝对值尺寸
......
```

4.1.3 极坐标、极点定义指令 G110、G111、G112

通常情况下一般使用直角坐标系（XYZ），但特殊工件上的点也可以用极坐标定义。

(1) **平面选择**

极坐标使用平面为 G17～G19 平面。也可以设定垂直于该平面的第 3 根轴的坐标值，在此情况下，可以作为柱面坐标系制三维的坐标尺寸。

(2) **极坐标参数**

极坐标半径 RP＝……极坐标半径定义该点到极点的距离。

极坐标角度 AP＝……极角是指与所在平面中的横坐标之间的夹角（比如 G17 中的 X 轴）。该角度可以是正角，也可以是负角。

如图 4-1 所示为在不同平面中正方向的极坐标半径和极角。

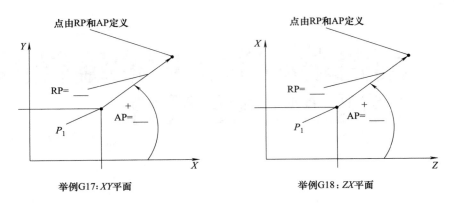

图 4-1　在不同平面中正方向的极坐标半径和极角

极点定义：

G110：极点定义，相对于上次编程的设定位置（在平面中，如 G17）。

G111：极点定义，相对于当前工件坐标系的零点（在平面中，如 G17）。

G112：极点定义，相对于最后有效的极点，平面不变。

注意：① 当一个极点已经存在时，极点也可以用极坐标定义；

② 如果没有定义极点，则当前工件坐标系的零点就作为极点使用；

③ 在极坐标中运行时，可以把极坐标编程的位置作为用直角坐标编程的位置运行。

编程实例：	
N10 G17；	XY 平面
N20 G111 X17 Y36；	在当前工作坐标系中的极点坐标
……	
N80 G112 AP＝45 RP＝27.8；	新的极点，相对于上一个极点，作为一个极坐标
N90……AP＝12.5 RP＝47.679；	极坐标
N100……AP＝26.3 RP＝7.34 Z4；	极坐标和 Z 轴（＝柱面坐标）

4.1.4　可设定的零点偏置指令 G54～G59/G500/G53/G153

G54：第一可设定零点偏置。

G55：第二可设定零点偏置。

G56：第三可设定零点偏置。

G57：第四可设定零点偏置。

G58：第五可设定零点偏置。

G59：第六可设定零点偏置。

G500：取消可设定零点偏置，模态有效。

G53：取消可设定零点偏置，程序段方式有效，可设置的零点偏置也一起取消。

G153：如同 G53，取消附加的基本框架。

可设定的零点偏置给出工件零点在机床坐标系中的位置（工件零点以机床零点为基准偏

移）。当工件装夹到机床上后对刀求出偏移量，并通过操作面板输入到零点偏置数据区。程序可以通过选择相应的 G 功能 G54～G59 调用此值，见图 4-2；也可以通过对某机床轴设定一个旋转角，使工件呈一角度装夹。该旋转角可以在 G54～G59 调用时同时有效。

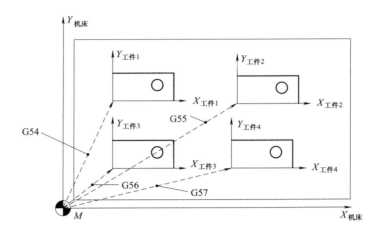

图 4-2　零点偏置

4.1.5　可编程的工作区域限制指令 G25、G26、WALIMON、WALIMOF

编程格式：

G25 X __ Y __ Z __;　　　　工作区域下限

G26 X __ Y __ Z __;　　　　工作区域上限

WALIMON；　　　　　　　　使用工作区域限制

WALIMOF；　　　　　　　　工作区域限制取消

说明：① G25/G26 可以与地址 S 一起，用于限定主轴转速；

② 坐标轴只有在回参考点之后工作区域限制才有效。

编程举例（见图 4-3）：

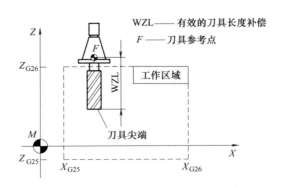

图 4-3　可编程的工作区域限制

程序：

N10 G25 X10 Y-20 Z30;　　　　　工作区域限制下限值

```
N20 G26 X400 Y110 Z30;          工作区域限制上限值
N30 T1 M6;
N40 G00 X90 Y100 Z180;
N50 WALIMON;                     使用工作区域限制
……                              仅在工作区域内
N90 WALIMOF;                     工作区域限制取消
```

主轴转速限制举例：

```
N10 G25 S12;                     主轴转速下限 12r/min
N20 G26 S2500;                   主轴转速上限 2500r/min
```

4.1.6　快速点定位指令 G00

指令格式：G00 X __ Y __ Z __；
编程举例：

```
N10 G00 X100 Y150 Z65;          直角坐标系
……
N50 G00 RP=16.78 AP=45;          极坐标系
```

4.1.7　带进给率的直线插补指令 G01

G01 是模态指令，一直有效，直到被 G 功能组中其他的指令（G00、G02、G03……）取代为止。

指令格式：G01 X __ Y __ Z __ F __；
注：F __为进给速度，单位为 mm/min。
编程格式：

G01 X __ Y __ Z __ F __；   直角坐标系
G01 AP= __ RP= __ F __；   极角坐标系
G01 AP= __ RP= __ Z __ F __；   柱面坐标系（三维）

说明：另外还可以使用角度 ANG= __进行线性编程。
编程举例（见图 4-4）：

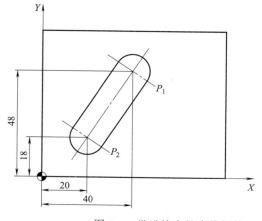

图 4-4　带进给率的直线插补

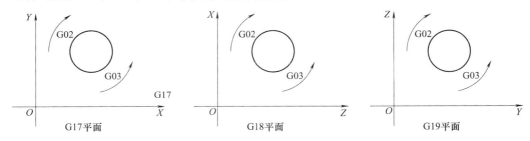

N5 G00 G90 G54 X40 Y48 Z5 S500 M03;	刀具快速移动到 P₁ 三轴同时运动,主轴转速=500r/min,顺时针旋转
N10 G01 Z-12 F100;	进刀到 Z=-12mm,进给率为 100mm/min
N15 X20 Y18 Z-10;	刀具在空中沿直线运行到 P₂
N20 G00 Z100;	快速移动抬刀
N25 M5;	
N30 M30;	程序结束

4.1.8 圆弧插补指令 G02、G03

G02——顺时针方向圆弧插补；

G03——逆时针方向圆弧插补。

圆弧插补 G02/G03 在 3 个平面中的方向规定，见图 4-5。

图 4-5 圆弧插补 G02/G03 在 3 个平面中的方向规定

用 G02/G03 圆弧编程方法举例，见图 4-6。

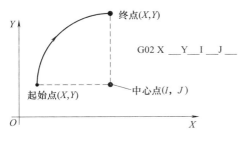
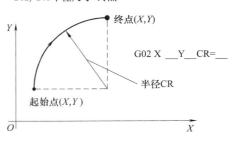

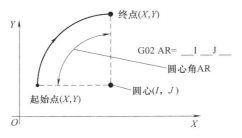
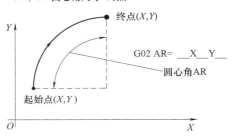

图 4-6 用 G02/G03 圆弧编程的方法（举例：X/Y 轴）

编程格式：

G02/G03 X __ Y __ I __ J __;   圆弧终点和圆心

G02/G03 CR＝__ X __ Y __；　　　半径和圆弧终点

G02/G03 AR＝__ I __ J __；　　　圆心角和圆心

G02/G03 AR＝__ X __ Y __；　　　圆心角和圆弧终点

G02/G03 AR＝__ RP __；　　　极坐标和极点圆弧

CR＝－__中的负号说明圆弧段大于半圆；CR＝＋__中的正号说明圆弧段小于或等于半圆，见图4-7。

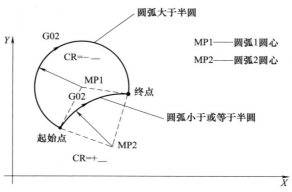

图4-7　在使用半径定义的程序段中，使用CR＝__的符号选择正确的圆弧

编程举例：圆心和终点定义的编程举例，见图4-8。

| N5 G90 G00 X30 Y40；　　　　　　　N10 圆弧的起点 |
| N10 G02 X50 Y40 I10 J−7；　　　终点和圆心（圆心是增量值） |

编程举例：终点和半径定义的编程举例，见图4-9。

| N5 G90 G00 X30 Y40；　　　　　　　N10 圆弧的起点 |
| N10 G02 X50 Y40 CR=12.207；　　　终点和半径 |

编程举例：终点和圆心角定义的编程举例，见图4-10。

| N5 G90 G00 X30 Y40；　　　　　　　N10 圆弧的起点 |
| N10 G02 X50 Y40 AR=105；　　　终点和圆心角 |

编程举例：圆心和圆心角定义的编程举例，见图4-11。

| N5 G90 G00 X30 Y40；　　　　　　　N10 圆弧的起点 |
| N10 G02 I10 J−7 AR=105；　　　圆心和圆心角 |

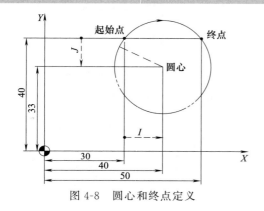

图4-8　圆心和终点定义

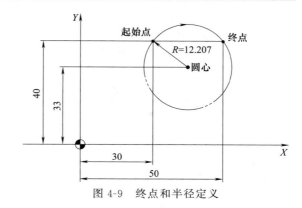

图4-9　终点和半径定义

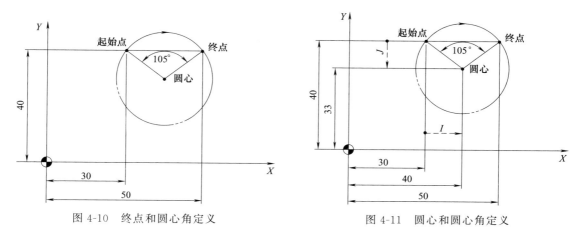

图 4-10 终点和圆心角定义　　　图 4-11 圆心和圆心角定义

【例 1】 完成如图 4-12 所示凸台轮廓加工轨迹编程。

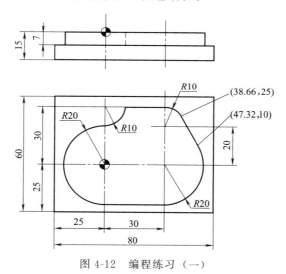

图 4-12 编程练习（一）

程序编制：

```
SLX1.MPF;
......
G0 X0 Y-20.;
G1 Z-7.F100;
G2 X0 Y20.J20.;
G3 X10.Y30.CR=10.;
G1 X30.;
G2 X38.66 Y25.CR=10.;
G1 X47.32 Y10.;
G2 X30.Y-20.CR=20.;
G1 X0;
G0 Z50.;
......
```

【例 2】 如图 4-13 所示为刀具中心点移动轨迹，要求使用极坐标完成加工，切深 10mm。

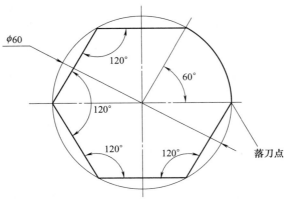

图 4-13 编程练习（二）

程序编制：

```
SKT4.MPF；
T1 D1；                        φ14mm 平底刀
G90 G54 G0 X0 Y0.M3 S600；
Z50.；
G1 Z10.F100；
G111 X0 Y0；                   极点在（0,0）
G1 AP=0 RP=30.F100；           AP 为极角，RP 为极径
Z-10.；
G3 AP=60.CR=30.；
G1 AP=120.；
AP=180.；
AP=240.；
AP=300.；
AP=360.；
G0 Z50.；
M5；
G74 Z1=0；
M30；
```

4.1.9 螺旋插补指令 G2/G3、TURN

螺旋插补由两种运动组成：在 G17、G18 或 G19 平面中进行的圆弧运动以及垂直该平面的直线运动。

用指令 TURN＝__编制整圆循环螺旋线，附加到圆弧编程中，即可加工螺旋线。

螺旋插补可以用于铣削螺纹，或者用于加工油缸的润滑油槽。

编程格式：

G2/G3 X__ Y__ I__ J__ TURN＝__；   圆心和终点

G2/G3 CR＝__ X__ Y__ TURN＝__；   圆半径和终点

G2/G3 AR=＿ I ＿J ＿ TURN=＿;	圆心角和圆心
G2/G3 AR=＿ X ＿ Y ＿ TURN=＿;	圆心角和终点
G2/G3 AP ＿ RP ＿ TURN=＿;	极坐标系，极点圆弧

编程举例：

```
N10 G17;                              XY 平面，Z-垂直于该平面
N20 G01 Z0 F200;
N30 G1 X0 Y50 F80;                    回起始点
N40 G3 X0 Y0 Z-33 I0 J-25 TURN=3;     螺旋线
……
```

4.1.10　轮廓倒角/倒斜边与倒圆指令 CHR/CHF 与 RND

在一个轮廓拐角处可以插入倒角或倒圆，指令 CHF=＿/CHR=＿或 RND=＿与加工拐角的运动轴指令一起写入程序段中。

指令使用中应注意在下面的情况下不可以使用倒角或倒圆功能指令：

① 连续编程的程序段中，超过 3 个程序段没有坐标运行指令。

② 在编程的刀具轨迹中要改变加工平面。

(1) 轮廓倒角/倒斜边指令 CHR/CHF

在直线轮廓之间、圆弧轮廓之间以及直线轮廓和圆弧轮廓之间需要倒去棱角时，可使用 CHF 指令。

编程指令格式：

CHR=＿；倒角，编程数值是倒角的直角边长（如图 4-14 所示）

CHF=＿；倒斜边，编程数值是倒角长度（斜边长度）

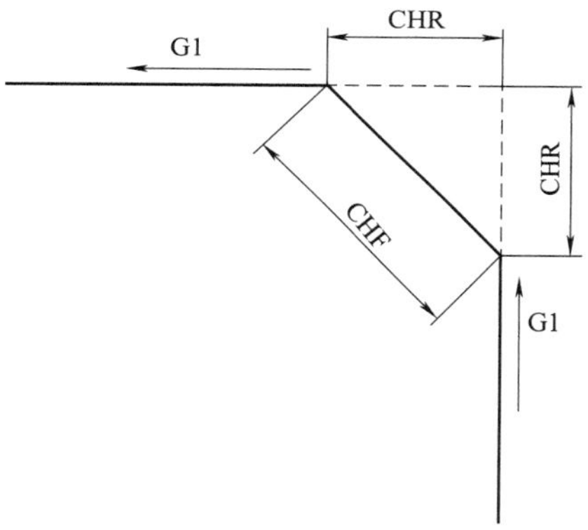

(2) 轮廓倒圆指令 RND

在直线轮廓之间、圆弧轮廓之间以及直线轮廓和圆弧轮廓之间需要倒一圆角，并使圆弧与轮廓进行切向过渡时，可使用 RND 指令。

编程指令格式：

RND=＿；倒圆，编程数值是倒圆半径（如图 4-15 所示）

图 4-14　轮廓倒角/倒斜边指令应用示意图

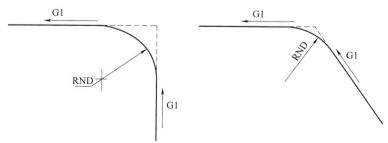

图 4-15　倒圆指令应用示意图

【例】完成图 4-16 所示轨迹的程序编制。

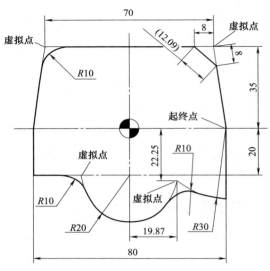

图 4-16　编程练习

程序编制：

```
LX. MPF;
G90 G54 G0 X40 Y0;
G1X30 Y35 F100 CHF=12.09;
G1X-35 RND=10;
G1X-40Y0;
Y-20;
X-20  RND=10;
G3 X19. 87 Y-22. 25 CR=20 RND=10;
G3 X40 Y-30 CR=30;
G1Y0;
M30;
```

4.1.11　回参考点指令 G74

用 G74 指令实现 NC 程序中回参考点功能，每个轴的方向和速度存储在机床数据中。

G74 需要一独立程序段，且程序段方式有效。机床坐标轴的名称必须要编程。

在 G74 之后的程序段中原先"插补方式"组中的 G 指令（G0、G1、G2……）将再次生效。

编程举例：

N10 G74 X1=0 Y1=0 Z1=0;

注：程序段中 X1、Y1 和 Z1（在此＝0）下编程的数值不识别，必须写入。

4.1.12　暂停指令 G04

编程格式：

G4 F __;　　　　　　　　　暂停时间（单位为 s）

G4 S __;　　　　　　　　　暂停主轴转数

编程举例：

```
N5 G1 Z-50 F200 S300 M3;        进给率 F,主轴速度 S
N10 G4 F2.5;                    暂停 2.5s
N20 Z70;
N30 G4 S30;                     主轴暂停 30r,相当于在 S=300r/min 和转速修正
                                100%时,暂停 t=0.1min
N40 X__;                        进给率和主轴转速继续有效
```

注：G4 S__只有在受控主轴情况下才有效（当转速给定值同样通过 S__编程时）。

4.1.13　进给率 F

编程格式：

F __;　每分钟的进给率

注：在取整数值方式下可以取消小数点后面的数据，如 F300。

进给率 F 的单位由 G 功能确定，即 G94 和 G95。

G94——直线进给率，单位为 mm/min；

G95——旋转进给率，单位为 mm/r（只有主轴旋转才有意义）。

注：这些数值以公制尺寸给出，这里也可采用英制尺寸。

编程举例：

```
N10 G94 F310;                   进给量,单位为 mm/min
……
N110 S200 M3;                   主轴旋转
N120 G95 F2.5;                  进给量,单位为 mm/r
```

注：G94 和 G95 更换时要求写入一个新的地址 F。

4.1.14　主轴转速/旋转方向 S

当机床具有受控主轴时，主轴的转速可以用地址 S 编程，单位为 r/min。旋转方向和主轴运动起始点和终点通过 M 指令规定：

M3——主轴正转。

M4——主轴反转。

M5——主轴停止。

说明：如果在程序段中不仅有 M3 或 M4 指令，而且还写有坐标轴运行指令，则 M 指令在坐标轴运行之前生效。

缺省设定：当主轴运行之后（M3、M4），坐标轴才开始运行；如程序段中有 M5，坐标轴在主轴停止之前就开始运动；可以通过程序结束或复位停止主轴；程序开始时主轴转速零（S0）有效。

注：其他的可以通过机床数据进行设定。

编程举例：

```
N10 G1 X70 Z20 F300 S270 M3;    在 X、Z 轴运行之前,主轴以 270r/min 启动,旋转
                                方向为顺时针
……
N80 S450;                       改变转速
……
N170 G0 Z180 M5;                Z 轴运行,主轴停止
```

4.2 刀具补偿

使用刀具补偿功能对工件的加工进行编程时，无需考虑刀具长度或刀具半径。可以直接根据图纸尺寸对工件进行编程，见图 4-17。

刀具参数单独输入到刀具参数存储区。在程序中只要调用所需的刀具号及补偿参数号，控制器利用这些参数自动计算轨迹补偿，从而加工出所要求的工件。图 4-18 所示为在不同的刀具长度补偿下返回工件表面 Z。

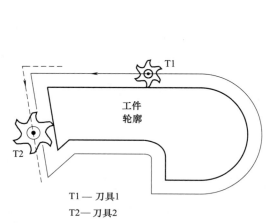

图 4-17 用不同半径的刀具加工工件、刀补示意图

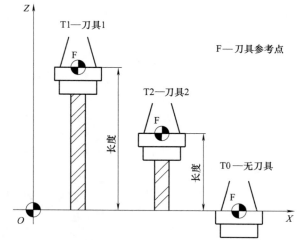

图 4-18 返回工件表面 $Z=0$—不同的长度补偿

4.2.1 刀具选择指令 T

用 T 指令编程可以选择刀具。有两种方法来执行：一种是用 T 指令直接更换刀具；另一种是仅仅进行刀具的预选，换刀还必须由 M06 来执行。选择哪一种，必须在机床参数中确定。

编程格式：

T __ ;　　　　　　　刀具号：1～32000，T0 表示没有刀具

说明：系统中最多同时存储 32 把刀具。

编程举例：

不用 M6 更换刀具：

N10 T1;	刀具 1
……	
N70 T588;	刀具 588

用 M6 更换刀具：

N10 T14;	预选刀具 14
N15 M6;	执行刀具更换，然后 T14 有效
……	

4.2.2 刀具补偿号 D

一个刀具可以匹配 1～9 几个不同补偿的数据组（用于多个切削刃）。用 D 及其相应的序

号可以编制一个专门的切削刃，见图 4-19。

如果没有编写 D 指令，则 D1 自动生效；如果编程 D0，则刀具补偿无效。

说明：刀具更换后程序中调用的刀具长度补偿、半径补偿立即生效；如果没有编程 D 号，则 D1 值自动生效；先设定的长度补偿先执行，对应的坐标轴也先运行。

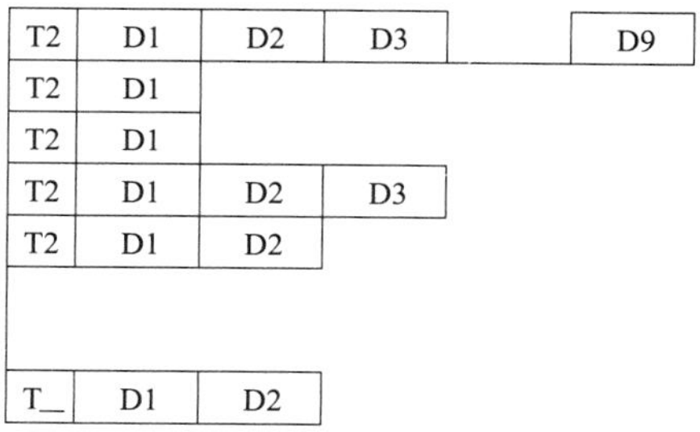

编程举例：

不用 M6 更换刀具（只用 T）：

T2	D1	D2	D3		D9
T2	D1				
T2	D1				
T2	D1	D2	D3		
T2	D1	D2			
T_	D1	D2			

图 4-19　刀具补偿号匹配举例

N5 G17；	确定待补偿的平面
N10 T1；	刀具 1,补偿值 D1 值生效
N11 G00 Z_；	G17 平面中,Z 是刀具长度补偿,长度补偿在此覆盖
N50 T4 D2	更换刀具 4,T4 中 D2 值生效
……	
N70 G0 Z_ D1；	刀具 4 中 D1 值生效,在此仅更换削刃

用 M6 更换刀具：

D5 G17；	确定待补偿的平面
N10 T1；	预选刀具
……	
N15 M6；	更换刀具,T1 中 D1 值生效
N16 G0 Z_；	在 G17 平面中,Z 是刀具长度补偿,长度补偿在此覆盖
……	
N20 G0 Z_；	刀具 1 中 D2 值生效,D1→D2 长度补偿的差值在此覆盖
N50 T4；	刀具预选 T4,注意:T1 中 D2 仍然有效
……	
N55 D3 M6；	更换刀具,T4 中 D3 值有效
……	

4.2.3　G41/G42/G40 刀具半径补偿功能

① 刀具在所选择的平面 G17～G19 平面中带刀具半径补偿工作。刀具必须有相应的 D 补偿号才能有效。刀具半径补偿通过 G41/G42 生效。控制器自动计算出当前刀具运行所产生的与编程轮廓等距离的刀具轨迹，见图 4-20。

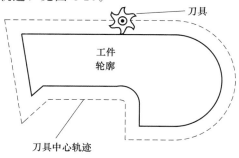

图 4-20　刀具半径补偿（切削刃半径补偿）

编程格式：

G41 G00/G01 X ＿ Y ＿ ；　　　　刀具半径左补偿

G42 G00/G01 X ＿ Y ＿ ；　　　　刀具半径右补偿

注意：主轴顺时针转时，G41 为顺铣，G42 为逆铣。数控铣床上常用顺铣。

在编程时用户只要插入偏置向量的方向（G41：左侧；G42：右侧）和偏置地址（D1～D9）。用户能够根据工件形状编制加工程序，同时不必考虑刀具直径。因此，在真正切削之前把刀具直径设置为刀具偏置值；用户能够获得精确的切削结果，就是因为系统本身计算了精确补偿的路径。

② 取消刀尖半径补偿：G40。

用 G40 取消刀尖半径补偿，G40 指令之前的程序段刀具以正常方式结束，结束时补偿矢量垂直于轨迹终点切线处，见图 4-21。

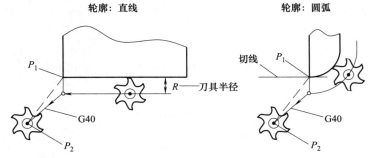

图 4-21　结束刀具半径补偿

在运行 G40 程序段之后，刀尖到达编程终点。选择 G40 程序段编制终点时要确保运行不会发生碰撞，取消刀补的距离必须大于刀具半径。

编程格式：

G40 G01 X ＿ Y ＿ ；　　　　取消刀具半径补偿

注意：只有在直线插补（G0，G1）情况下才可以取消刀具补偿。

【例】　编制图 4-22 所示零件凸台的精加工程序。

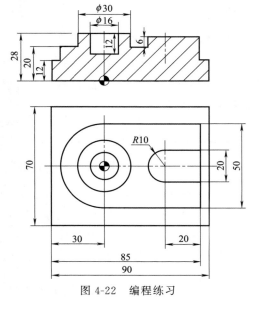

图 4-22　编程练习

① 加工工艺：

粗加工凸台：ϕ20mm 平底刀。

精加工凸台：ϕ20mm、ϕ8mm 平底刀。

铣 ϕ16mm 圆孔：ϕ14mm 平底刀。

② 加工程序：

```
XTT1.MPF；
T1 D1；                                    φ20mm 平底刀
G90 G54 G0 X70 Y-35 M3 S700；
Z100；
Z35；
G1 Z12 F100；
G41 Y-25 ；
X0；
G2 Y25 J25；
G1 X55；
G40 Y-35；
G0Z100；
M5；
M30；


X TT2.MPF；
T2 M6；                                    φ8mm 平底刀
G90 G54 G0 X60 Y-15 M3 S700；             加工宽 20,半圆 R10 凸台(顶部平面粗加工之保证)
Z100；
Z35；
G1 Z20 F100；
G41 Y-10 ；
G1X35；
G2 Y10 J10；
G1 X60；
G40 Y-20；
X0 F200；                                 加工 φ30 凸台
G41X5.；
G3 X0 Y-15 CR= 5；
G2J15；
G3 X-5 Y-20 CR= 5；
G1G40X0；
G0Z100；
M5；
M30；
```

4.3　辅助功能 M

编程格式：

M ＿

M 功能在坐标轴运行程序段中的作用情况如下：

如果是 M0、M1、M2 功能，则在坐标轴运行之前信号就传送到内部的接口控制器中。只有当受控主轴按 M3 或 M4 启动之后，坐标轴才开始运行。在执行 M5 指令时并不等待主轴停止，坐标轴已经在主轴停止之前开始运动。

其他 M 功能信号与坐标轴运行信号一起输出到内部接口控制器上。

如果需要在坐标轴运行之前或之后编制一个 M 功能，则必须编一个独立的 M 功能程序段。但是，此程序段中断 G64 路径连续运行方式，并产生停止状态。

常用辅助功能 M 指令见表 4-1。

表 4-1　常用辅助功能 M 指令

代码	意　　义	格式	备　　注
M0	程序停止	M0	用 M0 停止程序的执行；按"启动"键加工继续执行
M1	程序有条件停止	M1	与 M0 一样，但仅在出现专门信号后才生效
M2	程序结束	M2	在程序的最后一段被写入
M3	主轴顺时针旋转	M3	
M4	主轴逆时针旋转	M4	
M5	主轴停转	M5	
M6	更换刀具	M6	在机床数据有效时用 M6 更换刀具，其他情况下用 T 指令进行

4.4　固定循环

SIEMENS 系统的固定循环功能主要包括钻孔循环（含攻螺纹）、钻孔样式循环和铣削循环。

4.4.1　钻孔循环

SIEMENS 系统数控铣床/加工中心配备的固定循环功能主要用于孔加工，包括钻孔、镗孔、攻螺纹等，调用固定循环的指令有：CYCLE81、CYCLE82 、CYCLE86 等。模态调用固定循环需用 MCALL 指令，在有 MCALL 指令的程序段中调用固定循环，如果在其后的程序段中含有轨迹运动，则固定循环自动调用，且调用一直有效。可以用一个独立的 MCALL 程序段结束该固定循环。

钻孔、铰孔、攻螺纹及镗削加工时，孔加工路线包括 X、Y 方向的点到点的点定位路线，Z 轴向的切削运动。

所有孔加工过程类似，其过程至少包括：①在安全高度 X、Y 快速点定位于孔加工位置；②Z 轴方向快速接近工件运动到切削的起点；③以切削进给率进给运动到指定深度；④刀具完成所有 Z 方向运动离开工件返回到安全的高度位置。一些孔的加工又有更多的细节，如刀具在孔底部暂停或让刀等动作。

使用固定循环表达孔加工运动时，一个程序段可以完成一个孔加工的全部动作，显然，固定循环指令的使用方便孔加工编程，并减少程序段数。

（1）CYCLE81 中心钻孔

① 编程参数见表 4-2。

表 4-2　CYCLE81 参数（RTP、RFP、SDIS、DP、DPR）

参数	类型	定　义
RTP	Real	返回平面（绝对坐标）
RFP	Real	参考平面（绝对坐标）
SDIS	Real	安全高度（无正负符号输入）
DP	Real	最后钻孔深度（绝对坐标）
DPR	Real	相对于参考平面的最后钻孔深度（无正负号输入）

② 功能：刀具按照设置的主轴速度和进给率钻孔直至输入的最后的钻孔深度；到达最后钻孔深度时允许停顿时间。

③ 操作顺序：循环执行前已到达 X、Y 轴位置；钻孔位置是所选平面的两个坐标轴中的位置。

循环形成以下的运行顺序：

- 使用 G0 回到安全高度。
- 按循环调用前所设置的进给率（G1）移动到最后的钻孔深度。
- 使用 G0 退回到返回平面。

④ 参数说明如图 4-23 所示。

- RFP 和 RTP（参考平面和返回平面）：

通常，参考平面（RFP）为工件原点。返回平面（RTP）用来设定钻头到达深度后抬刀的绝对坐标，再移动到下一个位置钻孔。在循环中，返回平面高于参考平面。这说明从返回平面到最后钻孔深度的距离大于参考平面到最后钻孔深度间的距离。

- SDIS（安全距离）：安全距离为相对于参考平面刀具抬刀的安全高度，为相对值。
- DP（最后钻孔深度）：最后钻孔深度为参考平面的绝对坐标。
- DPR（钻孔深度）：钻孔深度为相对参考平面的相对值。

⑤ 编程举例（图 4-24）：

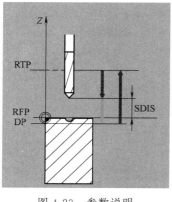

图 4-23　参数说明

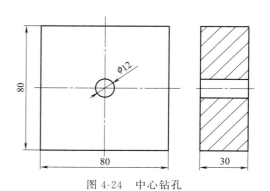

图 4-24　中心钻孔

```
G54 G17 G90;          工件基本坐标系设定
T1D1;                 刀具选择
```

```
G00 X0 Y0 M03 S800;
Z100;
Z50;
CYCLE81 (20,0,5,-35.,35);      调用钻孔循环
M05;
M2;
```

(2) CYCLE82 钻孔

① 编程参数见表 4-3。

表 4-3 CYCLE82 参数（RTP、RFP、SDIS、DP、DPR、DTB）

参数	类型	定　义
RTP	Real	返回平面（绝对坐标）
RFP	Real	参考平面（绝对坐标）
SDIS	Real	安全高度（无正负符号输入）
DP	Real	最后钻孔深度（绝对坐标）
DPR	Real	相对于参考平面的最后钻孔深度（无正负号输入）
DTB	Real	到达最后钻孔深度时的停顿时间（断屑）

② 功能：刀具按照设置的主轴速度和进给率钻孔直至输入的最后的钻孔深度；到达最后钻孔深度时允许停顿时间。

③ 操作顺序：循环执行前已到达 X、Y 轴位置；钻孔位置是所选平面的两个坐标轴中的位置。

循环形成以下的运行顺序：

- 使用 G0 回到安全高度。
- 按循环调用前所设置的进给率（G1）移动到最后的钻孔深度。
- 在最后钻孔深度处的停顿时间。
- 使用 G0 退回到返回平面。

④ 参数说明如图 4-25 所示。

- RFP 和 RTP（参考平面和返回平面）：

通常，参考平面（RFP）为工件原点。返回平面（RTP）用来设定钻头到达深度后抬刀的绝对坐标，再移动到下一个位置钻孔。在循环中，返回平面高于参考平面。这说明从返回平面到最后钻孔深度的距离大于参考平面到最后钻孔深度间的距离。

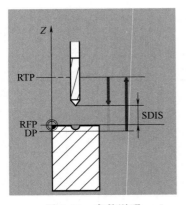

图 4-25　参数说明

- SDIS（安全距离）：安全距离为相对于参考平面刀具抬刀的安全高度，为相对值。
- DP（最后钻孔深度）：最后钻孔深度为参考平面的绝对坐标。
- DPR（钻孔深度）：钻孔深度为相对参考平面的相对值。
- DTB（停止时间）：到达最后钻孔深度的停顿时间（用来断削），单位为 s。

⑤ 编程举例（图 4-26）：

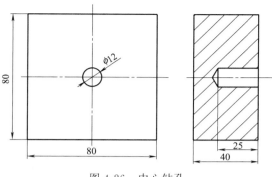

图 4-26　中心钻孔

```
G54 G17 G90;                              工件基本坐标系设定
T1D1;                                     刀具选择
G00 X0 Y0 M03 S800;
Z100;
Z50;
CYCLE82  (20,0,5,-29.,29,0.1);           调用钻孔循环
M05;
M2;
```

（3）CYCLE83 深孔钻削

① 编程参数见表 4-4。

表 4-4　CYCLE83 参数（RTP、RFP、SDIS、DP、DPR、FDEP、
FDPR、DAM、DTB、DTS、FRF、VARI）

参数	类型	定　　义
RTP	Real	返回平面（绝对坐标）
RFP	Real	参考平面（绝对坐标）
SDIS	Real	安全高度（无符号输入）
DP	Real	最后钻孔深度（绝对坐标）
DPR	Real	相对参考平面的最后钻孔深度（无符号输入）
FDEP	Real	第一次钻孔深度（绝对坐标）
FDPR	Real	相对于参考平面的第一次钻孔深度（无符号输入）
DAM	Real	递减量（无符号输入）
DTB	Real	到达最后钻孔深度时的停顿时间（断屑）
DTS	Real	起始点处和用于排屑的停顿时间
FRF	Real	第一次钻孔深度的进给率系数，范围：$0.001 \sim 1$
VARI	Int	加工类型：断屑＝0；排屑＝1

② 功能：刀具以设置的主轴速度和进给率开始钻孔，直至最后钻孔深度。深孔钻削时钻头每次进给指定增量退刀排屑，再重复进给直至最后钻孔深度。钻头可以在每次进给深度完以后回到安全距离用于排屑，或者每次退回 1mm 用于断屑。

③ 操作顺序：循环启动前到达位置：钻孔位置在所选平面的两个进给轴中。

循环形成以下动作顺序：

a. 深孔钻削排屑时（VARI＝1），如图 4-27 所示。

- 使用 G0 到达安全高度。
- 使用 G1 移动到第一次钻孔深度，进给率为程序调用中的进给率，它取决于参数 FRF

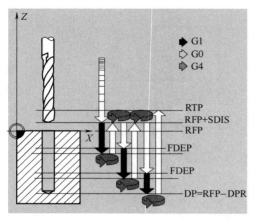

图 4-27　深孔钻削排屑（VARI＝1）

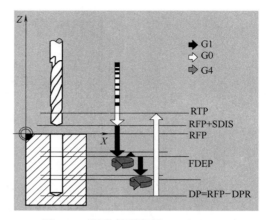

图 4-28　深孔钻削排屑（VARI＝0）

（进给率系数）。

- 在最后钻孔深度处的停顿时间（参数 DTB）。
- 使用 G0 返回到安全高度，用于排屑。
- 起始点停顿时间（参数 DTS）。
- 使用 G0 回到上次到达的钻孔深度，并保持预留量距离。
- 使用 G1 钻削到下一个钻孔深度（持续动作顺序直至到达最后钻孔深度）。
- 使用 G0 移动到返回平面。

b. 深孔钻削断削屑时（VARI＝0），如图 4-28 所示。

- 用 G0 到达安全高度。
- 用 G1 钻孔到起始深度，进给率为程序设定进给率×参数 FRF。
- 最后钻孔深度的停顿时间。
- 使用 G1 从当前钻孔深度后退 1mm，采用程序设置的进给率（用于断屑）。
- 使用 G1 进给率执行下一次钻孔切削（该过程一直重复进行，直至到达最终钻削深度）。
- 使用 G0 回到返回平面。

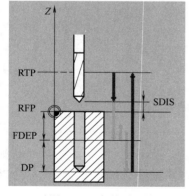

图 4-29　参数说明

④ 参数说明如图 4-29 所示。

说明：

对于参数 RTP、RFP、SDIS、DP、DPR，参见 CY-CLE82。

- 进行首次钻深时，只要不超过总的钻孔深度即可。
- 从第二次钻孔开始，到达的深度由上一次钻深减去每次切削量获得，但要求钻深大于所设置的每次切削量。
- 当剩余量大于两倍的递减量时，以后的钻削量等于递减量。
- 最终的两次钻削行程被平分，所以始终大于一半的递减量。
- 如果第一次的钻深值和总钻深不符，则输出错误信息 61107 “首次钻深定义错误”而且不执行循环程序。
- DTB（停顿时间）：设置到达最终钻深的停顿时间（断屑），单位为 s。
- DTS（停顿时间）：起始点的停顿时间只在 VARI＝1（排屑）时执行。

• FRF（进给率系数）：对于此参数，可以输入进给率的系数，该系数只使用于循环中的首次钻孔深度。

• VARI（加工类型）：如果参数 VARI＝0，则钻头在每次到达钻深后退回 1mm 用于断屑；如果 VARI＝1（用于排屑），则钻头每次移动到参考平面＋安全高度。

注意：

预期量的大小由循环内部计算所得：

• 如果钻深为 30mm，则预期量的值始终是 0.6mm。

• 对于更大钻深，使用公式：预期量＝钻深/50（最大值为 7mm）。

⑤ 编程举例（图 4-30）：

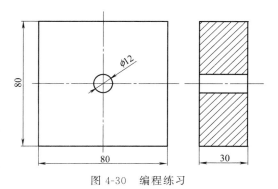

图 4-30　编程练习

```
T1 D1;                                          刀具选择
G54 G90 G0 F200;                                工件基本坐标系设定
X0 Y0;
Z50;
M3 S1200;
M8;
CYCLE83(50.,0.,2.,-35.,35.,-5.,5.,1.,0.1,0,0.5,1); 调用钻孔循环
G0 Z50.;
M5;
M9;
```

（4）刚性攻螺纹 CYCLE84

① 编程参数见表 4-5。

表 4-5　CYCLE84 参数（RTP、RFP、SDIS、DP、DPR、DTB、SDAC、MPIT、PIT、POSS、SST、SST1）

参数	类型	定　　义
RTP	Real	返回平面(绝对坐标)
RFP	Real	参考平面(绝对坐标)
SDIS	Real	安全高度(无符号输入)
DP	Real	最后钻孔深度(绝对坐标)
DPR	Real	相对参考平面的最后钻孔深度(无符号输入)
DTB	Real	停顿时间(断屑)
SDAC	Int	循环结束后的旋转方向值:3、4 和 5(用于 M3、M4 和 M5)
MPIT	Real	螺距由螺纹尺寸决定(有符号),范围为 3(用于 M3)~48(用于 M48);符号决定了在螺纹中的旋转方向
PIT	Real	螺纹由螺距决定(有符号),范围:0.001~2000.000mm;符号决定了在螺纹中的旋转方向
POSS	Real	循环中主轴定位停止角度
SST	Real	攻螺纹进给速度
SST1	Real	退回速度

② 功能：

刀具以设置的主轴转速和进给率进行攻螺纹，直至最终螺纹深度，用于刚性攻螺纹。

注意：只有主轴在技术上进行位置控制，才可以使用 CYCLE84；对于带补偿夹具的攻螺纹，需要一个另外的循环 CYCLE840。

③ 操作顺序：

循环启动前到达位置：孔位置在所选平面的两个进给轴中。

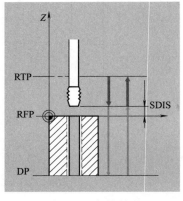

图 4-31 参数说明

循环形成以下动作顺序：

• 使用 G0 到达参考平面加安全高度处。

• 主轴定位停止（值在参数 SPOS 中）以及将主轴转换为进给轴模式。

• 攻螺纹至最终深度，速度为 SST。

• 螺纹深度处停留时间（参数 DTB）。

• 退回到参考平面加安全高度处，速度为 SST1 且方向相反。

• 使用 G0 退回到返回平面；通过在循环调用前重新设置有效的主轴速度以及 SDAC 下设置的旋转方向，从而改变主轴模式。

④ 参数说明如图 4-31 所示。

说明：对于参数 RTP、RFP、SDIS、DP、DPR，参见 CYCLE82。

• DTB（停顿时间）：停顿时间以 s 为单位编程。攻螺纹时，建议忽略停顿时间。

• SDAC（循环结束后的旋转方向）：在 SDAC 下设置循环结束后的旋转方向，循环内部自动执行攻螺纹时的反方向。

• MPIT 和 PIT（作为螺纹大小或者螺距）：可以将螺纹的值定义为螺纹大小（公称螺纹只在 M2 和 M8 之间）或一个值（螺距）。不需要的参数在调用中省略或赋值为零。

RH 或 LH 螺纹由螺距参数符号定义：正值为右旋→RH（用于 M3）；负值为左旋→LH（用于 M4）

如果两个螺纹螺距参数的值有冲突，循环将产生报警 61001 "螺纹螺距错误" 且循环终止。

• POSS（主轴角度）：攻螺纹前，使用 POSS 命令使主轴准确定位停止并转换成位置控制。POSS 为主轴定位停止角度。

• SST（速度）：参数 SST 包含用于攻螺纹的主轴转速。

• SST1（退回速度）：使用 G332 设置攻螺纹完退回的速度。如果该参数的值为零，则按照 SST 下设置的速度退回。

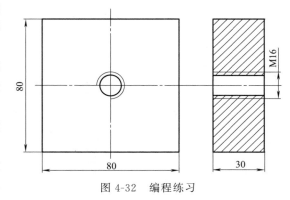

图 4-32 编程练习

⑤ 编程举例（图 4-32）：

```
T1D1;                          刀具选择
G54 G90 G0 F200;               工件基本坐标系设定
X0 Y0;
Z50.;
```

```
M3 S300；
M8；
CYCLE84（50.,0.,2.,-34.,,,4,16.,,0.,40.,80.）；    调用攻螺纹循环
Z50.；
M5；
M9；
M2；
```

（5）CYCLE85 铰孔

① 编程参数见表4-6。

表4-6 CYCLE85参数（RTP、RFP、SDIS、DP、DPR、DTB、FFR、RFF）

参数	类型	定　义
RTP	Real	返回平面（绝对坐标）
RFP	Real	参考平面（绝对坐标）
SDIS	Real	安全高度（无符号输入）
DP	Real	最后铰孔深度（绝对坐标）
DPR	Real	相对参考平面的最后铰孔深度（无符号输入）
DTB	Real	最后铰孔深度时停顿时间（断屑）
FFR	Real	铰孔进给率
RFF	Real	退回进给率

② 功能：刀具按设置的主轴转速和进给率铰孔直至最后深度。切削和退刀的进给率分别是参数FFR和RFF的值。

③ 操作顺序：循环启动前到达位置：铰孔位置在所选平面的两个进给轴中。

循环形成以下动作顺序：

• 使用G0到达参考平面加安全高度处。

• 使用G1并且按参数FFR所设置的进给率铰孔至最终深度。

• 最后铰孔深度时停顿时间。

• 使用G1返回到参考平面加安全高度处，进给率是参数FFR所设置值。

• 使用G0退回到返回平面。

④ 参数说明如图4-33所示。

说明：对于参数RTP、RFP、SDIS、DP、DPR，参见CYCLE82。

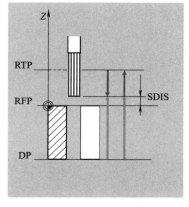

图4-33 参数说明

• DTB（停顿时间）：DTB设置到最后铰孔深度时的停顿时间，单位为s。

• FFR（进给率）：铰孔时FFR下设置的进给率值有效。

• RFF（退回进给率）：从孔底退回到参考平面加安全高度时，RFF下设置的进给率值有效。

⑤ 编程举例（图4-30）：

```
G54 G90 G17；                        工件基本坐标系设定
G0 X0 Y0 Z100 M03 S300；
```

```
T5D1;                                          刀具选择
Z50.;
CYCLE85( 50.,0,2.,-33.,33.,0.3,40,80);          调用铰孔循环
M05;
M2;
```

(6) 镗孔 CYCLE86

① 编程参数见表 4-7。

表 4-7 CYCLE86 参数（RTP、RFP、SDIS、DP、DPR、DTB、SDIR、RPA、RPO、RPAP、POSS）

参数	类型	定　义
RTP	Real	返回平面（绝对坐标）
RFP	Real	参考平面（绝对坐标）
SDIS	Real	安全高度（无符号输入）
DP	Real	最后镗孔深度（绝对坐标）
DPR	Real	相对参考平面的最后镗孔深度（无符号输入）
DTB	Real	到最后镗孔深度时停顿时间（断屑）
SDIR	Int	旋转方向值：3（用于 M3）、4（用于 M4）
RPA	Real	平面中第一轴上的返回路径（增量，带符号输入）
RPO	Real	平面中第二轴上的返回路径（增量，带符号输入）
RPAP	Real	镗孔轴上的返回路径（增量，带符号输入）
POSS	Real	循环中主轴定位停止角度

② 功能：

此循环可以用来镗孔，刀具按照设置的主轴转速和进给率进行镗孔，直至达到最后深度。镗孔时，一旦到达镗孔深度，便激活了主轴定位停止功能。然后，主轴从返回平面快速回到设置的返回位置。

③ 操作顺序：循环启动前到达位置：钻孔位置在所选平面的两个进给轴中。

循环形成以下动作顺序：

- 使用 G0 回到参考平面加安全高度处。
- 循环调用前使用 G1 及所设置的进给率移到最终钻孔深度处。
- 最后镗孔深度处停顿时间。
- 主轴定位停止在 SPOS 下设置的角度。
- 使用 G0 在三个方向上返回。
- 使用 G0 在镗孔轴方向返回到参考平面加安全高度处。
- 使用 G0 在退回到返回平面。

④ 参数说明如图 4-34 所示。

说明：对于参数 RTP、RFP、SDIS、DP、DPR，参见 CYCLE82。

- DTB（停顿时间）：DTB 设置到最后铰孔深度时的停顿时间，单位为 s。
- SDIR（旋转方向）：使用此参数，可以定义循环中进行镗孔时的旋转方向。如果参数的值不是 3 或 4（M3/M4），则产生报警 61102 "未编程主轴方向" 且不执行循环。
- RPA（第一轴上的返回路径）：使用此参数定义在第一轴上（横坐标）的返回路径，当到达最后镗孔深度并执行了主轴定位停止后执行此返回路径。

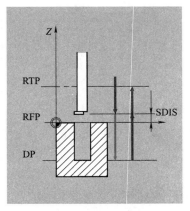

图 4-34 参数说明

• RPO（第二轴上的返回路径）：使用此参数定义在第二轴上（纵坐标）的返回路径，当到达最后镗孔深度并执行了主轴定位停止后执行此返回路径。

• RPAP（镗孔轴上的返回路径）：使用此参数定义在镗孔轴上的返回路径，当到达最后镗孔深度并执行了主轴定位停止后执行此返回路径。

• POSS（主轴位置）：使用 POSS 设置主轴定位停止的角度，该功能在到达最后钻孔深度后执行。

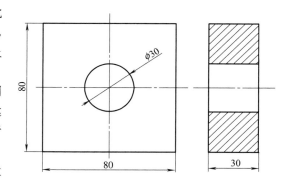

图 4-35　编程练习

注意：主轴在技术上能够进行角度定位，则可以使用 CYCLE86。

⑤ 编程举例（图 4-35）：

```
T1 D1;                                              刀具选择
G54 G90 G0 X0 Y0 F200;                              基本工件坐标系设定
Z50;
M3 S600;
M8;
CYCLE86 (50.,0.,2.,-32.,32.,0.5,3,0.,0.,0.,0.);     调用镗孔循环
Z50.;
M5;
M9;
M2;
```

(7) CYCLE88 带停止镗孔

① 编程参数见表 4-8。

表 4-8　CYCLE88 参数（RTP、RFP、SDIS、DP、DPR、DTB、SDIR）

参　数	类　型	定　义
RTP	Real	返回平面(绝对坐标)
RFP	Real	参考平面(绝对坐标)
SDIS	Real	安全高度(无符号输入)
DP	Real	最后镗孔深度(绝对坐标)
DPR	Real	相对参考平面的最后镗孔深度(无符号输入)
DTB	Real	最后镗孔深度时停顿时间(断屑)
SDIR	Int	旋转方向值:3(用于 M3)、4(用于 M4)

② 功能：刀具按照设置的主轴转速和进给率进行镗孔，直至到达最后镗孔深度。

③ 操作顺序：循环启动前到达位置：镗孔位置在所选平面的两个进给轴中。

循环形成以下动作顺序：

• 使用 G0 到达参考平面加安全高度处。

• 循环调用前使用 G1 及所设置的进给率进给到最终镗孔深度处。

• 最后镗孔深度处停顿时间。

• 使用 G1 返回到参考平面加安全距离处，进给率是由参数 RFF 设定的。

• 使用 G0 在退回到返回平面。

④ 参数说明如图 4-36 所示。

说明：对于参数 RTP、RFP、SDIS、DP、DPR，参见 CYCLE82。

• DTB（停顿时间）：DTB 设置到最后铰孔深度时的停顿时间，单位为 s。

• SDIR（旋转方向）：所设置的旋转方向对于到最后镗孔深度的距离有效，如果参数的值不是 3 或 4（M3/M4），则产生报警 61102 "未编程主轴方向" 及循环终止。

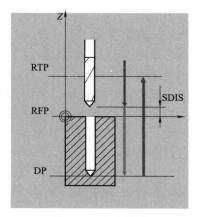

图 4-36　参数说明

4.4.2　钻孔样式循环

(1) 排孔 HOLES1 编程格式（见图 4-37）

HOLES1（SPCA，SPCO，STA1，FDIS，DBH，NUM）

SPCA	参考点横坐标
SPCO	参考点纵坐标
STA1	孔中心轴线与横轴角度
FDIS	从参考点到第一个孔距离
DBH	孔间距
NUM	孔数

行孔钻削编程举例：

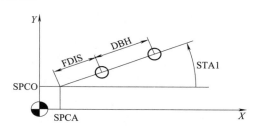

图 4-37　排孔 HOLES1 图

```
N10 MCALL CYCLE82(……);钻削循环 82
N20 HOLES1(……);          行孔循环,每次到达孔位置之后,使用传送参数执行 CYCLE82
                          (……)循环
N30 MCALL;                结束 CYCLE82(……)的模调用
```

(2) 圆周孔 HOLES2 编程格式（见图 4-38）

HOLES2（CPA，CPO，RAD，STA1，INDA，NUM）

CPA	圆周孔中心的横坐标
CPO	圆周孔中心的纵坐标
RAD	圆周孔的半径
STA1	起始角度
INDA	孔的角度增量

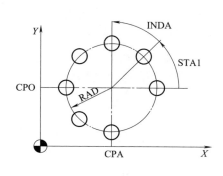

图 4-38　圆周孔 HOLES2 图

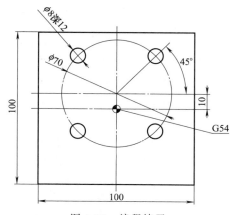

图 4-39　编程练习

NUM 孔数

【例】 完成图 4-39 所示零件孔的加工。

(1) 工艺分析

此例采用三种方法完成该零件孔的加工。由于孔精度要求不高，故可采用 ϕ8mm 钻头一次钻至尺寸。

(2) 加工步骤

钻孔，采用 T1ϕ8mm 钻头。

(3) 程序编制

方法一：孔位按坐标点给出。

```
SKT1.MPF;
T1 D1;                              φ8mm 钻头
G90 G54 G0 X0 Y10.M3 S600;
Z50.;
G1 Z10.F100;
MCALL CYCLE82(10.,0,5.,-12.,,0.1);  模态调用中心钻孔循环
X24.749 Y34.749;
X-24.749;
Y-14.749;
X24.749;
MCALL;                              取消模态调用
G0 Z50.;
M5;
G74 Z1=0;
M30;
```

方法二：使用圆周孔模式 HOLES2。

```
SKT1.MPF;
T1 D1;                              φ8mm 钻头
G90 G54 G0 X0 Y10.M3 S600;
Z50.;
G1 Z10.F100;
MCALL CYCLE82(10.,0,5.,-12.,,0.1);  模态调用钻孔循环
HOLES2(0,10.,35.,45.,90.,4);        圆周孔模式
MCALL;取消模态调用
G0 Z50.;
M5;
G74 Z1=0;
M30;
```

方法三：使用坐标平移、坐标旋转、极坐标确定孔位完成加工。

```
SKT1.MPF;
T1 D1;                              φ8mm 钻头
G90 G54 G0 X0 Y0 M3 S600;
```

```
Z50. ;
G1 Z10. F100;
TRANS X0 Y10. ;                              坐标平移至(0,10)
AROT RPL=45. ;                               附加旋转45°
MCALL CYCLE82(10. ,0,5. ,-12. ,,0.1);        模态调用中心钻孔循环
G111 X0 Y0;                                   极点在(0,0)
AP=0 RP=35. ;                                 极角0°,极径35mm
AP=90. ;
AP=180. ;
AP=270. ;

MCALL;                                        取消模态调用
ROT;
G0 Z50. ;
M5;
G74 Z1=0;
M30;
```

4.4.3 铣削循环

(1) 铣模式圆弧槽 SLOT1 编程格式 (见图 4-40)

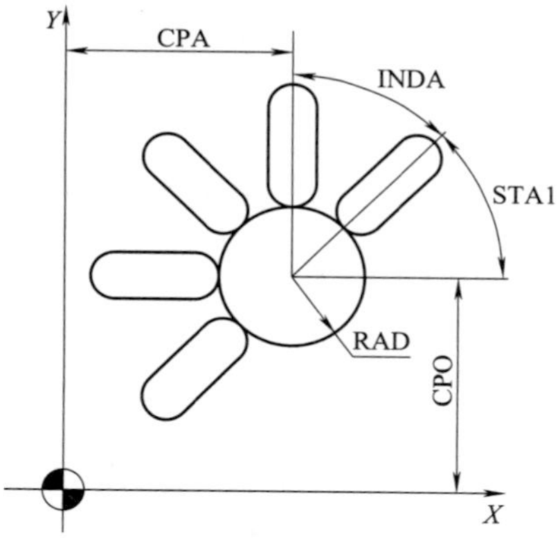

RTP   返回平面(绝对值)
RFP   参考平面(绝对值)
SDIS   安全距离
DP   圆形槽深度(绝对值)
DPR   圆形槽深度(增量值)
NUM   圆形槽个数
LENG   圆形槽的长度
WID   圆形槽的宽度
CPA   圆形槽中心横向坐标
CPO   圆形槽中心纵向坐标
RAD   圆形槽中心线的半径
STA1   起始角度
INDA   增量角度
FFD   Z 向进给率
FFP1   切削走刀进给率
MID   每次切削进给的最大进给深度
CDIR   沟槽铣削方向(2:G2;3:G3)
FAL   精加工余量
VARI   加工类型:完全/粗加工/精加工(0=完全;1=粗加工;2=精加工)
MIDF   精加工深度
FFP2   精加工进给率
SSF   精加工的转速

图 4-40 铣模式圆弧槽 SLOT1 图

编程举例：

如图 4-41 所示，有四个圆形槽：长 30mm、宽 15mm、深 23mm，安全距离是 1mm，精加工余量是 0.5mm，铣削方向是 G2，最大进给深度是 6mm。完整加工这些槽并在精加工时进给至槽深。

```
N10 G17 G90 T1 D1 S600 M3;
N20 G0 X20 Y50 Z5;            回到起始位置
N30 SLOT1 (5,0,1,-23,4,30,15,40,45,20,45,90,50,60,6,2,0,5,0,0,);
                             循环调用,参数 VARI,MIDF,FFP2 和 SSF 省略
......
N60 M30;                     程序结束
```

（2）铣模式圆周槽 SLOT2 编程格式（见图 4-42）

RTP　　返回平面（绝对值）
RFP　　参考平面（绝对值）
SDIS　　安全距离
DP　　圆周沟槽深度（绝对值）
DPR　　圆周沟槽深度（增量值）
NUM　　圆周槽个数
AFSL　　沟槽的角度
WID　　圆周槽宽度
CPA　　圆弧槽中心横向坐标
CPO　　圆弧槽中心纵向坐标
RAD　　圆槽中心线的半径
STA1　　起始角度
INDA　　增量角度
FFD　　Z 向进给率
FFP1　　切削走刀进给率
MID　　每次切削进给的最大进给深度
CDIR　　圆弧槽槽铣削方向（2：G2；3：G3）
FAL　　精加工余量
VARI　　加工类型：完全/粗加工/精加工（0＝完全；1＝粗加工；2＝精加工）
MIDF　　精加工深度
FFP2　　精加工进给率
SSF　　精加工的转速

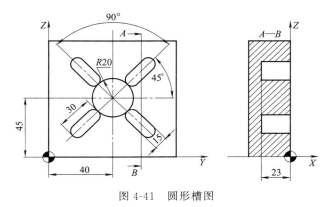

图 4-41　圆形槽图

编程举例：

如图 4-43 所示，此程序可以用来加工分布在圆周上的 3 个圆周槽，该圆周在 XY 平面中的中心点是（60，60），半径是 42mm。圆周槽具有以下尺寸：宽 15mm，槽长角度为 70°，深 23mm；起始角为 0°，增量角为 120°；精加工余量为 0.5mm，Z 轴安全高度为 2mm，最大进给深度为 6mm。执行精加工时进给至深度。

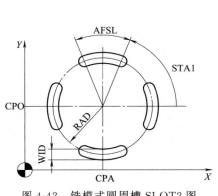

图 4-42　铣模式圆周槽 SLOT2 图

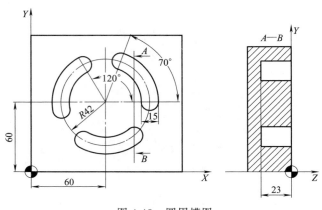

图 4-43　圆周槽图

```
N10 G17 G90 T1 D1 S600 M3;
N20 G0 X60 Y60 Z5;           回到起始点
N30 SLOT2 (2,0,2,-23,.3,70,15,60,60,42,0,120,50,60,6,2,0.5,0,,30,);
                             循环调用:参考平面+SDIS=返回平面,参数 VARI、MIDF、
                             FFP2 和 SSF 省略
......
N60 M30;                     程序结束
```

4.5　子程序

4.5.1　子程序格式

原则上讲主程序和子程序之间并没有什么区别。一般用子程序编写经常重复进行的加工，比如某一确定的轮廓形状。子程序位于主程序中适当的地方，在需要时进行调用、运行，可简化程序编制，见图 4-44。

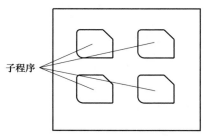

图 4-44　一个工件加工中 4
次使用子程序

子程序的结构与主程序的结构一样，子程序也是在最后一个程序段中用 M2 结束程序运行，子程序结束后返回主程序。

除了用 M2 指令外，还可以用 RET 指令结束子程序。RET 指令要求占用一个单独的程序段，不能和其他内容写在同一行。用 RET 指令结束子程序，返回主程序时不会中断 G64 连续路径运行方式；用 M2 指令则会中断 G64 运行方式，并进入停止状态。

图 4-45 是两次调用子程序的示意图。

子程序调用：在一个程序中（主程序或子程序）可以直接用程序名调用子程序。子程序调用要求占用一个独立的程序段。

例如：

```
N10 L785;                    调用子程序 L785
N20 LERAME7;                 调用子程序 LERAME7
```

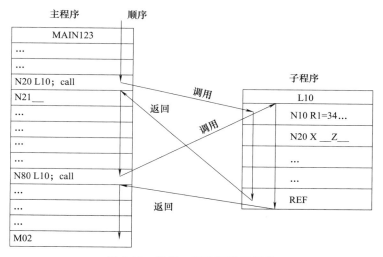

图 4-45 举例：两次调用子程序

程序重复调用次数 P：如果要求多次连续地执行某一子程序，则在编程时必须在所调用子程序的程序名后的地址 P 后面写入调用次数，最大次数为 9999，即 P1～P9999。

SIEMENS 802D 系统循环要求最多 4 级程序。

4.5.2 子程序实例

加工实例：完成图 4-46 所示 8 处 12mm 封闭槽的加工。

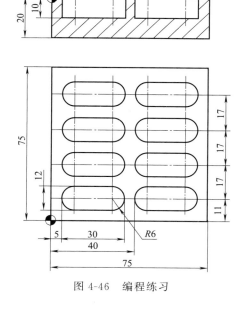

图 4-46 编程练习

程序如下：
方法一：

```
LX1;                    ф10mm 平底刀
T01 M06;
G90 G54 G00 X29.0 Y11.0 M3 F200;
```

```
Z10. 0；
LALAN P4；
G90 X64. 0 Y11. 0；
LALAN P4；
X0 Y0 M05；
M30；

L ALAN；                          子程序
G91 G01 Z-15. 0；
G01 X-18. 0；
G01 G41 X15. 0；
G03 X-6. 0 Y6. 0 CR=6. 0
G01 X-9. 0；
G03 X0 Y-12. 0 I0 J-6. 0；
G01 X18. 0；
G03 X0 Y12. 0 I0 J6. 0；
G01 X-9. 0；
G03 X-6. 0 Y-6. 0 CR=6. 0；
G01 G40 X15. 0；
G00 Z15. 0；
Y17. 0；
M17；
```

方法二：

```
LX2；                             子程序嵌套
G90 G54 G00 X29. 0 Y11. 0 M03 M08 F200；
Z10. 0；
LALAN P2；
G90 G00 X0 Y0 M05；
M30；

L ALAN；
LWYL1 P4；
G91 X35. 0 Y-68. 0；
M17；

L WYL1；
G91 G01 Z-15. 0；
G01 X-18. 0；
G01 G41 X15. 0；
G03 X-6. 0 Y6. 0 CR=6. 0；
```

```
G01 X-9.0;
G03 X0 Y-12.0 I0 J-6.0;
G01 X18.0;
G03 X0 Y12.0 I0 J6.0;
G01 X-9.0;
G03 X-6.0 Y-6.0 CR=6.0;
G01 G40 X15.0;
G00 Z15.0;
Y17.0;
M17;
```

4.6 坐标变换指令

4.6.1 可编程的零点偏置指令 TRANS、ATRANS

如果工件上在不同的位置有重复出现的形状要加工，或者选用了一个新的参考点，在这种情况下就需要使用可编程零点偏置。由此产生一个当前工件坐标系，新输入的尺寸均是在该坐标系中的数据尺寸。可以在所有坐标轴中进行零点偏移。

编程格式：

TRANS_X__Y__Z__；可编程的偏移，清除所有有关偏移、旋转、比例系数、镜像的指令

ATRANS X__Y__Z__；可编程的偏移，附加于当前的指令

TRANS；不带数值，清除所有有关偏移、旋转、比例系数、镜像的指令

TRANS/ATRANS 指令要求一个独立的程序段。

编程举例（如图 4-47 所示）：

```
N20 TRANS X20 Y15……;        可编程零点偏移
N30 L10;                      子程序调用,其中包含带偏移的几何量
……
N70 TRANS;                    取消偏移
……
```

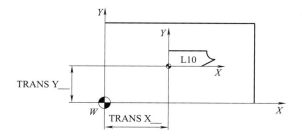

图 4-47 可编程的零点偏移

4.6.2 可编程旋转指令 ROT、AROT

在当前的平面 G17 或 G18 或 G19 中执行旋转，值为 RPL=＿，单位是（°）。图 4-48 所示为在不同的平面中旋转角正方向的定义。

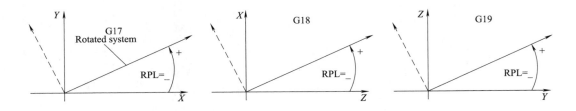

图 4-48　在不同的平面中旋转角正方向的定义

编程格式：

ROT RPL＝＿＿；可编程旋转，删除以前的偏移、旋转、比例系数和镜像指令

AROT RPL＿＿；可编程旋转，附加于当前的指令

ROT；没有设定值，删除以前的偏移、旋转、比例系数和镜像指令

ROT/AROT 指令要求一个独立的程序段。

编程举例（如图 4-49 所示）：

```
N10 G17__;          XY 平面
N20 TRANS X20 Y10;  可编程的偏置
N30 L10;            调用子程序,含有待偏移的几何量
N40 TRANS X30 Y26;  新的偏移
N50 AROT RPL= 45;   附加旋转 45°
N60 L10;            调用子程序
N70 TRANS;          删除偏移和旋转
……
```

4.6.3 可编程的比例缩放指令 SCALE、ASCALE

功能：使用 SCALE、ASCALE 指令，可以为所有坐标轴按编程的比例系数进行缩放，按此比例使所给定的轴放大或缩小。当前设定的坐标系作为比例缩放的基准。

编程格式：

SCALE X＿ Y＿ Z＿；　可编程的比例系数，清除所有有关偏移、旋转、比例系数、镜像的指令

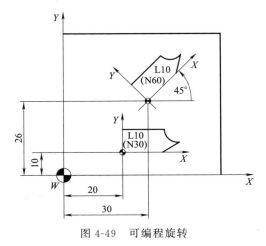

图 4-49　可编程旋转

ASCALE X__ Y__ Z__；　　可编程的比例系数，附加于当前的指令

SCALE；　　　　　　　　不带数值，清除所有有关偏移、旋转、比例系数、镜像的指令

SCALE/ASCALE 指令要求一个独立的程序段。

说明：

① 图形为圆时，两个轴的比例系数必须一致。

② 如果在 SCALE/ASCALE 有效时编制 ATRANS 功能，则偏移量也同样被比例缩放。

编程举例（如图 4-50 所示）：

```
N10 G17;           XY 平面
N20 L10;           编程的轮廓——原尺寸
N30 SCALE X2 Y2;   X 轴和 Y 轴方向的轮廓放大 2 倍
N40 L10;
N50 ATRANS X2.5 Y18;  值也按比例！
N60 L10;           轮廓放大和偏置
```

4.6.4　可编程的镜像指令 MIRROR、AMIRROR

用 MIRROR 和 AMIRROR 指令可以使工件镜像加工。编制了镜像加工的坐标轴，其所有运动都以反向运行。

编程格式：

MIRROR X0 Y0 Z0；　　可编程的镜像功能，清除所有有关偏移、旋转、比例系数、镜像的指令

AMIRROR X0 Y0 Z0；　　可编程的镜像功能，附加于当前的指令上

MIRROR；　　　　　　　不带数值，清除所有有关偏移、旋转、比例系数、镜像的指令

MIRROR/AMIRROR 指令要求一个独立的程序段。坐标轴的数值没有影响，但必须要定义一个数值。

说明：

① 在镜像功能有效时，已经使用的刀具半径补偿（G41/G42）自动反向。

② 在镜像功能有效时，旋转方向 G2/G3 自动反向。在不同的坐标轴中，镜像功能对使用的刀具半径补偿和 G2/G3 的影响，如图 4-51 所示。

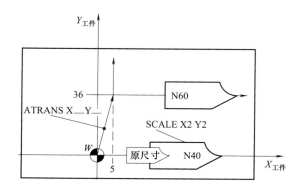

图 4-50　可编程的比例缩放

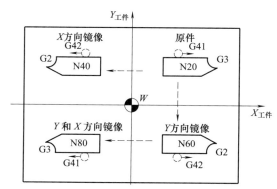

图 4-51　镜像功能举例

编程举例：

```
......
N10 G17;                        XY 平面，z 轴垂直于该平面
N20 L10;                        编程的轮廓，带 G41
N30 MIRROR X0;                  在 X 轴上改变方向加工
N40 L10;                        镜像的轮廓
N50 MIRROR Y0;                  在 Y 轴上改变方向加工
N60 L10;
N70 AMIRROR X0;                 在 Y 轴镜像的基础上 x 轴再镜像
N80 L10;                        轮廓镜像两次加工
N90 MIRROR;                     取消镜像功能
......
```

4.6.5 加工实例

【例 1】 完成图 4-52 所示零件封闭槽的加工。

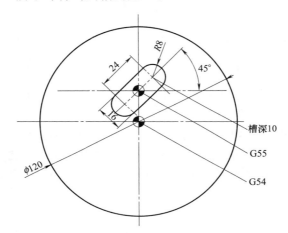

图 4-52 坐标旋转、坐标平移实例

（1）工艺分析
此零件完成封闭槽的加工。可采用坐标旋转、坐标平移调用子程序完成加工。
（2）加工步骤
铣封闭槽，采用 T1 φ14mm 平底刀。
（3）程序编制
方法一：采用坐标旋转调用子程序。

```
SKT2.MPF;
T1 D1;                          φ14mm 平底刀
G90 G55 G0 X0 Y0.M3 S600;
Z50.;
G1 Z10.F100;
ROT RPL=45.;                    坐标轴旋转 45°
LKT2;                           调用子程序 LKT2
ROT;                            取消坐标轴旋转
```

```
G0 Z50. ;
M5;
G74 Z1=0;                    Z 轴回零点
M30;


L KT2. SPF;                  铣槽子程序
G0 X12. Y0;
G1 Z-10. F80;
X-12. ;
G41 X8. ;
G3 X0 Y8. CR=8. ;
G1 X-12. ;
G3 Y-8. J-8. ;
G1 X12. ;
G3 Y8. J8. ;
G1 X0;
G3 X-8. Y0 CR=8. ;
G1 G40 X0;
M17;
```

方法二：采用坐标平移、坐标旋转调用子程序。

```
SKT2. MPF;
T1 D1;                       φ14mm 平底刀
G90 G54 G0 X0 Y0. M3 S600;
Z50. ;
G1 Z10. F100;
TRANS X0 Y20. ;
AROT RPL=45. ;
LKT2;
TRANS;
G0 Z50. ;
M5;
G74 Z1=0;
M30;
LKT2;                        铣槽子程序同方法一
G0 X12. Y0;
G1 Z-10. F80;
X-12. ;
G41 X8. ;
G3 X0 Y8. CR=8. ;
G1 X-12. ;
G3 Y-8. J-8. ;
```

```
G1 X12. ;
G3 Y8. J8. ;
G1 X0;
G3 X-8. Y0 CR=8. ;
G1 G40 X0;
M17;
```

【例2】 完成图 4-53 所示零件凸台的精加工程序编制,毛料 $\phi70\text{mm}\times20\text{mm}$ 已加工。刀具路径如图 4-54 所示。

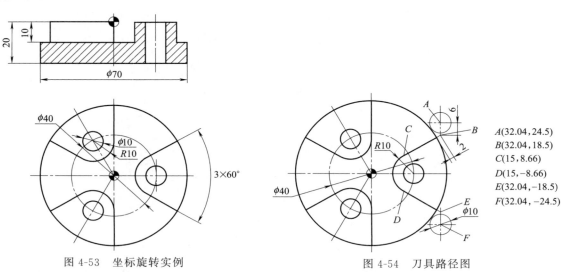

图 4-53 坐标旋转实例   图 4-54 刀具路径图

$A(32.04, 24.5)$
$B(32.04, 18.5)$
$C(15, 8.66)$
$D(15, -8.66)$
$E(32.04, -18.5)$
$F(32.04, -24.5)$

程序:

```
LJJG. SPF;                    精加工子程序
G90 G0 X32. 04 Y24. 5;        A 点
G1 Z-10. F100;
G42 X32. 04 Y18. 5;           B 点
G1 X15. Y8. 66;               C 点
G3 X15. Y-8. 66 CR=10. ;      D 点
G1 X32. 04 Y-18. 5;           E 点
G40 X32. 04 Y-24. 5;          F 点
G0 Z5. ;
AROT RPL= 120. ;              坐标系旋转,增量值 120°
M17;
```

【例3】 完成图 4-55 所示零件凸台的加工,毛料 $\phi80\text{mm}\times35\text{mm}$ 已加工。
程序:

```
SL3. MPF;
T1 D1;                        调用 1 号刀具,φ20mm 平刀
G90 G54 G0 X28. Y48. 5 M3 S600;
G0 Z50;
```

```
Z10.;
G1 Z-15.F100;
LJX P6;
G1 Z-10.F100;
SCALE X0.8 Y0.8;
LJX P6;
SCALE;
G1 Z-5.F100;
TRANS X0 Y5.;
ASCALE X0.5 Y0.5;
LJX P6;
TRANS
G0 Z50.;
M5;
M30;

LJX.SPF;
G90 G1 X28.Y48.5 F100;
G1 Z-5.F100;
G41 X18.47 Y54.D1;
G3 X22.5 Y38.97 CR=11.;
G2 X27.47 Y31.02 CR=10.;
G3 X40.6 Y8.28 CR=30.;
G2 X45.Y0 CR=10.;
G3 X56.Y-11.CR=11.;
G1 G40 Y0;
AROT RPL=-60.;
G0 Z2.;
M17;
```

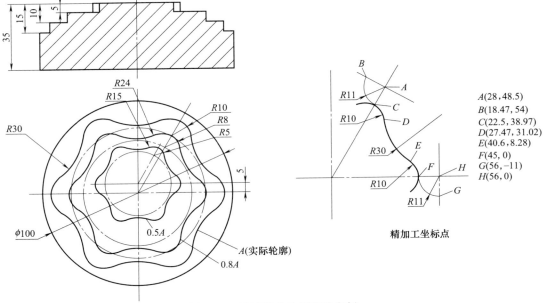

图 4-55　可编程的比例缩放实例

【例4】 完成图 4-56 所示零件圆弧形封闭槽的加工，毛坯 ϕ80mm×30mm 已车至尺寸。

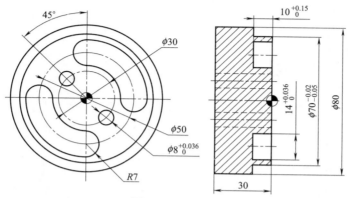

图 4-56 零件图

程序编制：

```
SKT6. MPF;
T1 D1;                              φ12mm 平底刀
G90 G54 G0 X0. Y25. M3 S600;        粗加工
Z50. ;
Z10. ;
G1 Z-9. 9 F100;
G2 X25. Y0 CR=25. ;
G0 Z10. ;
X-25. Y0;
G1 Z-9. 9 F100;
G3 X0 Y-25. CR=25. ;
G0 Z10. ;
M01;
T3 D1;                              φ12mm 平底刀精加工
G90 G54 G0 X0. Y-25. M3 S600;
Z50. ;
Z10. ;
LB1;
MIRROR X0 Y0;                       镜像指令,关于原点对称;或 ROT RP2= 180. 坐标旋转
LB1;
MIRROR;                             取消镜像;或 ROT 取消旋转
G0 Z50. ;
M5;
G74 Z1=0;
M30;


LB1. SPF;                           铣槽子程序
G0 X0 Y-25. ;
```

```
G1 Z-10.05 F100;
G41 X0.5 Y-31.5;
G3 X7. Y-25. CR=6.5;
X0 Y-18. CR=7.;
G2 X-18. Y0 CR=18.;
G3 X-32. I7.;
X0 Y-32. CR=32.;
X7. Y-25. CR=7.;
G3 X0.5 Y-18.5 CR=6.5;
G1 G40 X0 Y-25.;
G0 Z10.;
M17;
```

4.7　参数编程

在一般的程序中，程序字为常量，故只能描述固定的几何形状，缺乏灵活性和实用性。为此数控系统提供了参数编程功能，用户可以自己扩展数控系统的功能。

4.7.1　R参数

① 系统内存提供 R0～R299 共 300 个参数地址。

R0～R99：可以自由使用。

R100～R249：用于加工循环传递参数。

R250～R299：用于加工循环的内部计算参数。

② 参数地址中存储的内容，可以直接赋值，也可通过运算得出。通过用数值、算术表达式或 R 参数对已分配计算参数或参数表达式的 NC 地址赋值来增加 NC 程序通用性。

③ 赋值时在地址符之后写入符号"＝"。给坐标轴地址（运行指令）赋值时要求有一独立的程序段。

④ 计算参数时，遵循通常的数学运算规则。

例如：

```
N10 R1=R1+1;
N20 R1=R2+R3  R4=R5-R6  R7=R8 * R9  R10=R11/R12;
N30 R13=SIN(25.3);
N40 R14=R1 * R2+R3;
N50 R15= SQRT(R1 * R1+R2 * R2);
```

⑤ 编程举例：

```
N10 G1 G91 X=R1 Z=R2 F300;
N20 Z=R3;
N30 X=-R4;
N40 Z=-R5;
……
```

4.7.2 程序跳转

(1) 标记符——程序跳转目标

① 标记符或程序段号用于标记程序中所跳转的目标程序段，用跳转功能可以将程序进行分支。

② 标记符须由 2～8 个字母或数字组成。在一个程序段中，标记符不能含有其他意义。

③ 编程举例：

N10 MARKE1：G1 X20；　　　　　　　MARKE1 为标记符，跳转目标程序段

……

TR789：G0 X10 Z20；　　　　　　　TR789 为标记符，跳转目标程序段没有段号

N100…；　　　　　　　　　　　　　程序段号可以是跳转目标

(2) 绝对跳转

① 程序在运行时可以通过插入程序段跳转指令改变执行顺序。

② 跳转目标只能是有标记符的程序段。此程序段必须位于该程序之内。

③ 绝对跳转指令必须占用一个独立的程序段。

④ 编程格式：

GOTOF Label1；　　　　　　　　　向前跳转（向程序结束的方向跳转）

GOTOB Label1；　　　　　　　　　向后跳转（向程序开始的方向跳转）

Label1 所选的字符串用于标记符或程序段号。

绝对跳转举例：

```
    N10 G0 X__ Z__；
    ……
    N20 GOTOF MARKE0；           跳转到标记 MARKE0
    ……
    N50 MARKE0:R1=R2+R3；
    N51 GOTOF MARKE1；           跳转到标记 MARKE1
    ……
    MARKE2:X__ Z__；
    N100 M2；                    程序结束
    MARKE1:X__ Z__；
    ……
    N150 GOTOB MARKE2；          跳转到标记 MARKE2
```

(3) 有条件跳转

① 用 IF 条件语句表示有条件跳转。如果满足跳转条件（也就是值不等于零），则进行跳转。

② 跳转目标只能是有标记符的程序段。此程序段必须位于该程序之内。

③ 有条件跳转指令必须占用一个独立的程序段。

④ 编程格式：

IF 条件 GOTOF Label1；　　　向前跳转

IF 条件 GOTOB Label1；　　　向后跳转

⑤ 运算符：

＝＝　　等于

<> 不等
> 大于
< 小于
>= 大于或等于
<= 小于或等于

比较运算编程举例：

N10 IF R1>1 GOTOF MARKE1；

……

N10 IF R45＝＝R7＋1 GOTOB MARKE2；

……

一个程序段中有多个条件跳转：

……

N20 IF R1＝＝1 GOTOB MA1 IF R1＝＝2 GOTOF MA2；

……

注：第一个条件实现后就进行跳转。

4.7.3 参数编程练习

【例1】 完成圆弧上点的移动，如图 4-57 所示。

设定：

起始角	30°	R1
圆弧半径	32mm	R2
位置间隔	10°	R3
点数	12	R4
圆心位置，X 方向	60mm	R5
圆心位置，Y 方向	50mm	R6

程序：

```
N10 R1=30 R2=32 R3=10 R4=12 R5=60 R6=50；
N20 MA1:G0 X=R2 * COS(R1)+R5 Y=R2 * SIN(R1)+R6；
N30 R1=R1+R3 R4=R4-1；
N40 IF R4>0 GOTOB MA1；
N50 M2；
```

【例2】 铣削圆孔，如图 4-58 所示。

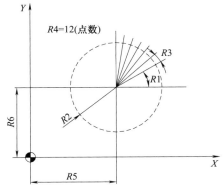

图 4-57 圆弧上点的移动

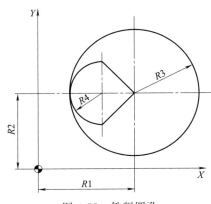

图 4-58 铣削圆孔

参数设定：

圆心 X 轴坐标值　　　R1
圆心 Y 轴坐标值　　　R2
圆孔半径　　　　　　R3
接近圆弧半径　　　　R4
起始平面　　　　　　R5
安全平面　　　　　　R6
圆孔深　　　　　　　R7

```
LXYK.SPF;
G0 X=R1 Y=R2;
Z=R5;
Z=R6;
G1 Z=-R7 F100;
R10=R3-R4;
R11=R1-R10;
R12=R2+R4;
G41 X=R11 Y=R12;
R13=R1-R3;
G3 X=R13 Y=R2 J=-R4;
G3 I=R3;
R14=R2-R4;
G3 X=R11 Y=R14 I=R4;
G1 G40 X=R1 Y=R2;
G0 Z=R5;
M17;
```

例如：精铣中心为（100，50），半径为 40mm、深度为 20mm 的圆孔，刀具为 φ25mm 平刀。

```
XYK.MPF;
T1 D1 M6;
G90 G54 G0 X0 Y0 M3 S400;
R1=100.;
R2=50.;
R3=40.;
R4=20.;
R5=50.;
R6=10.;
R7=20.;
LXYK;
M5;
M30;
```

【例3】　倒 R 面加工。

① 加工 R5mm，如图 4-59 所示。

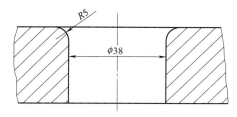

图 4-59 倒 *R* 面加工（一）

程序：

```
XYH1.MPF;
T1 D1;
M3 S1500;
G90 G54 G0 X0 Y0;
Z50.M8;
Z10.;
G1 Z0 F1000;
G1 X17.;                    17=19+5-7
R1=0;
R2=-5.;
N10 R3= 5.+R1;
R4=SQRT(5*5- R3*R3);
R5=17.-R4;
G1 X=R5 Y0 Z=R1;
G2 I=-R5;
R1=R1-0.1;
IF R1>=R2 GOTO 10;
G0 Z50.;
M5;
M30;
```

② 加工 *SR*28mm，如图 4-60 所示。

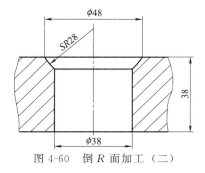

图 4-60 倒 *R* 面加工（二）

程序：

```
XYH2.MPF;
T1 D1;
```

```
M3 S1500；
G90 G54 G0 X0 Y0；
G0 Z50.M8；
Z10.；
G1 Z-13.F1000；
R1=-14.422；                        14.422=√28²-24²
R2=-20.567；                        20.567=√28²-19²
N10 R3= SQRT(28 * 28- R1 * R1)；
R4=R3-8.；
G1 Z=R1；
X=R4；
G2 I=-R4；
R1=R1-0.1；
IF R1>=R2 GOTO 10；
G0 Z50.；
M5；
M30；
```

$$14.422=\sqrt{28^2-24^2}$$

$$20.567=\sqrt{28^2-19^2}$$

【例4】 斜面加工。

① 标准矩形周边外斜面加工，如图 4-61 所示。

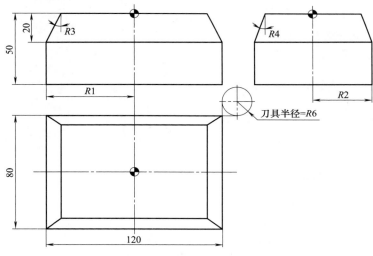

图 4-61 标准矩形周边外斜面加工（平底立铣刀）

程序：

```
XXB.MPF；
T1 M6；                             φ20mm 平刀
S1000 M3；
G90 G54 G0 X0 Y0；
Z50.；
R1=60.；                            X 向大端 1/2 尺寸
```

```
    R2=40. ;                        Y 向大端 1/2 尺寸
    R3=30. ;                        斜面与 Z 轴的夹角（ZX 平面）
    R4=20. ;                        斜面与 Z 轴的夹角（YZ 平面）
    R5=20. ;                        斜面高度
    R6=10. ;                        刀具半径
    R7=0;                           高度设为自变量,赋初值为 0
    R17=0.1;                        自变量 R7 的每次递增量（等高）
    R8=R1+R6;                       首轮初始刀位点到原点的距离（X 方向）
    R9=R2+R6;                       首轮初始刀位点到原点的距离（Y 方向）
    G0 XR8 YR9;                     G0 快速移动至首轮初始刀位点
    G1 Z-R5 F200;                   G1 下降至斜面底部
    N10 R10=R8-R7*TAN(R3);          次轮初始刀位点到原点的距离（X 方向）
    R11=R9- R7*TAN[R4];             次轮初始刀位点到原点的距离（Y 方向）
    G1 X=R10 Y=R11 F300;            G1 进至次轮初始刀位点
    Z=-R5+R7;                       进至 Z 向切削位置
    Y=-R11;
    X=-R10;
    Y=R11;
    X=R10;
    R7=R7+R17;                      自变量 R7 每次递增 R17
    IF R7 <=  R5 GOTO 10;           如果 R7≤R5,则继续执行 N10
    GO Z50. ;
    M5;
    M30;
```

② 四角圆角过渡（上下变半径）矩形周边外斜面加工，如图 4-62 所示。

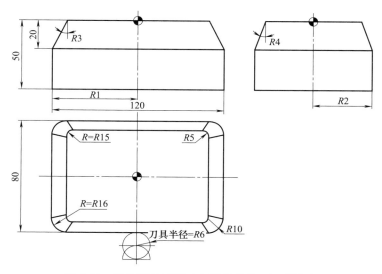

图 4-62　四角圆角过渡（上下变半径）矩形周边
外斜面加工（平底立铣刀）

程序：

```
XYJ.MPF;
T1 D1;                                  φ20mm 平刀
S1000 M3;
G90 G54 G0 X0 Y0;
Z50.;
R1=60.;                                 X 向大端 1/2 尺寸
R2=40.;                                 Y 向大端 1/2 尺寸
R3=30.;                                 斜面与 Z 轴的夹角（ZX 平面）
R4=20.;                                 斜面与 Z 轴的夹角（YZ 平面）
R5=20.;                                 斜面高度
R6=10.;                                 刀具半径
R7=0;                                   高度设为自变量，赋初值为 0
R15=10.                                 矩形四周圆角过渡半径（下面大端）
R16=5.                                  矩形四周圆角过渡半径（上面小端）
R17=0.1;                                自变量 R7 的每次递增量（等高）
R18=11.                                 1/4 圆弧切入和圆弧切出半径
R8=R1+R6;                               首轮初始刀位点到原点的距离（X 方向）
R9=R2+R6;                               首轮初始刀位点到原点的距离（Y 方向）
R20=R15+R6;                             首轮刀具轨迹四周圆角半径
G0 X0 Y=-R9-R18;                        G0 快速移动至首轮初始刀位点
G1 Z=-R5 F200;                          G1 下降至斜面底部
N10 R10=R8-R7 * TAN[R3];                次轮初始刀位点到原点的距离（X 方向）
R11=R9-R7 * TAN(R4);                    次轮初始刀位点到原点的距离（Y 方向）
R30=R20-(R15-R16) * R7/R5;              次轮刀具轨迹四周圆角半径
X=R18 Y=-R11-R18;                       G1 移动至首轮圆弧切入点
G1Z=-R5+R7;
G3 X0 Y=-R11 CR=R18;                    1/4 圆弧切入进刀
G1 X=-R10 RND=R30 F300;
Y=R11 RND=R30;
X=R10 RND=R30;
Y=-R11 RND=R30;
X0;
G3 X=-R18 Y=-R11-R18 CR=R18;            1/4 圆弧切入退刀
G1 X0;
R7=R7+R17;                              自变量 R7 每次递增 R17
IF [R7 LE R5] GOTO 10;                  如果 R7≤R5，则继续执行 N10
G0 Z50.;
M5;
M30;
```

【例 5】 使用 R 参数完成零件综合加工，如图 4-63 所示。

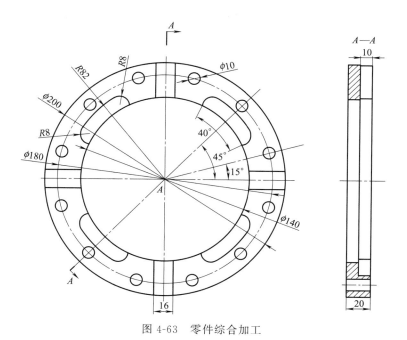

图 4-63　零件综合加工

孔加工程序：

程序一：

```
YZK.MPF;
R1=0;                                    圆周孔节圆中心 X 坐标
R2=0;                                    圆周孔节圆中心 Y 坐标
R3=180/2;                                圆周孔节圆半径
R4=15.;                                  第一孔的起始角
R5=12;                                   均布孔数
R6=360/12;                               孔的间隔角度
T1 D1 M6;                                T1 中心钻
G90 G54 G0 X0 Y0M3 S500;
Z50.;
F50 M8;
MCALL CYCLE82(20.,0,5.,-4.,,0.1);
H0LES2(R1,R2,R3,R4,R6,R5);
MCALL;
G0 Z50.M5;
M9;
T2 D1 M6;                                T2 ϕ10 钻头
G90 G54 G0 X0 Y0M3 S500;
Z50.;
F100 M8;
MCALL CYCLE83(20.,0,5.,-25.,,-6.,,1.,0,0.1,1);
H0LES2(R1,R2,R3,R4,R6,R5);
```

```
MCALL；
G0 Z50.M5；
M9；
M30；
```

程序二，采用四坐标机床：

```
YZK.MPF；
R1=0；                                    圆周孔节圆中心 X 坐标
R2=0；                                    圆周孔节圆中心 Y 坐标
R3=180/2；                                圆周孔节圆半径
R4=15. ；                                 第一孔的起始角
R5=12；                                   均布孔数
R6=360/12；                               孔的间隔角度
T1 D1 M6；
G90 G54 G0 X0 Y0M3 S500；
Z50. ；
TRANS X=R1 Y=R2；                         坐标平移
G0 X0 Y0；
C=R4；                                    C盘（第 4 轴）
R10=0；
MA1:R13=R4+R6 * R10；
G0 C=R13；
F50 M8；
CYCLE82(20. ,0,5. ,-4. ,,0.1)；
R10=R10+ 1；
IF R10< R5 GOTOB MA1；
TRANS；                                   取消坐标平移
G0 Z50.M5；
M9；
T2 D1 M6；
G90 G54 G0 X0 Y0 M3 S300；
Z50. ；
TRANS X=R1 Y=R2；
G0 X0 Y0；
C=R4；
R10=0；
MA1:R13=R4+R6 * R10；
G0 C=R13；
F50 M8；
CYCLE83(20. ,0,5. ,-25. ,,-6. ,,1. ,0,0.1,1)；
R10=R10+1；
IF R10<R5 GOTOB MA1；
```

```
    TRANS；
    G0 Z50.M5；
    M9；
```

4 处 16mm 宽直槽加工程序：

```
    QZC.MPF；                          切直槽
    R1=70.；                           直槽内侧半径
    R2=100.                            直槽外侧半径
    R3=-10.；                          加工槽深
    R4=0；                             第一槽中心的起始角
    R5=4；                             槽的个数
    R6=360/4；                         槽的间隔角度
    R7=16.；                           槽宽
    R8=7.；                            铣刀半径
    R9=5.；                            粗铣分层切削次数
    T3 D1 M6；                         φ14mm 平刀
    G90 G54 G0 X0 Y0 M3 S500；
    Z50.；
    Z10.；
    Z0.2 M8；
    ROT RPL=R4；                       坐标旋转
    LCXC P=R5；                        粗铣 4 直槽
    G0 Z50.M5；
    M9；
    T4 D1 M6；                         φ14mm 平刀
    G90 G54 G0 X0 Y0 M3 S500；
    Z50.；
    Z10.
    LJXC P=R5；                        精铣 4 直槽
    ROT；                              取消坐标旋转
    G0 Z50.M5；
    M9；
    M30；


    L CXC.SPF；                        粗铣槽坐标旋转子程序
    LCXC1；
    AROT RPL=R6；                      坐标旋转
    M17；


    L CXC1.SPF；                       粗铣分层切削子程序
    LCXC2 P=R9；                       分层切 5 次
    M17；
```

```
LCXC2;                        粗铣槽子程序
R10=R1-R8;
R11=R2+R8;
R12=R3/R9;
R13=R12/2;
G90 X=R10 Y0;
G91 G1 Z=R13 F200;
G90 X=R11 F100;
G91 Z=R13 F200;
G90 X=R10 F100;
M17;


L JXC.SPF;                    精铣槽坐标旋转子程序
LJXC1;
AROT RPL=R6;                  坐标旋转
M17;


L JXC1.SPF;                   精铣槽子程序
R10=R1-R8;
R11=R2+R8;
R14=R7/2-R8;
G1 X=R10 Y=-R14 F200;
Z=R3;
X=R11 F100;
Y=R14;
X=R10;
Z5.;
M17;
```

切 4 处 40°型槽程序：

```
QXC.MPF;
R1=70.;                       槽内侧半径
R2=82.                        槽外侧半径
R3=-10.;                      加工槽深
R4=45.;                       第一槽中心的起始角
R5=4;                         槽的个数
R6=360/4;                     槽的间隔角度
R7=40.;                       槽宽夹角
R8=7.;                        铣刀半径
R9=5.;                        粗铣分层切削次数
R10=27.587;                   两 R8mm 圆弧与槽外侧 R82mm 圆弧切点处夹角（由绘
                              图法求出）
```

```
R19=73.57;                     两 R8mm 圆弧与槽侧(40°斜面)切点处半径值(由绘图法求出)
T3 D1 M6;                      φ14mm 平刀
G90 G54 G0 X0 Y0 M3 S500;
Z50. ;
Z10. ;
Z0. 2 M8;
ROT RPL=R4;
LCXXC P=R5;                    粗铣 4 型槽
G0 Z50. M5;
M9;
T4 D1 M6;                      φ14mm 平刀
G90 G54 G0 X0 Y0 M3 S500;
Z50. ;
Z10.
LJXXC P=R5;                    精铣 4 型槽
ROT;                           取消坐标旋转
G0 Z50. M5;
M9;
M30;


L CXXC. SPF;                   粗铣型槽坐标旋转子程序
 Z 0. 2;
LCXXC1;
 Z 5. ;
AROT RPL=R6;                   坐标旋转
M17;


L CXXC1. SPF;                  粗铣型槽分层切削子程序
LCXXC2 P=R9;                   分层切 5 次
M17;


L CXXC2;                       粗铣型槽子程序
R11=R1-R8-1;
R12=R2-R8-1;
R13=R3/R9;
R14=R10/2;
G90 G1 RP=R11 AP=-R14 F200;
G91 Z=R13;
G90 RP=R12 F100;
G3 AP=R14;
G1 RP=R11;
M17;
```

```
LJXXC.SPF;                              精铣型槽坐标旋转子程序
LJXXC1;
AROT RPL=R6;                            坐标旋转
M17;


L JXXC1.SPF;                            精铣型槽子程序
R15=R1-R8-5;
R16=R1-1;
R17=R7/2;
R18=R10/2;
G1 RP=R15 AP=0 F200;                    极坐标
Z=R3;
G41 RP=R16 AP=-R17;
RP=R19 F100;
G03 X=R2 * COS(R18) Y=-R2 * SIN(R18) CR= 8;
G03 Y=R2 * SIN(R18) CR=R2;
G03 X=R19 * COS(R17) Y=R19 * SIN(R17) CR= 8;
G01 X=R16 * COS(R17) Y=R16 * SIN(R17);
G40 X=R15 Y0;
G0 Z5. ;
M17;
```

第**5**章

数控铣床/加工中心典型型面编程应用

5.1 平面加工

5.1.1 矩形平面加工

【例】 完成图 5-1 所示零件的上表面加工，保证厚度尺寸 20mm，毛坯为 120mm×80mm×20.5mm 六面体。

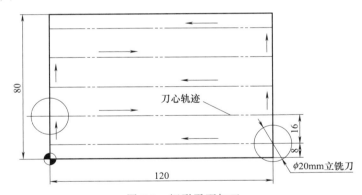

图 5-1 矩形平面加工

（1）工艺分析

① 采用 ϕ20mm 立铣刀完成加工，加工时切削深度只有 0.5mm，因此可用立铣刀直接下刀。如果切削深度过大则需要在零件轮廓以外下刀，或采取斜向下刀的方式（如：N5 G1 X0 Y0 Z0 F100；N10 X10 Y0 Z−4.；）。切削步距＝0.8×20mm＝16mm，其中 20mm 为刀具直径，0.8 为经验系数。

② 本例若用端铣刀加工，则刀具直径需大于零件宽度（零件宽度为 80mm），可一刀切削整个表面。

（2）加工程序（FANUC 系统）

① ϕ20mm 立铣刀完成加工。

```
O1；
T1 M6；                            φ20mm 立铣刀
G90 G54 G0 X120. Y8. M3 S800；
G0 G43 Z50. H01；                  H01 刀长补偿
Z10. ；
G1 Z-0.5 F200；                    切深 0.5mm
X0；
Y24. ；                            切削步距为 16mm，即 8+16=24（mm）
X120. ；
Y40. ；
X0；
Y56. ；
X120. ；
Y72. ；
X0；
G0 Z50. ；
G49；
M5；
M30；
```

② φ100mm 端铣刀完成加工。

```
O2；
T2 M6；                            φ100mm 端铣刀
G90 G54 G0 X180. Y40. M3 S300；
G0 G43 Z50. H02；                  H02 刀长补偿
Z10. ；
G1 Z-0.5 F200；                    切深 0.5mm
X-55. ；
G0 Z50. ；
G49；
M5；
M30；
```

(3) 加工程序（SIEMENS 系统）

① φ20mm 立铣刀完成加工。

```
XPM1. MPF；
T1 D1；                            φ20mm 立铣刀
G90 G54 G0 X120. Y8. M3 S800；
G0 Z50. ；
Z10. ；
G1 Z-0.5 F200；                    切深 0.5mm
X0；
```

```
    Y24. ;                  切削步距为16mm,即8+16=24(mm)
    X120. ;
    Y40. ;
    X0;
    Y56. ;
    X120. ;
    Y72. ;
    X0;
    G0 Z50. ;
    M5;
    M30;
```

② φ100mm 端铣刀完成加工。

```
    XPM2.MPF;
    T2 D1;                  φ100mm 端铣刀
    G90 G54 G0 X180.Y40.M3 S300;
    G0 Z50. ;
    Z10. ;
    G1 Z-0.5 F200;          切深 0.5mm
    X-55. ;
    G0 Z50. ;
    M5;
    M30;
```

5.1.2 圆形平面加工

【例】 完成图 5-2 所示零件的上表面加工, 保证厚度尺寸 20mm, 毛坯尺寸为 φ80mm×20.5mm。

(1) 工艺分析

① 采用 φ20mm 平底刀加工时, 切削步距 = 0.8×20mm = 16mm , 其中 20mm 为刀具直径, 0.8mm 为经验系数。

② 本例若用端铣刀加工, 则刀具直径需大于零件直径(零件直径为 φ80mm), 这样可一刀切削整个表面。

(2) 加工程序 (FANUC 系统)

① φ20mm 立铣刀完成加工。

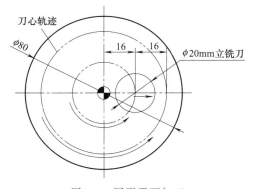

图 5-2 圆形平面加工

```
    O1;
    T1 M6;                  φ20mm 立铣刀
    G90 G54 G0 X0 Y0 M3 S800;
    G0 G43 Z50. H01;        H01 刀长补偿
```

```
Z10. ;
G1 Z-0.5 F200;                    切深 0.5mm
X16. ;                           切削步距为 16mm
G3 I-16.J0;
G1 X32. ;
G3 I-32.J0;
G0 Z50. ;
G49;
M5;
M30;
```

② φ100mm 端铣刀完成加工。

```
O2;
T2 M6;                           φ100mm 端铣刀
G90 G54 G0 X100.Y0 M3 S300;
G0 G43 Z50.H02;                  H02 刀长补偿
Z10. ;
G1 Z-0.5 F200;                   切深 0.5mm
X-100. ;
G0 Z50. ;
G49;
M5;
M30;
```

(3) 加工程序 (SIEMENS 系统)

① φ20mm 立铣刀完成加工。

```
XPM 11.MPF;
T1 D1;                           φ20mm 立铣刀
G90 G54 G0 X0 Y0 M3 S800;
G0 G43 Z50. ;
Z10. ;
G1 Z-0.5 F200;                   切深 0.5mm
X16. ;                           切削步距为 16mm
G3 I-16.J0;
G1 X32. ;
G3 I-32.J0;
G0 Z50. ;
M5;
M30;
```

② φ100mm 端铣刀完成加工。

```
XPM22.MPF;
T2 D1;                        φ100mm 端铣刀
G90 G54 G0 X100.Y0 M3 S300;
G0 G43 Z50.;
Z10.;
G1 Z-0.5 F200;               切深 0.5mm
X-100.;
G0 Z50.;
M5;
M30;
```

5.2　轮廓加工

5.2.1　凸台加工

【例1】　完成图 5-3 所示零件的凸台加工，毛坯为 80mm×50mm×20mm 六面体。

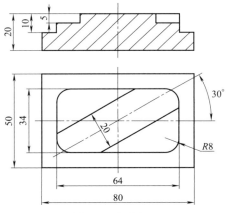

图 5-3　凸台加工

(1) 工艺分析

零件毛坯为六面体，现加工四方台、30°斜台，零件采用机用虎钳装夹。零件的加工关键在于 30°斜台的加工，为了方便编程，采用坐标旋转调用子程序完成。刀具选择时在满足加工条件下，刀具直径应尽可能地大，以便使刀具具有足够的刚性和切削时可采用较大的切削用量，从而提高加工效率和加工精度。

(2) 加工步骤

工步号	工步内容	刀具类型	切削用量			夹具
			主轴转速 /(r/min)	进给速度 /(mm/min)	背吃刀量 /mm	
1	铣四方台	φ20mm 平底刀	500	100		机用虎钳夹持 50mm 两侧面
2	铣斜台	φ20mm 平底刀	500	100		

零件立体图见图 5-4。

(3) 加工程序（FANUC 系统）

① 工步 1：铣四方台，图 5-5 所示为工步 1 走刀路径。

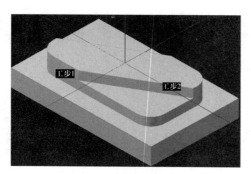

图 5-4　零件立体图

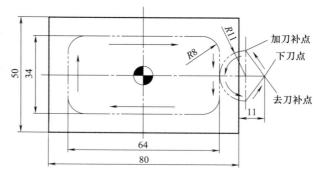

图 5-5　工步 1 走刀路径

```
O1;                              铣四方台
T1 M6;                           φ20mm 平底刀
G90 G54 G0 X51. Y0 M3 S500;
G0 Z50. ;
Z10. ;
/G1 Z-5. F100;                   跳步指令，分层切削
/M98 P0100;                      调用 O100 子程序
G1 Z-10. F100;
M98 P0100;
G0 Z50. ;
M5;
M30;


O100;
G0 X51. Y0;
G1 G41 X43. Y11. D01;            加刀补
G3 X32. Y0 R11. ;                圆弧切入
G1 Y-9. ;
G2 X24. Y-17. R8. ;
G1 X-24. ;
G2 X-32. Y-17. R8. ;
G1 Y9. ;
G2 X-24. Y17. R8. ;
G1 X24. ;
G2 X32. Y9. R8. ;
G1 Y0;
G3 X43. Y-11. R11. ;             圆弧切出
G1 G40 X51. Y0;                  去刀补
M99;
```

② 工步 2：铣斜台，图 5-6 所示为工步 2 走刀路径及节点坐标。

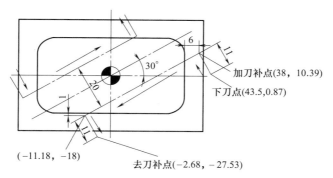

图 5-6 工步 2 走刀路径及节点坐标

```
O2;                          铣斜台
T1 M6;                       φ20mm 平底刀
G90 G54 G0 X43.5 Y0.87 M3 S500;
G0 Z50.;
Z10.;
M98 P0200;                   调用 O200 子程序
G68 X0 Y0 R180.;             坐标旋转 180°
M98 P0200;
G69;                         取消坐标旋转
G0 Z50.;
M5;
M30;


O200;
G0 X43.5.Y0.87;
G1 Z-5.F100;
G1 G41 X38.Y10.39 D01;       加刀补
G1 X-11.18 Y-18.;
G1 G40 X-5.68 Y-27.53;       去刀补
G0 Z10.;
M99;
```

① 工步 1 跳步指令精加工时操作机床选择有效，这样可跳过粗加工部分直接进行精加工。

② 工步 2 采用坐标旋转指令调用子程序完成加工，坐标旋转的调用、取消在主程序中完成。子程序结束时刀具必须抬起并超过零件上表面（程序中为 Z10.;），以免发生碰撞。

(4) 加工程序 （SIEMENS 系统）

① 工步 1：铣四方台。

```
XSFT.MPF;                    铣四方台
T1 D1;                       φ20mm 平底刀
G90 G54 G0 X51.Y0 M3 S800;
```

```
G0 Z50. ;
Z10. ;
/G1 Z-5. F100;                        跳步指令,分层切削
/ L XSET;                             调用 XSFT 子程序
G1 Z-10. F100;
L XSET;
G0 Z50. ;
M5;
M30;

X SET. SPF;
G0 X51. Y0;
G1 G41 X43. Y11. ;                    加刀补
G3 X32. Y0 CR=11. ;                   圆弧切入
G1 Y-9. ;
G2 X24. Y-17. CR=8. ;
G1 X-24. ;
G2 X-32. Y-17. CR=8. ;
G1 Y9. ;
G2 X-24. Y17. CR=8. ;
G1 X24. ;
G2 X32. Y9. CR=8. ;
G1 Y0;
G3 X43. Y-11. CR=11. ;                圆弧切出
G1 G40 X51. Y0;                       去刀补
M17;
```

② 工步 2：铣斜台。

```
XXT. MPF;                             铣斜台
T1 D1;                                φ20mm 平底刀
G90 G54 G0 X43.5 Y0.87 M3 S500;
G0 Z50. ;
Z10. ;
LXXT;                                 调用 XXT 子程序
ROT RPL= 180. ;                       坐标旋转 180°
LXXT;
ROT;                                  取消坐标旋转
G0 Z50. ;
M5;
M30;

L XXT. SPF;
```

```
G0 X43.5.Y0.87;
G1 Z-5.F100;
G1 G41 X38.Y10.39;                     加刀补
G1 X-11.18 Y-18.;
G1 G40 X-5.68 Y-27.53;                 去刀补
G0 Z10.;
M17;
```

【例2】 完成图 5-7 所示零件的凸台加工，毛坯为 70mm×50mm×20mm 六面体。

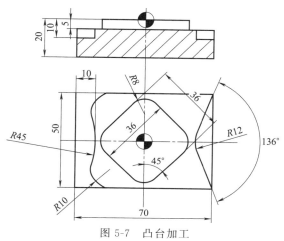

图 5-7 凸台加工

(1) 工艺分析

零件毛坯为六面体，现加工四方台、两侧型台，零件采用机用虎钳装夹。此例加工先铣四方台还是先铣两侧型台，在加工中余量的去除方法是不同的。本例先铣四方台再铣两侧型台，由于刀具的限制（由于 R12mm 凹圆弧，因此刀具必须选用 φ24mm 以下平底刀，因此本例选用 φ20mm 平底刀），加工四方台必须加一个去余量步骤，即走刀路径中采用整圆切削去余量。

(2) 加工步骤

工步号	工步内容	刀具类型	切削用量			夹具
			主轴转速/(r/min)	进给速度/(mm/min)	背吃刀量/mm	
1	铣四方台	φ20mm 平底刀	500	100		机用虎钳夹持50mm 两侧面
2	铣右侧台	φ20mm 平底刀	500	100		
3	铣左侧型台	φ20mm 平底刀	500	100		

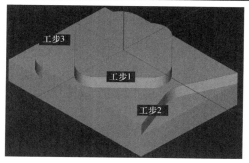

图 5-8 零件立体图

零件立体图见图 5-8。

(3) 加工程序 (FANUC 系统)

① 工步 1：铣四方台，图 5-9 所示为工步 1 走刀路径。

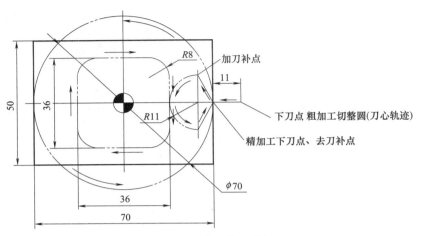

图 5-9　工步 1 走刀路径

```
O1;                              铣四方台
T1 M6;                           φ20mm 平底刀
G90 G54 G0 X46. Y0 M3 S500;      粗加工下刀点
G0 Z50. ;
Z10. ;
G1 Z-5. F100;
X35. ;
/G3 X35. Y0 I-35. Y0;            整圆去余量
G68 X0 Y0 R45. ;                 坐标旋转 45°
G1 G41 X29. Y11. D01;
G3   X18. Y0 R11. ;
G1 Y-10. ;
G2 X10. Y-18. R8. ;
G1 X-10. ;
G2 X-18. Y-10. R8. ;
G1 Y10. ;
G2 X-10. Y18. R8. ;
G1 X10. ;
G2X18. Y10. R8. ;
G1 Y0;
G3 X29. Y-11. R11. ;
G1 G40 X35. Y0;
G69;                             取消坐标旋转
G0 Z50. ;
M5;
M30;
```

② 工步2：铣右侧台，图 5-10 所示为工步2走刀路径及节点坐标。

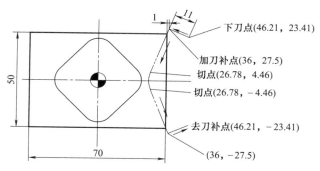

图 5-10　工步2走刀路径及节点坐标

```
O2;                        铣右侧台
T1 M6;                     φ20mm 平底刀
G90 G54 G0 X46. 21 Y23. 41 M3 S500;
G0 Z50. ;
Z10. ;
G1 Z-10. F100;
G41 X36. Y27. 5 D01;
G1 X26. 78 Y4. 46;
G3 X26. 78 Y-4. 46 R12. ;
G1 X36. Y-27. 5;
G1 G40 X46. 21 Y-23. 41;
G0 Z50. ;
M30;
```

③ 工步3：铣左侧台，图 5-11 所示为工步3走刀路径及节点坐标。

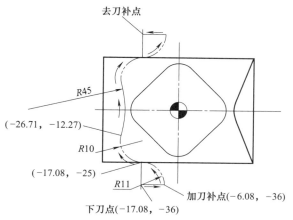

图 5-11　工步3走刀路径及节点坐标

```
O3;                        铣左侧台
T1 M6;                     φ20mm 平底刀
G90 G54 G0 X-17. 08 Y-36. M3 S500;
```

```
G0 Z50. ;
Z10. ;
G1 Z-10. F100;
G41 X-6.08 D01;
G3 X-17.08 Y-25. R11. ;
G2 X-26.71 Y-12.27 R10. ;
G3 X-26.71 Y12.27 R45. ;
G2 X-17.08 Y25. R11. ;
G3 X-6.08 Y36. R10. ;
G1 G40 X-17.08;
G0 Z50. ;
M30;
```

(4) 加工程序（SIEMENS 系统）

① 工步 1：铣四方台。

```
XSFT. MPF;                          铣四方台
T1 D1;                              φ20mm 平底刀
G90 G54 G0 X46. Y0 M3 S500;         粗加工下刀点
G0 Z50. ;
Z10. ;
G1 Z-5. F100;
X35. ;
/G3 X35. Y0 I-35. Y0;               整圆去余量
ROT RPL= 45. ;                      坐标旋转 45°
G1 G41 X29. Y11. ;
G3   X18. Y0 CR=11. ;
G1 Y-10. ;
G2 X10. Y-18. CR=8. ;
G1 X-10. ;
G2 X-18. Y-10. CR=8. ;
G1 Y10. ;
G2 X-10. Y18. CR=8. ;
G1 X10. ;
G2 X18. Y10. CR=8. ;
G1 Y0;
G3 X29. Y-11. CR=11. ;
G1 G40 X35. Y0;
ROT;                                取消坐标旋转
G0 Z50. ;
M5;
M30;
```

② 工步2：铣右侧台。

```
XYCT.MPF;                          铣右侧台
T1 D1;                             φ20mm平底刀
G90 G54 G0 X46.21 Y23.41 M3 S500;
G0 Z50.;
Z10.;
G1 Z-10.F100;
G41 X36.Y27.5;
G1 X26.78 Y4.46;
G3 X26.78 Y-4.46 CR=12.;
G1 X36.Y-27.5;
G1 G40 X46.21 Y-23.41;
G0 Z50.;
M30;
```

③ 工步3：铣左侧台。

```
XZCT.MPF;                     铣左侧台
T1 M6;                        φ20mm平底刀
G90 G54 G0 X-17.08 Y-36.M3 S500;
G0 Z50.;
Z10.;
G1 Z-10.F100;
G41 X-6.08;
G3 X-17.08 Y-25.CR=11.;
G2 X-26.71 Y-12.27 CR=10.;
G3 X-26.71 Y12.27 CR=45.;
G2 X-17.08 Y25.CR=11.;
G3 X-6.08 Y 36.CR=10.;
G1 G40 X-17.08;
G0 Z50.;
M30;
```

【例3】 完成图 5-12 所示零件的凸台加工，毛坯为 φ80mm×25mm 圆柱体。

(1) 工艺分析

零件毛坯为圆柱体，现加工五方台、圆台，零件采用机用虎钳或铣用三爪卡盘装夹。此例采用机用虎钳夹持 φ80mm 圆柱面时，零件底面加垫铁，零件露出钳口部分高于 10mm 即可，这样可提高装夹刚性，但即便如此，零件装夹刚性依然较差，因此加工时可通过变换刀具补偿（半径、长度）实现粗精加工。如用铣用三爪卡盘装夹零件则装夹刚性较好。此例编程采用了简化编程功能，即 FANUC 系统的 "，R6." 功能以及 SIEMENS 系统的 "RND＝6." 功能。编程时只需给出相交点坐标即可完成圆角功能，减少

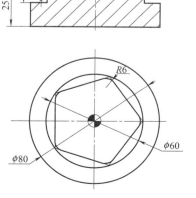

图 5-12 凸台加工

了数据点的计算以及简化了程序编制。

（2）加工步骤

工步号	工步内容	刀具类型	切削用量			夹具
			主轴转速 /(r/min)	进给速度 /(mm/min)	背吃刀量 /mm	
1	铣五方台	ϕ20mm 平底刀	500	100		机用虎钳夹持 ϕ80mm 圆柱面
2	铣圆台	ϕ20mm 平底刀	500	100		

零件立体图见图 5-13。

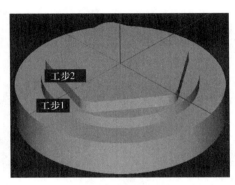

图 5-13　零件立体图

（3）加工程序（FANUC 系统）

图 5-14 所示为工步 1 走刀路径及节点坐标。

图 5-15 所示为工步 2 走刀路径及节点坐标。

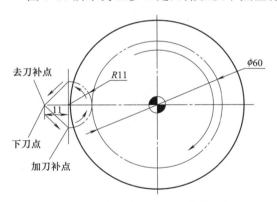

图 5-14　工步 1 走刀路径及节点坐标

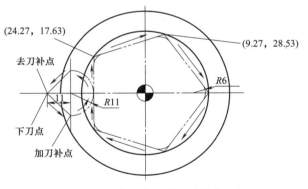

图 5-15　工步 2 走刀路径及节点坐标

```
O1;
N1;                                工步 1:铣圆台
T1 M6;                             φ20mm 平底刀
G90 G54 G0 X-52.Y0 M3 S500;
G43 G0 Z10.H01;                    调用刀具长度补偿
G1 Z-10.F100;
G1 G41 X-41.Y-11.D01;              调用刀具半径补偿
G3 X-30.Y0 R11.;
```

```
G2  I30.；                         铣整圆,由于 X、Y 坐标值都未变化即为 X-30、Y0,
                                   且 J 值为 J0,因此编程时均可不必写出
G3 X-41. Y11. R11.；
G1 G40 X-52. Y0；
G0 Z10.；
N2；                               工步 2:铣五方台
G90 G54 G0 X-46. 27 Y0 M3 S500；
G0 Z50.；
Z10.；
G1 Z-5. F100；
G1 G41 X-35. 27 Y-11. D01；
G3 X-24. 27. Y0 R11.；
G1 X-24. 27 Y17. 63,R6.；          简化编程功能
X9. 27 Y28. 53,R6.；
X30. Y0,R6.；
X9. 27 Y-28. 53,R6.；
X-24. 27 Y-17. 63,R6.；
Y0；
G3 X-35. 27 Y11. R11.；
G1 G40 X-46. 27 Y0；
G0 Z50.；
G49；                             取消刀具长度补偿
M5；
M30；
```

(4) 加工程序 (SIEMENS 系统)

```
XXT. MPF；
N1；                              工步 1:铣圆台
T1 D1；                           ϕ20mm 平底刀
G90 G54 G0 X-52. Y0 M3 S500；
G0 Z10.；
G1 Z-10. F100；
G1 G41 X-41. Y-11.；              调用刀具半径补偿
G3 X-30. Y0 CR=11.；
G2  I30.；                        铣整圆
G3X-41. Y11. CR=11.；
G1 G40 X-52. Y0；
G0 Z10.；
M01；
G90 G54 G0 X-46. 27 Y0 M3 S500；   工步 2:铣五方台
```

```
G0 Z50. ;
Z10. ;
G1 Z-5. F100;
G1 G41 X-35. 27 Y-11. D01 ;
G3   X-24. 27. Y0 CR=11. ;
G1 X-24. 27 Y17. 63 RND= 6. ;简化编程功能
X9. 27 Y28. 53 RND= 6. ;
X30. Y0 RND= 6. ;
X9. 27 Y-28. 53 RND= 6. ;
X-24. 27 Y-17. 63 RND= 6. ;
Y0;
G3 X-35. 27 Y11. CR=11. ;
G1 G40 X-46. 27 Y0;
G0 Z50. ;
M5;
M30;
```

【例4】 完成图5-16所示零件的凸台加工，毛坯为 96mm×96mm×33mm 六面体。

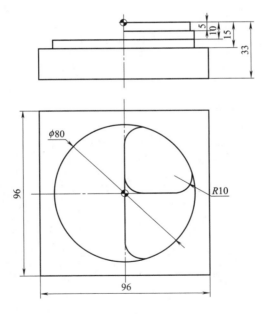

图 5-16 凸台加工

(1) 工艺分析

零件毛坯为六面体，现加工圆台、半圆台、1/4圆台，零件采用机用虎钳装夹。此例的加工难点在于零件加工余量的去除，圆台、半圆台、1/4圆台相重叠表面的光滑转接，以及精加工时刀具落刀点的选择。

（2）加工步骤

工步号	工步内容	刀具类型	切削用量			夹具
			主轴转速 /(r/min)	进给速度 /(mm/min)	背吃刀量 /mm	
1	粗加工各台	ϕ18mm 平底刀	600	100		机用虎钳夹持 96mm 两侧面
2	铣圆台	ϕ18mm 平底刀	600	100		
3	铣半圆台	ϕ18mm 平底刀	600	100		
4	铣 1/4 圆台	ϕ18mm 平底刀	600	100		

零件立体图见图 5-17。

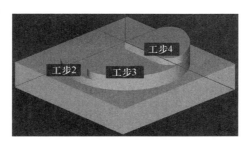

图 5-17 零件立体图

（3）加工程序（FANUC 系统）

① 工步 1：粗加工各台。

图 5-18 所示为工步 1 刀具路径。

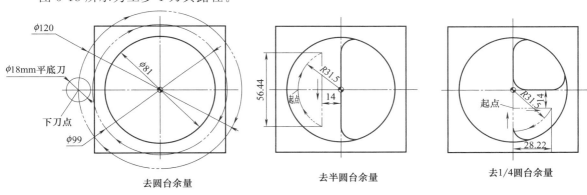

图 5-18 工步 1 刀具路径

```
O1;                              工步 1:去余量
T1 M6;                           ϕ18mm 平底刀
G90 G54 G0 X-60.Y0 M3 S600;
G0 Z50.;
Z10.;
G1 Z-10.F100;                    去圆台余量
G2 I60.;
G1 X-49.5;
G2 I49.5;
G1 X-60.;
G1 Z-15.;
G2 I60.;
```

```
G1 X-49.5;
G2 I49.5;                          去半圆台余量
G1 Z-10.;
X-31.5;
G2 X-14.Y28.22 R31.5;
G1 Y-28.22;
G2 X-14.Y0 R31.5;
G1 Z-5.;                           去 1/4 圆台余量
X0 Y-14.;
X28.22;
G2 X0 Y-31.5 R31.5;
G1 Y-14.;
G0 Z50.;
M5;
M30;
```

② 工步 2~4：精加工各台。

图 5-19 所示为工步 2~4 走刀路径及节点坐标。

加工程序：

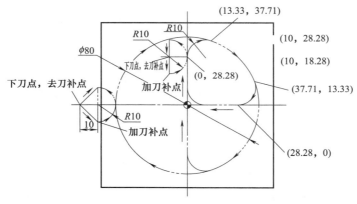

图 5-19　工步 2~4 走刀路径及节点坐标

```
O2;
N1;                                工步 2:铣圆台
T1 M6;                             φ18mm 平底刀
G90 G54 G0 X-60.Y0 M3 S600;
G0 Z50.;
Z10.;
G1 Z-15.F100;
G1 G41 X-50.Y-10.D01;
G3 X-40.Y0 R10.;
G2 I40.;
G3 X-50.Y10.R10.;
G1 G40 X-60.Y0;
N2;                                工步 3:铣半圆台
```

```
Z-8. F200;                    抬刀
X-10. Y28. 28;
Z-10. F100;
G1 G41 Y18. 28 D01;
G3 X0 Y28. 28 R10. ;
G2 X13. 33 Y37. 71 R10. ;
G2 Y-37. 71 I-13. 33 J-37. 71;
G2 X0 Y-28. 28 R10. ;
G1 Y28. 28;
G3 X-10. Y38. 28 R10. ;
G1 G40 Y28. 28;
N3;                           工步 4:铣 1/4 圆台
X-10. Y28. 28;
Z-5. ;
G1 G41 Y18. 28 D01;
G3 X0 Y28. 28 R10. ;
G2 X13. 33 Y37. 71 R10. ;
G2 X37. 71 Y13. 33 R40. ;
G2 X28. 28 Y0 R10. ;
G1 X10. ;
G2 X0 Y10. R10. ;
G1 Y28. 28;
G3 X-10. Y38. 28 R10. ;
G1 G40 Y28. 28;
G0 Z50. ;
M5;
M30;
```

(4) **加工程序** （SIEMENS 系统）

① 工步 1：粗加工各台。

```
O1;                           工步 1:去余量
T1 D1;                        φ18mm 平底刀
G90 G54 G0 X-60. Y0 M3 S600;
G0 Z50. ;
Z10. ;
G1 Z-10. F100;                去圆台余量
G2 I60. ;
G1 X-49. 5;
G2 I 49. 5;
G1 X-60;
G1 Z-15. ;
G2 I60. ;
G1 X-49. 5;
G2 I49. 5;
G1 Z-10. ;                    去半圆台余量
X-31. 5;
G2 X-14. Y28. 22 CR=31. 5;
```

```
G1 Y-28.22;
G2 X-14.Y0 CR=31.5;
G1 Z-5.;                          去 1/4 圆台余量
X0 Y-14.;
X28.22;
G2 X0 Y-31.5 CR=31.5;
G1 Y-14.;
G0 Z50.;
M5;
M30;
```

② 工步 2~4：精加工各台。

```
O2;
N1;                              工步 2:铣圆台
T1 D1;                           φ18mm 平底刀
G90 G54 G0 X-60.Y0 M3 S600;
G0 Z50.;
Z10.;
G1 Z-15.F100;
G1 G41 X-50.Y-10.;
G3 X-40.Y0 CR=10.;
G2 I40.;
G3 X-50.Y10.CR=10.;
G1 G40 X-60.Y0;
N2;                              工步 3:铣半圆台
Z-8.F200;                        抬刀
X-10.Y28.28;
Z-10.F100;
G1 G41 Y18.28;
G3 X0 Y28.28 CR=10.;
G2 X13.33 Y37.71 CR=10.;
G2 Y-37.71 I-13.33 J-37.71;
G2 X0 Y-28.28 CR=10.;
G1 Y28.28;
G3 X-10.Y38.28 CR=10.;
G1 G40 Y28.28;
N3;                              工步 4:铣 1/4 圆台
X-10.Y28.28;
Z-5.;
G1 G41 Y18.28;
G3 X0 Y28.28 CR=10.;
G2 X13.33 Y37.71 CR=10.;
```

```
G2 X37.71 Y13.33 CR=40.;
G2 X28.28 Y0 CR=10.;
G1 X10.;
G2 X0 Y10. CR=10.;
G1 Y28.28;
G3 X-10. Y38.28 CR=10.;
G1 G40 Y28.28;
G0 Z50.;
M5;
M30;
```

【**例5**】 完成图 5-20 所示零件的凸台加工，毛坯为 $\phi70mm\times20mm$ 圆柱体。

(1) **工艺分析**

零件毛坯为圆柱体，现加工型台，零件采用机用虎钳或铣用三爪卡盘装夹。此例的难点在于型台、圆台的光滑转接，因此采用修改刀补分粗（D01 值为 8.5mm）、半精（D01 值为 8.2mm）、精（D01 值为 8.0mm）三步分别调用子程序，逐步保证轮廓至尺寸。

(2) **加工步骤**

工步号	工步内容	刀具类型	切削用量			夹具
			主轴转速/(r/min)	进给速度/(mm/min)	背吃刀量/mm	
1	铣型台	$\phi16mm$ 平底刀	700	100		机用虎钳夹持 $\phi70mm$ 圆柱面
2	铣三处圆台	$\phi16mm$ 平底刀	700	100		

零件立体图见图 5-21。

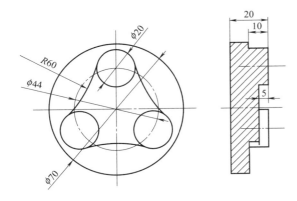

图 5-20　凸台加工

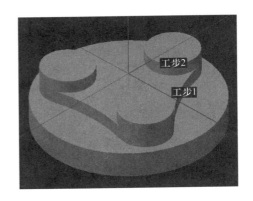

图 5-21　零件立体图

(3) **加工程序**（FANUC 系统）

走刀路径及节点坐标见图 5-22。

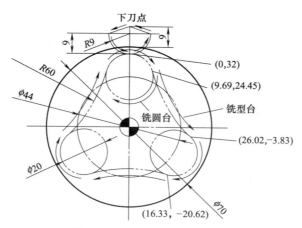

图 5-22　走刀路径及节点坐标

```
O0006;
T1M6;                                    φ16mm 平底刀
G90 G54 G0 X0 Y44. M3 S700;
G0 Z50. ;
Z10. ;
/G1 Z-5. F100;
/Y40. 5;
/G2 J-40. 5;
/G1 Z-10. F100;
/G2 J-40. 5;
M98 P0200;                               调用铣型台子程序 O200(工步 1)
X0 Y44. ;
M98 P030300;                             调用铣圆台子程序 3 次(工步 2)
G69;                                     取消坐标旋转
G0 Z50. ;
M5;
M30;

O 200;                                   铣型台子程序
G1 X0 Y44. F100;
Z-10. ;
G41 X-9. Y41. D01;
G3 X0 Y32. R=9. ;
G2 X9. 69 Y24. 45R10. ;
G3 X26. 02 Y-3. 83 R60. ;
G2 X16. 33 Y-20. 62 R10. ;
G3 X-16. 33 R60. ;
G2 X-26. 02 Y-3. 83 R10. ;
G3 X-9. 69 Y24. 45 R60. ;
```

```
G2 X0 Y32. R10. ;
G3 X9. Y41. R9. ;
G1 G40 X0 Y44. ;
G0 Z10. ;
M99;


O 0300;                          铣三处圆台
G90 G1 X0 Y44. F500;
Z-5. F100;
G41 X-9. Y41. D01;
G3 X0 Y32. R9. ;
G2 J-10. ;
G3X9. Y41. R9. ;
G1 G40 X0 Y44. ;
G0 Z5. ;
G68 X0 Y0 G91 R120. ;            附加坐标旋转120°
M99;
```

（4）加工程序（SIEMENS 系统）

```
TT1.MPF;
T1 D1;                           φ16mm 平底刀
G90 G54 G0 X0 Y44. M3 S700;
G0 Z50. ;
Z10. ;
/G1 Z-5. F100;
/Y40. 5;
/G2 J-40. 5;
/G1 Z-10. F100;
/G2 J-40. 5;
LXT;                             调用铣型台子程序（工步 1）
X0 Y44. ;
LYT P3;                          调用铣圆台子程序 3 次（工步 2）
ROT;                             取消坐标旋转
G0 Z50. ;
M5;
M30;


L XT.SPF;                        铣型台子程序
G1 X0 Y44. F100;
Z-10. ;
G41 X-9. Y41. ;
G3 X0 Y32. CR=9. ;
```

```
G2 X9. 69 Y24. 45 CR=10. ;
G3 X26. 02 Y-3. 83 CR=60. ;
G2 X16. 33Y-20. 62 CR=10. ;
G3 X-16. 33 CR=60. ;
G2 X-26. 02 Y-3. 83 CR=10. ;
G3 X-9. 69 Y24. 45 CR=60. ;
G2 X0 Y32. CR=10. ;
G3 X9. Y41. CR=9. ;
G1 G40 X0 Y44. ;
G0 Z10. ;
M17;

L YT. SPF；                                铣三处圆台
G90 G1 X0 Y44. F500;
Z-5. F100;
G41 X-9. Y41. ;
G3 X0 Y32. CR=9. ;
G2 J-10. ;
G3X9. Y41. CR=9. ;
G1 G40 X0 Y44. ;
G0 Z5. ;
AROT RPL= 120. ;                          附加坐标旋转 120°
M17;
```

5.2.2 沟槽加工

【例 1】 完成图 5-23 所示零件的槽加工，毛坯为 65mm×40mm×20mm 六面体。

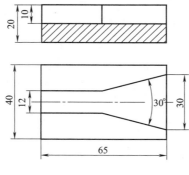

图 5-23 通槽加工

(1) 工艺分析

零件毛坯为六面体，现加工直槽及 30°斜槽，零件采用机用虎钳装夹。此例为加工通槽，因此可采用立铣刀加工，加工时下刀点在工件实体以外。为保证槽侧面质量，编程时槽侧面走刀路径均向外延伸。

（2）加工步骤

工步号	工步内容	刀具类型	切削用量			夹具
			主轴转速 /(r/min)	进给速度 /(mm/min)	背吃刀量 /mm	
1	粗加工	φ10mm平底刀	900	100		机用虎钳夹持 40mm两侧面
2	精加工	φ10mm平底刀	900	100		

零件立体图见图5-24。

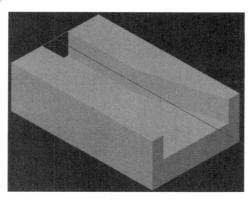

图5-24　零件立体图

（3）加工程序（FANUC系统）

走刀路径及节点坐标见图5-25。

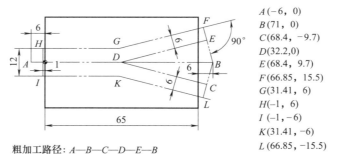

$A(-6, 0)$
$B(71, 0)$
$C(68.4, -9.7)$
$D(32.2, 0)$
$E(68.4, 9.7)$
$F(66.85, 15.5)$
$G(31.41, 6)$
$H(-1, 6)$
$I(-1, -6)$
$K(31.41, -6)$
$L(66.85, -15.5)$

粗加工路径：A—B—C—D—E—B
精加工路径：B—F(加刀补)—G—H—I—K—L—B(去刀补)

图5-25　走刀路径及节点坐标

```
O1;
T1 M6;                            φ10mm平底刀
G90 G54 G0 X-6. Y0 M3 S800;       A点
G0 Z50.;
Z10.;
/G1 Z-5. F100;
/X71.;                            B点
/X68.4 Y-9.7;                     C点
/X32.2 Y0;                        D点
/X68.4 Y9.7;                      E点
```

```
/X71. Y0;                              B 点
/G0 Z5. ;
/X-6. ;
/Z-10. F100;                          A 点
/X71. ;                               B 点
/X68. 4 Y-9. 7;                       C 点
/X32. 2 Y0;                           D 点
/X68. 4 Y9. 7;                        E 点
/X71. Y0;                             B 点
G1 X71. Y0 F500;
Z-10. F100;
G41 X66. 85 Y15. 5 D01;               F 点
X31. 41 Y6. ;                         G 点
X-1. ;                                H 点
Y-6. ;                                I 点
X31. 41 Y-6. ;                        K 点
X66. 85 Y-15. 5;                      L 点
G40 X71. Y0;                          B 点
G0 Z50. ;
M5;
M30;
```

（4）加工程序 （SIEMENS 系统）

```
CJG. MPF;
T1 D1;                                φ10mm 平底刀
G90 G54 G0 X-6. Y0 M3 S800;           A 点
G0 Z50. ;
Z10. ;
/G1 Z-5. F100;
/X71. ;                               B 点
/X68. 4 Y-9. 7;                       C 点
/X32. 2 Y0;                           D 点
/X68. 4 Y9. 7;                        E 点
/X71. Y0;                             B 点
/G0 Z5. ;
/X-6. ;
/Z-10. F100;                          A 点
/X71. ;                               B 点
/X68. 4 Y-9. 7;                       C 点
/X32. 2 Y0;                           D 点
/X68. 4 Y9. 7;                        E 点
/X71. Y0;                             B 点
```

```
G1 X71.Y0 F500；
Z-10.F100；
G41 X66.85 Y15.5；            F 点
X31.41 Y6.；                  G 点
X-1.；                        H 点
Y-6.；                        I 点
X31.41 Y-6.；                 K 点
X66.85 Y-15.5；               L 点
G40 X71.Y0；                  B 点
G0 Z50.；
M5；
M30；
```

【例2】　完成图 5-26 所示零件的槽加工，毛坯为 80mm×40mm×12mm 六面体。

(1) 工艺分析

零件毛坯为六面体，现加工三处半通槽，零件采用机用虎钳装夹，零件的加工关键在于装夹和切削用量的选择。本例采用夹持 80mm 两侧面，在一次装夹中完成三处半通槽的加工。零件装夹示意图见图 5-27，装夹时应充分考虑零件的装夹刚性，加工时有无干涉。考虑到零件的装夹刚性，粗加工分 4 刀，分别为 Z-3、Z-6、Z-9、Z-12.1 分层切削。切深 Z-12.1 的目的是将零件切透。两处 12mm 宽槽是关于 Y 轴对称的，因此采用镜像指令调用子程序完成。

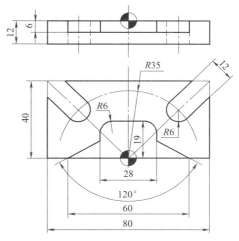

图 5-26　半封闭槽加工

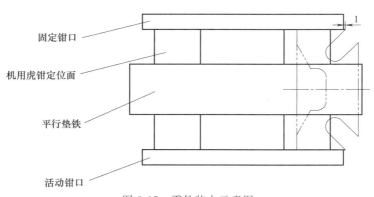

图 5-27　零件装夹示意图

(2) 加工步骤

工步号	工步内容	刀具类型	切削用量			夹具
			主轴转速 /(r/min)	进给速度 /(mm/min)	背吃刀量 /mm	
1	加工两处 12mm 宽槽	ϕ10mm 平底刀	800	60		机用虎钳夹持 80mm 两侧面
2	加工深 6mm 型槽	ϕ10mm 平底刀	800	60		

零件立体图见图 5-28。

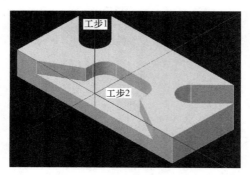

图 5-28　零件立体图

(3)　加工程序（FANUC 系统）

① 工步 1：加工两处 12mm 宽槽，图 5-29 所示为工步 1 走刀路径及节点坐标。

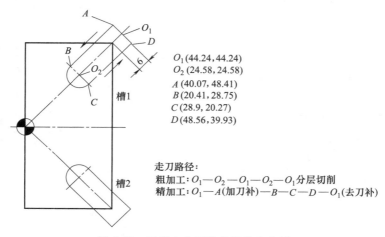

O_1 (44.24, 44.24)
O_2 (24.58, 24.58)
A (40.07, 48.41)
B (20.41, 28.75)
C (28.9, 20.27)
D (48.56, 39.93)

走刀路径：
粗加工：O_1—O_2—O_1—O_2—O_1分层切削
精加工：O_1—A(加刀补)—B—C—D—O_1(去刀补)

图 5-29　工步 1 走刀路径及节点坐标

```
O1;
T1 M6;                              φ10mm 平底刀
G90 G54 G0 X0 Y0 M3 S800;
G0 Z50. ;
Z10. ;
M98 P1000;                         调用 O1000 子程序加工槽 1
G51. 1 Y0;                         Y 轴镜像
M98 P1000;                         调用 O1000 子程序加工槽 2
G50.1;                             取消镜像
G0 Z50. ;
M5;
M30;
O1000;                             铣槽子程序
G0 X44.24 Y44. 24;                 O₁ 点
/G1 Z-3. F120;
```

```
/X24.58 Y24.58;                          O₂点
/G1 Z-6. F50;
/X44.24 Y44.24 F120;                     O₁点
/Z-9. ;
/X24.58 Y24.58;                          O₂点
/G1 Z-12.1 F50;
/X44.24 Y44.24 F120;                     O₁点
G1 Z-12.1 F120;
G41 X40.7 Y48.41 D1;                     A点加刀补
X20.41 Y28.75;                           B点
G2 X28.9 Y20.27 I4.17 J-4.17;            C点
G1 X48.56 Y39.93;                        D点
G40 X44.24 Y44.24;                       O₁点去刀补
G0 Z10. ;
M99;
```

② 工步2：加工深6mm槽，图5-30所示为粗加工走刀路径及节点坐标，图5-31所示为精加工走刀路径及节点坐标。

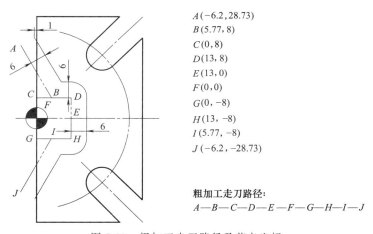

A(-6.2,28.73)
B(5.77,8)
C(0,8)
D(13,8)
E(13,0)
F(0,0)
G(0,-8)
H(13,-8)
I(5.77,-8)
J(-6.2,-28.73)

粗加工走刀路径：
A—B—C—D—E—F—G—H—I—J

图5-30　粗加工走刀路径及节点坐标

```
O2;
T1 M6;                          φ10mm平底刀
G90 G54 G0 X0 Y0 M3 S800;
G0 Z50. ;
Z10. ;
/M98 P021001;                   调用O1001子程序两次粗加工槽
G90 D1 M98 P1002;               调用O1002子程序,D1刀补值为5.2mm,半精加工
D11 M98 P1002;                  调用O1002子程序,D11刀补值为5.0mm,精加工
G0 Z50. ;
M5;
```

```
M30;


O1001;                              粗加工子程序,走刀路径及节点坐标见图 5-30
G90 G1 X-6.2 Y28.73 F300;           A 点
G91 Z-13. F120;                     增量值下刀 Z-13
G90 X5.77 Y8.;                      B 点
X0;                                 C 点
X13.;                               D 点
Y0;                                 E 点
X0;                                 F 点
Y-8.;                               G 点
X13.;                               H 点
X5.77;                              I 点
X-6.2 Y-28.73;                      J 点
G91 Z10.;                           增量值抬刀 Z10
M99;
```

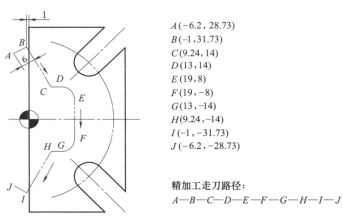

A(-6.2, 28.73)
B(-1, 31.73)
C(9.24, 14)
D(13, 14)
E(19, 8)
F(19, -8)
G(13, -14)
H(9.24, -14)
I(-1, -31.73)
J(-6.2, -28.73)

精加工走刀路径:
A—B—C—D—E—F—G—H—I—J

图 5-31 精加工走刀路径及节点坐标

```
O1002;                              精加工子程序,走刀路径及节点坐标见图 5-31
G0 X-6.2 Y28.73;                    A 点
G1 Z-6. F120;
G41 X-1. Y31.73;                    B 点
X9.24 Y14.;                         C 点
X13.;                               D 点
G2 X19. Y8. R6.;                    E 点
G1 Y-8.;                            F 点
G2 X13. Y-14. R6.;                  G 点
G1 X9.24;                           H 点
X-1. Y-31.73;                       I 点
G40 X-6.2 Y-28.73;                  J 点
```

```
G0 Z10. ;
M99;
```

（4）加工程序（SIEMENS 系统）

① 工步 1：加工两处 12mm 宽槽。

```
JGXC. MPF;
T1D1;                          φ10mm 平底刀
G90 G54 G0 X0 Y0 M3 S800;
G0 Z50. ;
Z10. ;
LXXC;                          调用 XXC 子程序加工槽 1
MIRROR Y0;                     Y 轴镜像
LXXC;                          调用 XXC 子程序加工槽 2
MIRROR;                        取消镜像
G0 Z50. ;
M5;
M30;


L XXC. SPF;                    铣槽子程序
G0 X44. 24 Y44. 24;            O₁ 点
/G1 Z-3. F120;
/X24. 58 Y24. 58;              O₂ 点
/G1 Z-6. F50;
/X44. 24 Y44. 24 F120;         O₁ 点
/Z-9. ;
/X24. 58 Y24. 58;             O₂ 点
/G1 Z-12. 1 F50;
/X44. 24 Y44. 24 F120;         O₁ 点
G1 Z-12. 1 F120;
G41 X40. 7 Y48. 41;            A 点加刀补
X20. 41 Y28. 75;               B 点
G2 X28. 9 Y20. 27 I4. 17 J- 4. 17;  C 点
G1 X48. 56 Y39. 93;            D 点
G40 X44. 24 Y44. 24;           O₁ 点去刀补
G0 Z10. ;
M17;
```

② 工步 2：加工深 6mm 槽。

```
XXC. MPF;
T1 D1;                         φ10mm 平底刀
G90 G54 G0 X0 Y0 M3 S800;
G0 Z50. ;
```

```
Z10.;
/LCXC P2;                              调用 CXC 子程序两次粗加工槽
G90 D1 LJXC;                           调用 JXC 子程序,D1 刀补值为 5.2mm,半精加工
D2 LJXC;                               调用 JXC 子程序,D2 刀补值为 5.0mm,精加工
G0 Z50.;
M5;
M30;


L CXC. SPF;                            粗加工子程序,走刀路径及节点坐标见图 5-30
G90 G1 X-6.2 Y28.73 F300;              A 点
G91 Z-13. F120;                        增量值下刀 Z-13
G90 X5.77 Y8.;                         B 点
X0;                                    C 点
X13.;                                  D 点
Y0;                                    E 点
X0;                                    F 点
Y-8.;                                  G 点
X13.;                                  H 点
X5.77;                                 I 点
X-6.2 Y-28.73;                         J 点
G91 Z10.;                              增量值抬刀 Z10
M17;


J XC. SPF;                             精加工子程序,走刀路径及节点坐标见图 5-31
G0 X-6.2 Y28.73;                       A 点
G1 Z-6. F120;
G41 X-1. Y31.73;                       B 点
X9.24 Y14.;                            C 点
X13.;                                  D 点
G2 X19. Y8. CR=6.;                     E 点
G1 Y-8.;                               F 点
G2 X13. Y-14. CR=6.;                   G 点
G1 X9.24;                              H 点
X-1. Y-31.73;                          I 点
G40 X-6.2 Y-28.73;                     J 点
G0 Z10.;
M17;
```

【例3】　完成图 5-32 所示零件的槽加工,毛坯为 100mm×60mm×15mm 六面体。

（1）工艺分析

零件毛坯为六面体，现加工三处半通槽，零件采用机用虎钳装夹，零件的加工关键在于刀具选择和工件装夹。加工中部型槽时用 $\phi14$mm 平底刀按内部轮廓（精加工轮廓）切削即可切掉中部余量（分层切削）。铣中部型槽时 $\phi14$mm 平底刀刀补值 D01 为 7.9mm（粗），D11 为 7.3mm（半精），D22 为 7.0mm（精）。铣两侧 $R8$mm

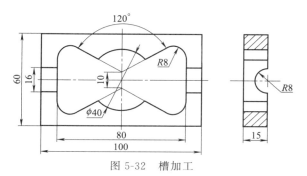

图 5-32 槽加工

使用 $\phi16$mm 球头刀，刀具切削性能差，为保证加工精度，分两刀完成加工。

（2）加工步骤

工步号	工步内容	刀具类型	切削用量			夹具
			主轴转速 /(r/min)	进给速度 /(mm/min)	背吃刀量 /mm	
1	加工中部型槽	$\phi14$mm 平底刀	900	80		机用虎钳夹持 60mm 两侧面
2	加工 $R8$mm 槽	$\phi16$mm 球头刀	800	60		

零件立体图见图 5-33。

（3）加工程序（FANUC 系统）

工步 1：加工中部型槽，走刀路径及节点坐标见图 5-34。

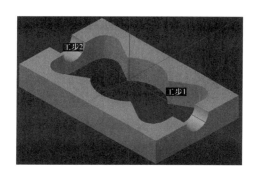

图 5-33 零件立体图

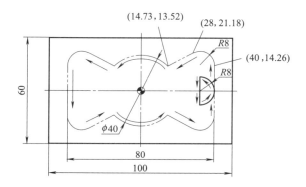

图 5-34 工步 1 走刀路径及节点坐标

加工程序：

```
O0001;
N1;                        工步 1:加工中部型槽
T1 M6;                     φ14mm 平底刀
G90 G54 G0 X32.Y0 M3 S800;
G0 G43 Z50.H01;
Z10.;
/G1 Z-5.F80;
/ D01 M98 P1001;
/G1 Z-10.F80;
/ D01 M98 P1001;
```

```
/G1 Z-15.1 F80;
/ D01 M98 P1001;
G1 X32.Y0;
G1 Z-15.1 F80;
D11 M98 P1001;
G1 X32.Y0;
G1 Z-15.1 F80;
D22 M98 P1001;
G0 Z50.;
N2;
T2 M06;
G90 G54 G0 X-60.Y0 M3 S600;
G0 G43 Z50.H02;
Z10.;
G1 Z-6.F60;
X-30.;
X30.F200;
X60.F60;
Z-8.;
X30.;
X-30.F200;
X-60.F60;
G0 Z50.;
M5;
M30;


O 1001;
G1 X32.Y0 F100
G1 G41 Y-8.;
G3 X40.Y0 R8.;
G1 Y14.26;
G3 X28.Y21.18 R8.;
G1 X14.73 Y13.52;
G3 X-14.73 Y13.52 R20.;
G1 X-28.Y21.18;
G3 X-40.Y14.26 R8.;
G1 Y-14.26;
G3 X-28.Y-21.18 R8.;
G1 X-14.73 Y-13.52;
G3 X14.73 Y-13.52 R20.;
G1 X28.Y-21.18;
```

工步 2:加工 R8mm 槽
φ16mm 球头刀

铣中部型槽子程序

```
G3 X40. Y-14. 26 R8. ;
G1 Y0;
G3 X32. Y8. R8. ;
G1 G40 Y0;
M99;
```

（4）加工程序（SIEMENS 系统）

```
XC2. MPF;
T1 D1;                                φ14mm 平底刀
G90 G54 G0 X32. Y0 M3 S800;            工步 1:加工中部型槽
G0 Z50. ;
Z10. ;
/G1 Z-5. F80;
/LXC;
/G1Z-10. F80;
/LXC;
/G1 Z-15. 1 F80;
/LXC;
G1 X32. Y0;
G1 Z-15. 1 F80;
D2 LXC;
G1 X32. Y0;
G1 Z-15. 1 F80;
D3 LXC;
G0 Z50. ;
T2 D1;                                φ16mm 球头刀
G90 G54 G0 X-60. Y0 M3 S600;           工步 2:加工 R8mm 槽
G0 Z50. ;
Z10. ;
G1 Z-6. F60;
X-30. ;
X30. F200;
X60. F60;
Z-8. ;
X30. ;
X-30. F200;
X-60. F60;
G0 Z50. ;
M5;
M30;


L XC. SPF;                            铣中部型槽子程序
```

```
G1 X32.Y0 F100
G1 G41 Y-8.；
G3 X40.Y0 CR=8.；
G1 Y14.26;
G3 X28.Y21.18 CR=8.；
G1 X14.73 Y13.52;
G3 X-14.73 Y13.52 CR=20.；
G1 X-28.Y21.18；
G3 X-40.Y14.26 CR=8.；
G1 Y-14.26；
G3 X-28.Y-21.18 CR=8.；
G1 X-14.73 Y-13.52；
G3 X14.73 Y-13.52 CR=20.；
G1 X28.Y-21.18；
G3 X40.Y-14.26 CR=8.；
G1 Y0；
G3 X32.Y8.CR=8.；
G1 G40 Y0；
M17；
```

【例4】 完成图 5-35 所示零件的槽加工，毛坯为 $100mm \times 80mm \times 20mm$ 六面体。

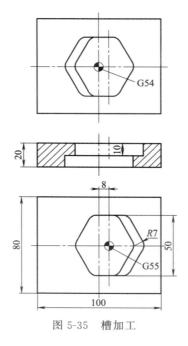

图 5-35　槽加工

（1）工艺分析

零件毛坯为六面体，现加工两处六边形槽，零件采用机用虎钳两次装夹完成加工。由于两处六边形槽加工尺寸相同，只是六边形中心相差 8mm，因此可建立两个坐标系 G54、G55（Y 坐标、Z 坐标相同，且 X 轴方向定位装夹，则 X 轴坐标相差 8mm 即可），分别调用六边形槽加工子程序完成加工。

（2）加工步骤

工步号	工步内容	刀具类型	切削用量			夹具
			主轴转速 /(r/min)	进给速度 /(mm/min)	背吃刀量 /mm	
1	加工上部六边形槽	φ12mm 平底刀	900	80		机用虎钳夹持 80mm 两侧面
2	加工另一面六边形槽	φ12mm 平底刀	900	80		X 轴定位,零件翻面装夹

零件立体图见图 5-36。

（3）加工程序（FANUC 系统）

加工上部型槽的走刀路径及节点坐标见图 5-37。

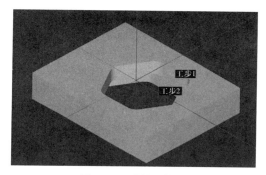

图 5-36　零件立体图

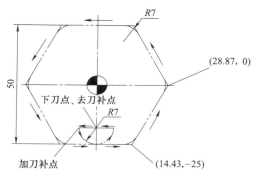

图 5-37　加工型槽走刀路径及节点坐标

```
O0001;                         工步 1:加工上部六边形槽
N1;
T1 M6;                         φ12mm 平底刀
G90 G54 G0 X0 Y-18.M3 S800;    G54 坐标系
G0 Z50.；
Z10.；
D01 M98 P1001;                 刀补值为 6.5mm
D11 M98 P1001;                 刀补值为 6.0mm
G0 Z50.；
M5;
M30;


O 0002;                        零件翻面装夹
N2;                            工步 2:加工另一面六边形槽
T1 M6;                         φ12mm 平底刀
G90 G55 G0 X0 Y-18.M3 S800;    G55 坐标系
G0 Z50.；
Z10.；
```

```
D01 M98 P1001;                          刀补值为 6.5mm
D11 M98 P1001;                          刀补值为 6.0mm
G0 Z50. ;
M5;
M30;


O 1001;                                 铣六边形槽子程序
G1 X0 Y-18. F200;
Z-10. F60;
G1 G41 X-7. F80;
G3 X0 Y-25. R7. ;
G1 X14. 43,R7. ;                        ,R7. 简化编程功能
X28. 87 Y0,R7. ;
X14. 43 Y25. ,R7. ;
X-14. 43,R7. ;
X-28. 87 Y0,R7. ;
X-14. 43 Y-25. ,R7. ;
X0;
G3 X7. Y-18. R7. ;
G1 G40 X0;
M99;
```

（4）加工程序（SIEMENS 系统）

```
XC1.MPF;
N1;                                     工步 1:加工上部六边形槽
T1 D1;                                  φ12mm 平底刀
G90 G54 G0 X0 Y-18.M3 S800;             G54 坐标系
G0 Z50. ;
Z10. ;
D1 M98 P1001;                           刀补值为 6.5mm
D2 M98 P1001;                           刀补值为 6.0mm
G0 Z50. ;
M5;
M30;


X C2. MPF;                              零件翻面装夹
N2;                                     工步 2:加工另一面六边形槽
T1 D1;                                  φ12mm 平底刀
G90 G55 G0 X0 Y-18.M3 S800;             G55 坐标系
G0 Z50. ;
Z10. ;
D1M98 P1001;                            刀补值为 6.5mm
```

```
D2 M98 P1001;                           刀补值为 6.0mm
G0 Z50.;
M5;
M30;


X C.SPF;                                铣六边形槽子程序
G1 X0 Y-18.F200;
Z-10.F60;
G1 G41 X-7.F80;
G3 X0 Y-25.CR=8.;
G1 X14.43 RND=8.;                        RND=7. 简化编程功能
X28.87 Y0 RND=8.;
X14.43 Y25.RND=8.;
X-14.43 RND=8.;
X-28.87 Y0 RND=8.;
X-14.43 Y-25.RND=8.;
X0;
G3 X7.Y-18.CR=8.;
G1 G40 X0;
M99;
```

【例 5】　完成图 5-38 所示零件的槽加工，毛坯为 96mm×96mm×18mm 六面体。

（1）工艺分析

零件毛坯为六面体，现加工一处圆槽、一处半圆槽、一处 1/4 槽，零件采用机用虎钳装夹，此例的加工难点在于如何减少铣深 5mm 圆槽、深 10mm 半圆槽、1/4 圆通槽时的接刀痕，因此采取粗加工去余量、半精加工各槽、精加工各槽三个工步完成加工。半精加工各槽、精加工各槽通过改变刀补完成加工。

（2）加工步骤

工步号	工步内容	刀具类型	切削用量			夹具
			主轴转速 /(r/min)	进给速度 /(mm/min)	背吃刀量 /mm	
1	去余量	φ18mm 平底刀	600	100		机用虎钳夹持 96mm 两侧面
2	半精铣深 5mm 圆槽、深 10mm 半圆槽、1/4 圆通槽,各表面留余量 0.2mm,深度至尺寸	φ18mm 平底刀	600	100		
3	精铣各槽	φ18mm 平底刀	800	100		

零件立体图见图 5-39。

（3）加工程序（FANUC 系统）

① 工步 1：去余量。图 5-40 所示为工步 1 走刀路径。

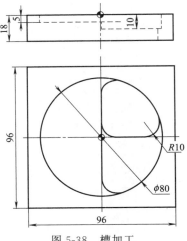

图 5-38 槽加工

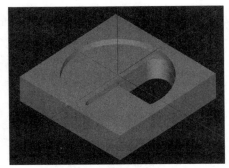

图 5-39 零件立体图

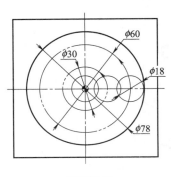

去圆槽余量

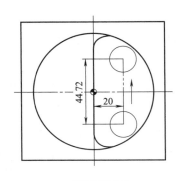

去半圆槽余量

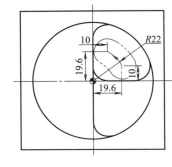

去1/4圆槽余量

图 5-40 工步 1 走刀路径

```
O0001;
T1 M06;                          φ18mm 平底刀
G90 G54 G0 X0 Y0 M3 S600;        工步 1:去余量
G0 Z50.;
Z10.;
G1 Z-5. F60;
N1;                              去圆槽余量
X15. F100;
G3 I-15.;
G1 X30.;
G3 I-30.;
N2;                              去半圆槽余量
G1 X20. Y-22.36;
Z-10. F60;
Y22.36 F100;
N3;                              去 1/4 槽余量
G1 X19.6 Y10. F100;
```

```
Z-18.2 F60;
G3 X10.Y19.6 R22.;
G0 Z50.;
M5;
M30;
```

② 工步 2：半精铣深 5mm 圆槽、深 10mm 半圆槽、1/4 圆通槽，各表面留余量 0.2mm，深度至尺寸。工步 3：精铣各槽。图 5-41 所示为工步 2、3 走刀路径及节点坐标。

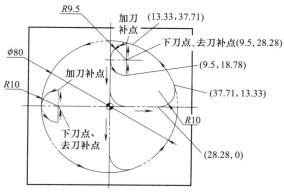

图 5-41　工步 2、3 走刀路径及节点坐标

```
O0002;
T1 M06;                          φ18mm 平底刀
G90 G54 G0 X-30.Y0 M3 S600;
G0 Z50.;
Z10.;
D01 M98 P1002;                   工步 2:D01 刀补值为 9.2mm
D11 M98 P1002;                   工步 3:D11 刀补值为 9.0mm(注:按实测值调整)
G0 Z50.;
M5;
M30;


O 1002;
G1 X-30.Y0 F60;
Z-5.;
G1 G41 Y10.F100;
G3 X-40.Y0 R10.;
I40.;
G3 X-30.Y-10.R10.;
G1 G40 Y0;
X9.5 Y28.28;
Z-10.F60;
```

```
G1 G41 Y37. 78；
G3 X0 Y28. 28 R9. 5；
G1 Y-28. 28；
G3 X13. 33 Y-37. 71 R10. ；
G3 Y37. 71 R40. ；
G3 X0 Y28. 28 R10. ；
G1 Z-18. 1. F60；
G1 Y10. F100；
G3 X10. Y0 R10. ；
G1 X28. 28；
G3 X37. 71 Y13. 33 R10. ；
G3 X13. 33 Y37. 71 R40. ；
G3 X0 Y28. 28 R10. ；
G3 X9. 5 Y18. 78 R9. 5；
G1 G40 Y28. 28；
G0 Z50. ；
M99；
```

(4) 加工程序（SIEMENS 系统）

```
QYL. MPF；
T1 D1；                          φ18mm 平底刀
G90 G54 G0 X0 Y0 M3 S600；   工步 1：去余量
G0 Z50. ；
Z10. ；
G1 Z-5. F60；
N1；                             去圆槽余量
X15. F100；
G3 I-15. ；
G1 X30. ；
G3 I-30. ；
N2；                             去半圆槽余量
G1 X20. Y-22. 36；
Z-10. F60；
Y22. 36 F100；
N3；                             去 1/4 槽余量
G1 X19. 6Y10. F100；
Z-18. 2 F60；
G3 X10. Y19. 6 CR=22. ；
G0 Z50. ；
M5；
M30；
```

```
JXC. MPF;
T1 D1;                        ϕ18mm 平底刀
G90 G54 G0 X-30. Y0 M3 S600;
G0 Z50. ;
Z10. ;
LXC;                         工步 2:D1 刀补值为 9.2mm
D2 LXC;                      工步 3:D2 刀补值为 9.0mm(注:按实测值调整)
G0 Z50. ;
M5;
M30;


L XC. SPF;
G1 X-30. Y0 F60;
Z-5. ;
G1 G41 Y10. F100;
G3 X-40. Y0 CR=10. ;
I40. ;
G3 X-30. Y-10. CR=10. ;
G1 G40 Y0;
X9. 5 Y28. 28;
Z-10. F60;
G1 G41 Y37. 78;
G3 X0 Y28. 28 CR=9. 5;
G1 Y-28. 28;
G3 X13. 33 Y-37. 71 CR=10. ;
G3 Y37. 71 CR=40. ;
G3 X0 Y28. 28 CR=10. ;
G1 Z-18. 1 F60;
G1 Y10. F100;
G3 X10. Y0 CR=10. ;
G1 X28. 28;
G3 X37. 71 Y13. 33 CR=10. ;
G3 X13. 33 Y37. 71 CR=40. ;
G3 X0 Y28. 28 CR=10. ;
G3 X9. 5 Y18. 78 CR=9. 5;
G1 G40 Y28. 28;
G0 Z50. ;
M17;
```

【例 6】　完成图 5-42 所示零件的槽加工,毛坯为 70mm×38mm×15mm 六面体。

(1) 工艺分析

零件毛坯为六面体,现加工圆槽、方槽,零件采用机用虎钳装夹。此例的加工难点在于刀

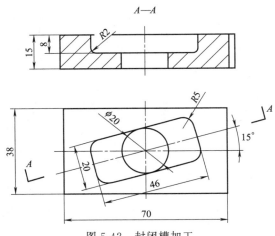

图 5-42　封闭槽加工

具选择以及方槽根部 $R2mm$ 的保证。方槽加工时分三步完成，即采用 $\phi 8mm$ 平底刀去余量、$\phi 8mm$ 圆角刀去余量、$\phi 8mm$ 圆角刀精加工。方槽倾斜 15°，编程中采用坐标旋转指令，应注意落刀点的选择，并及时取消坐标旋转。图 5-42 中所示圆槽可采用铣削的方法完成加工。

(2) 加工步骤

工步号	工步内容	刀具类型	切削用量			夹具
			主轴转速 /(r/min)	进给速度 /(mm/min)	背吃刀量 /mm	
1	去余量	$\phi 8mm$ 平底刀	800	60		机用虎钳夹持 38mm 两侧面
2	加工圆槽	$\phi 8mm$ 平底刀	800	60		
3	加工方槽	$\phi 8mm$ 圆角刀，刀角 $R2mm$	800	60		

零件立体图见图 5-43。

(3) 加工程序 （FANUC 系统）

① 工步 1：去余量。图 5-44 所示为工步 1 走刀路径。

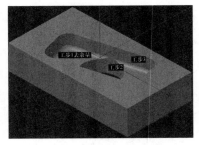

图 5-43　零件立体图

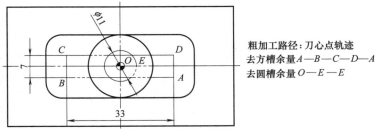

图 5-44　工步 1 走刀路径

粗加工路径：刀心点轨迹
去方槽余量 $A-B-C-D-A$
去圆槽余量 $O-E-E$

```
O0001;
T1 M06;                          φ8mm 平底刀
G90 G54 G0 X0 Y0 M3 S800;        工步 1：去余量
G0 Z50.;
Z10.;
G68 X0 Y0 R15.;                  坐标系绕(0,0)旋转至 15°
```

```
X16.5 Y-3.5;                              A 点
G1 Z-4.F60;
X-16.5;                                   B 点
Y3.5;                                     C 点
X16.5;                                    D 点
Y-3.5;
Z-8.;
X-16.5;
Y3.5;
X16.5;
Y-3.5;
Y0;
X0;
Z-15.2 F30;
Z-12.F60;
X5.5;
G2 I-5.5;
G1 Z-15.2;
G2 I-5.5;
G1 X0;
G69;                                      取消坐标旋转
G91 G28 Z0;
M5;
M30;
```

② 工步 2：加工圆槽。工步 3：加工方槽。图 5-45 所示为工步 2、3 走刀路径。

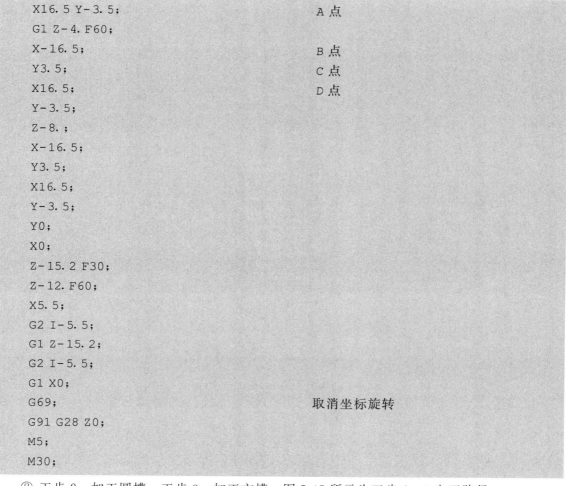

图 5-45 工步 2、3 走刀路径

```
O0002;
T2 M06;                          φ8mm 平底刀
G90 G54 G0 X0 Y5 M3 S800;        工步 2:加工圆槽
G0 Z50.;
Z10.;
G1 Z-15.2
```

```
G41 X5. ;
G3 X0 Y10. R5. ;
G3 J- 10. ;
G3 X-5. Y5. R5. ;
G1 G40 X0;
G0 Z50. ;
G91 G28 Z0;
M5;
T3 M06;
G90 G54 X0 Y0 M3 S900;
G0 Z50. ;
Z10. ;
G68 X0 Y0 R15. ;
/X18. Y-5. ;
/G1 Z-7.8 F60;
/X-18. ;
/Y5. ;
/X18. ;
/Y-5. ;
X0 Y5. F120;
G1 Z-8. F60;
G1 G41 X5. ;
G3 X0 Y10. R5. ;
G1 X-18. ;
G3 X-23. Y5. R5. ;
G1 Y-5. ;
G3 X-18. Y-10. R5. ;
G1 X18. ;
G3 X23. Y-5. R5. ;
G1 Y5. ;
G3 X18. Y10. R5. ;
G1 X0;
G3 X-5. Y5. R5. ;
G1 G40 X0;
G0 Z50. ;
G69;
G91 G28 Z0;
M5;
M30;
```

ϕ8mm 圆角刀

工步 3:加工方槽

坐标旋转 15°

取消坐标旋转

（4）加工程序（SIEMENS 系统）

```
CJG.MPF
    T1 D1;                          φ8mm 平底刀
    G90 G54 G0 X0 Y0 M3 S800;       工步 1:去余量
    G0 Z50.;
    Z10.;
    ROT RPL=15.;                    坐标旋转 15°
    X16.5 Y-3.5                     A 点
    G1 Z-4.F60;
    X-16.5;                         B 点
    Y3.5;                           C 点
    X16.5;                          D 点
    Y-3.5;
    Z-8.;
    X-16.5;
    Y3.5;
    X16.5;
    Y-3.5;
    Y0;
    X0;
    Z-15.2 F30;
    Z-12.F60;
    X5.5;
    G2 I-5.5;
    G1 Z-15.2;
    G2 I-5.5;
    G1 X0;
    ROT;                            取消坐标旋转
    M5;
    M30;

XC3.MPF
    T2 D1;                          φ8mm 平底刀
    G90 G54 G0 X0 Y5 M3 S800;       工步 2:铣圆槽
    G0 Z50.;
    Z10.;
    G1 Z-15.2
    G41 X5.;
    G3 X0 Y10.CR=5.;
    G3 J-10.;
    G3 X-5.Y5.CR=5.;
```

```
G1 G40 X0;
G0 Z50. ;
M5;
T3 D1;                          φ8mm 圆角刀
G90 G54 X0 Y0 M3 S900;          工步 3:加工方槽
G0 Z50. ;
Z10. ;
ROT RPL=15. ;                   坐标旋转 15°
/X18. Y-5. ;
/G1 Z-7. 8 F60;
/X-18. ;
/Y5. ;
/X18. ;
/Y-5. ;
X0 Y5. F120;
G1 Z-8. F60;
G1 G41 X5. ;
G3 X0 Y10. CR=5. ;
G1 X-18. ;
G3 X-23. Y5. CR=5. ;
G1 Y-5. ;
G3 X-18. Y-10. CR=5. ;
G1 X18. ;
G3 X23. Y-5. CR=5. ;
G1 Y5. ;
G3 X18. Y10. CR=5. ;
G1 X0;
G3 X-5. Y5. CR=5. ;
G1 G40 X0;
G0 Z50. ;
ROT;                            取消坐标旋转
M30;
```

5.3 型面加工

完成图 5-46 所示零件的型面加工，毛坯为 80mm×25mm×（21～43）mm 六面体，15°斜面留余量 1mm。

零件立体图见图 5-47。

方法一：装夹 25mm 两侧面，采用 φ18mm 球形刀加工。

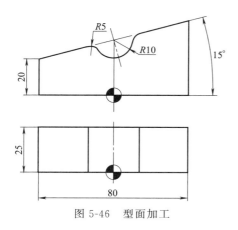

图 5-46 型面加工

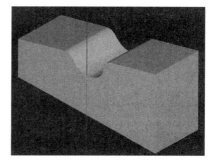

图 5-47 零件立体图

(1) 工艺分析

零件毛坯为六面体，现加工 15°斜面及 $R10$mm、$R5$mm 相切型面。此例的加工难点在于工件的装夹、刀具的选用以及加工方法的确定。零件采用机用虎钳装夹，零件装夹时钳口内夹持部分高度在 18mm 以内（可保证最大限度夹持零件，且加工时需注意刀具的走刀轨迹不至于切伤机用虎钳）。由于采用球形刀加工，刀具落刀点应选在零件实体以外。

(2) 加工步骤

工步号	工步内容	刀具类型	切削用量			夹具
			主轴转速 /(r/min)	进给速度 /(mm/min)	背吃刀量 /mm	
1	去 $R10$mm 凹形面余量	$\phi18$mm 球形刀	700	60		机用虎钳夹持 25mm 两侧面
2	精加工型面	$\phi18$mm 球形刀	700	100		

(3) 加工程序 (FANUC 系统)

图 5-48 所示为工步 1、2 走刀路径。

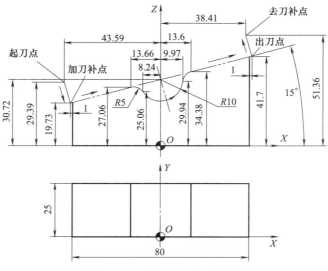

图 5-48 工步 1、2 走刀路径

```
O0001;
N1;                          去 R10mm 凹形面余量
T1 M6;                       φ18mm 球形刀
G90 G54 G0 X0 Y-10. M3 S700;
Z80. ;
Z40. ;
/G1 Z25. 72 F60;
/Y35. ;
/Z21. 72;
/Y-10. ;
N2;                          精加工型面
G0 X0 Y-10. ;
#1=0;
#2=0. 2;
N10 G18 G0 X-43. 59 Y#1 Z29. 39;
G1 G42 X-41. Z19. 73 F500;
G1 X-13. 66 Z27. 06 F100;
G3 X-8. 24 Z25. 06 R5. ;
G2 X9. 97 Z29. 94 R10. ;
G3 X13. 6 Z34. 38 R5. ;
G1 X41. Z41. 7;
G1 G40 X38. 41 Z51. 36 F500;
#1=#1+#2;
Y#1;
G1 G41 X41. Z41. 7;
G1 X13. 6 Z34. 38 F100;
G2 X9. 97 Z29. 94 R5. ;
G3 X-8. 24 Z25. 06 R10. ;
G2 X-13. 66 Z27. 06 R5. ;
G1 X-41. Z19. 73;
G1 G40 X-43. 59 Z29. 39 F500;
#1=#1+#2;
Y#1;
IF [#1 LE 25]GOTO 10;
G0 Z80. ;
M5;
M30;
```

(4) 加工程序 （SIEMENS 系统）

```
XXM. MPF;
T1 D1;                       φ18mm 球形刀,去 R10mm 凹形面余量
G90 G54 G0 X0 Y-10. M3 S700;
```

```
Z80.；

Z40.；

/G1 Z25.72 F60；

/Y35.；

/Z21.72；

/Y-10.；

N2；                         精加工型面

G0 X0 Y-10.；

R1=0 R2=0.2；

AA:G18 G0 X-43.59Y#1 Z29.73；

G1 G42 X-41.Z19.73 F500；

G1 X-13.66 Z27.06 F100；

G3 X-8.24 Z25.06 CR=5.；

G2 X9.97 Z29.94 CR=10.；

G3 X13.6 Z34.38 CR=5.；

G1 X41. Z41.7；

G1 G40 X38.41 851.7 F 500；

R1=R1+R2；

Y=R1；

G1 G41 Z41.7；

G1 X13.6 Z34.38 F100；

G2 X9.97 Z29.94 CR=5.；

G3 X-8.24 Z25.06 CR=10.；

G2 X-13.66 Z27.06 CR=5.；

G1 X-41. Z19.73；

G1 G40 X-43.59 Z29.73 F500；

R1=R1+ R2；

Y=R1；

IF R1< =25.GOTOB AA；

G0 Z80.；

M5；

M30；
```

方法二：装夹 80mm 两侧面，采用 ϕ18mm 平底刀加工。

(1) 工艺分析

零件毛坯为六面体，现加工 15°斜面及 R10mm、R5mm 相切型面。零件采用机用虎钳装夹，零件装夹时钳口内夹持部分应在 18mm 以内（可保证最大限度夹持零件，且加工时需注意刀具的走刀轨迹不至于切伤机用虎钳），零件装夹示意图见图 5-49。工件采用 ϕ18mm 平底刀加工，由于工件装夹刚性较差，切削时应防止工件松动，因此切削用量的选择尤为重要，尤其是去 R10mm 凹形面余量可采用垂直落刀、径向分步去除的加工步骤。

（2）加工步骤

工步号	工步内容	刀具类型	切削用量			夹具
			主轴转速/(r/min)	进给速度/(mm/min)	背吃刀量/mm	
1	去 $R10$mm 凹形面余量	ϕ18mm 平底刀	700	60		机用虎钳夹持 80mm 两侧面
2	精加工型面	ϕ18mm 平底刀	700	100		

（3）加工程序（FANUC 系统）

图 5-50 所示为工步 1、2 走刀路径。

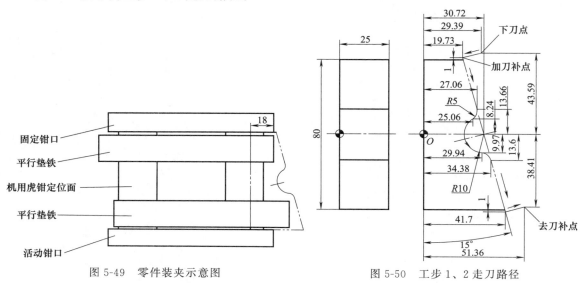

图 5-49　零件装夹示意图　　　　　图 5-50　工步 1、2 走刀路径

```
O0001;
N1;                            去 R10mm 凹形面余量
T1 M6;                         φ18mm 平底刀
G90 G54 G0 X36.72 Y0 M3 S700;
Z50.;
Z10.;
/G1 Z-25.2 F60;
/Z2. F200;
/X33.72;
/G1 Z-25.2 F60;
/Z2. F200;
/X30.72
/G1 Z-25.2 F60;
/X31.;
G1Z10. F200
N2;                            精加工
G0 X29.39 Y43.59;
G1 Z-12.5 F100;
D01 M98 P1001;
```

```
G1 Z-25. 2 F100;
M98 P1001;
D11 M98 P1001;
G0 Z50. ;
M5;
M30;


O 1001;                    精铣型面子程序
G1 X29. 39 Y43. 59 F100;
G41 X19. 73 Y41. ;
G1 X27. 06 Y13. 66;
G2 X25. 06 Y8. 24 R5. ;
G3 X29. 94 Y-9. 97 R10. ;
G2 X34. 38 Y-13. 6 R5. ;
G1 X41. 7 Y-41. ;
G1 G40 X51. 36 Y-38. 41;
G1 X29. 39 Y43. 59 F500;
M99;
```

（4）加工程序（SIEMENS 系统）

```
JG. MPF;
T1 D1;                     φ18mm 平底刀，去 R10mm 凹形面余量
G90 G54 G0 X36. 72 Y0 M3 S700;
Z50. ;
Z10. ;
/G1 Z-25. 2 F60;
/Z2. F200;
/X33. 72;
/G1 Z-25. 2 F60;
/Z2. F200;
/X30. 72
/G1 Z-25. 2 F60;
/X31. ;
G1 Z10. F200
G0 X29. 39 Y43. 59;        精加工
G1 Z-12. 5 F100;
D1 LJXXM;
G1 Z-25. 2 F100;
LJXXM;
D2 LJXXM;
G0 Z50. ;
M5;
M30;
```

```
LJXXM.SPF;                              精铣型面子程序
G1 X29. 39 Y43. 59 F100;
G41 X19. 73 Y41. ;
G1 X27. 06 Y13. 66;
G2 X25. 06 Y8. 24 CR=5. ;
G3 X29. 94 Y-9. 97 CR=10. ;
G2 X34. 38 Y-13. 6 CR=5. ;
G1 X41. 7 Y-41. ;
G1 G40 X51. 36 Y-38. 41;
G1 X29. 39 Y43. 59 F500;
M17;
```

第**6**章

数控铣床/加工中心典型零件加工

【例1】 完成图 6-1 所示零件的加工，毛坯为 100mm×80mm×15mm 六面体。

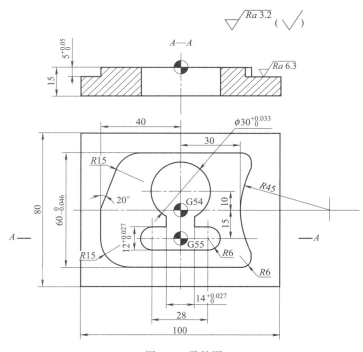

图 6-1 零件图

(1) 工艺分析

零件毛坯为六面体，现加工型台、型槽，零件采用机用虎钳装夹。零件的加工关键在于刀具的选择、加工步骤的确定，$\phi 30$mm 孔可采用铣削加工或镗削加工完成，本例中采用铣削加工。为便于零件各加工尺寸的保证，$\phi 30$mm 孔、14mm 宽槽、12mm 宽槽分工步进行。工步 1 采用 $\phi 20$mm 平底刀，工步 2～4 采用 $\phi 10$mm 平底刀，这样可减少刀具的数量及加工中的换刀过程。为了编程方便，工步 1～3 采用 G54 坐标系，工步 4 采用 G55 坐标系。

（2）加工步骤

工步号	工步内容	刀具类型	切削用量			夹具
			主轴转速 /(r/min)	进给速度 /(mm/min)	背吃刀量 /mm	
1	铣型台	φ20mm 平底刀	500	100		机用虎钳夹持 80mm 两侧面
2	铣 φ30mm 孔	φ10mm 平底刀	800	100		
3	铣 14mm 宽槽	φ10mm 平底刀	800	100		
4	铣 12mm 宽槽	φ10mm 平底刀	800	100		

零件立体图见图 6-2。

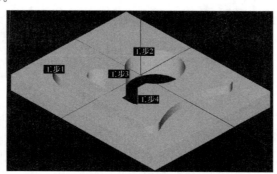

图 6-2 零件立体图

（3）加工程序（FANUC 系统）

① 图 6-3 所示为工步 1 走刀路径及节点坐标。

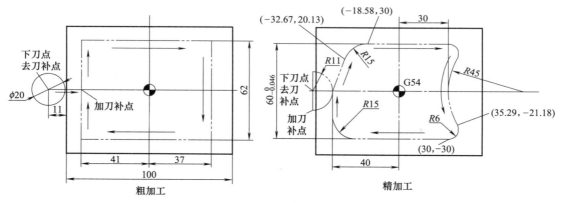

图 6-3 工步 1 走刀路径及节点坐标

```
O1;
N1;                    粗加工
T1 M6;                 φ20mm 平底刀
G90 G54 G0 X-61. Y0 M3 S500;
G0 G43 Z50. H01;
Z10. ;
G1 Z-5.01 F100;
/G41 X-41. D01;
/Y31. ;
```

```
/X37. ;
/Y-31. ;
/X-41. ;
/Y0 ;
/G1 G40 X-61. ;
N2 ;
G90 G54 G1 X-51. Y0 F100 ;
G1 G41 Y-11. D01 ;
G3 X-40. Y0 R11. ;
G1 X-32. 67 Y20. 13 ;
G2 X-18. 58 Y30. R15. ;
G1 X30. ;
G2 X32. 59 Y21. 18 R6. ;
G3 Y-21. 18 R45. ;
G2 X30. Y-30. R6. ;
G1 X-25. ;
G2 X-40. Y-15. R15. ;
G1 Y0 ;
G3 X-51. Y11. R11. ;
G1 G40 Y0 ;
G0 Z50. ;
M5 ;
M30 ;
```

② 图 6-4 所示为工步 2～4 走刀路径及节点坐标。

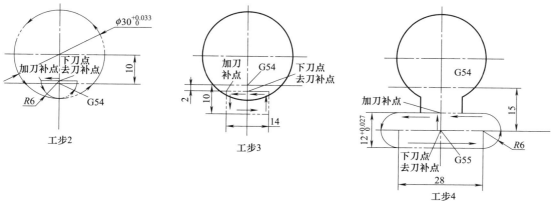

图 6-4　工步 2～4 走刀路径及节点坐标

```
O2 ;
N1 ;                          工步 2
T2 M6 ;                       $\phi$10mm 平底刀
G90 G54 G0 X0 Y1. 0 M3 S800 ;
G0 G43 Z50. H02 ;
```

```
Z10. ;
/G1 Z0 F100;
/G2 J9. Z-5. ;
/G2 J9 Z-10. ;
/G2 J9. Z-15.1;
G1 G41 X-6. D02;
G3 X0 Y-5. R6. ;
G3J15. ;
G3 X6. Y1. 0 R6. ;
G1 G40 X0;
N2;                                      工步3
/G1 Z-7.5 F60;
/Y-15. ;
/X-14. ;
/X14. ;
/Z-15.1;
/X-14. ;
/X0;
X0 Y-2. ;
Z-15.1;
G1 G41 X-7. D02;
Y-10. ;
X7. ;
Y-2. ;
G1 G40 X0;
N3;                                      工步4
G90 G55 X0 Y0 M3 S800;
G1 Z-15. 1 F100;
G1 G41 Y6. ;
X-14. ;
G3 Y-6. J-6. ;
G1 X14. ;
G3 Y6. J6. ;
G1 X0;
G1 G40 Y0;
G0 Z50. ;
M5;
M30;
```

【例2】　完成图 6-5 所示零件的加工，毛坯为 70mm×50mm×12mm 六面体。

(1) 工艺分析

零件毛坯为六面体，现加工型槽、孔、封闭槽，零件采用机用虎钳装夹。加工零件时 $\phi 20$mm 孔可采用铣削加工或镗削加工完成，本例中采用铣削加工。$\phi 6$mm 孔采用钻、铰完成加工。$\phi 5$mm 孔钻削后，$\phi 8$mm 沉孔可采用 $\phi 8$mm 平底刀铣沉孔，当然也可选用 $\phi 8$mm 沉孔钻扩孔完成加工，本例采用铣刀保证，此时刀具端刃应保证与刀具轴线垂直。宽 8mm、长 7mm 槽的加工也可采用刃磨过的 $\phi 8$mm 平底刀（如磨到 $\phi 7.6$mm）去余量，再用 $\phi 8$mm 平底刀精加工至尺寸，与 $\phi 6$mm 平底刀加工相比，加工中的优劣读者可自行比较。本例加工为了编程方便分别采用了 G54、G55、G56 三个坐标系原点。

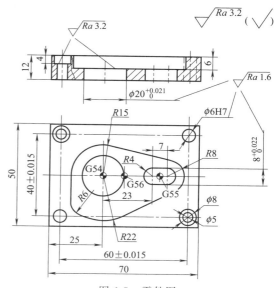

图 6-5　零件图

(2) 加工步骤

工步号	工步内容	刀具类型	切削用量			夹具
			主轴转速 /(r/min)	进给速度 /(mm/min)	背吃刀量 /mm	
1	铣 $\phi 20$mm 孔	$\phi 14$mm 平底刀	900	100		机用虎钳夹持 50mm 两侧面
2	铣深 6mm 型槽	$\phi 14$mm 平底刀	900	100		
3	铣 8mm 宽封闭槽	$\phi 6$mm 平底刀	1000	60		
4	钻 2 处 $\phi 5.8$mm 通孔	$\phi 5.8$mm 钻头	1000	60		
5	铰 2 处 $\phi 6$mm 通孔	$\phi 6$mm 铰刀	200	40		
6	钻 2 处 $\phi 5$mm 通孔	$\phi 5$mm 钻头	1000	60		
7	铣 2 处 $\phi 8$mm 深 4mm 沉孔	$\phi 8$mm 平底刀	900	100		

零件立体图见图 6-6。

(3) 加工程序（FANUC 系统）

① 图 6-7 所示为工步 1 走刀路径及节点坐标，零点为 G54。

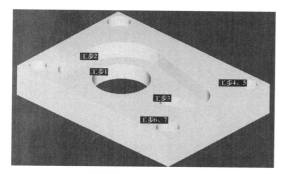

图 6-6　零件立体图

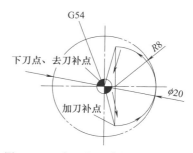

图 6-7　工步 1 走刀路径及节点坐标

```
O1;

T1 M6;                    φ14mm 平底刀
```

```
G90 G54 G0 X2.5 Y0 M3 S900;
G0 G43 Z50.H01;
Z10.;
/G1 Z0 F100;
/G2 I-2.5Z-4.;
/G2 I-2.5Z-8.;
/G2 I-2.5Z-12.1;
G1 X0 Y0 F100;
G1 Z-12.1;
G1 G41 X2.Y-8.D01;
G3 X10.Y0 R8.;
G3 I-10.;
G3 X2.Y8.R8.;
G1 G40 X0 Y0;
G0 Z50.;
M5;
M30;
```

φ5mm 螺旋下刀(图 6-8)

② 图 6-8 所示为工步 2 走刀路径及节点坐标。

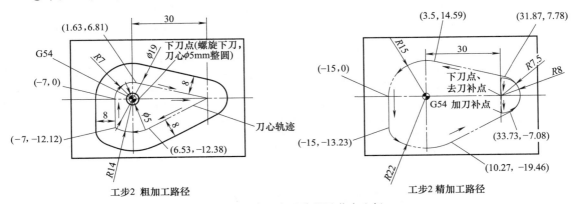

图 6-8 工步 2 走刀路径及节点坐标

```
O2;
N1;                          粗加工
T1 M6;                       φ14mm 平底刀
G90 G54 G0 X0 Y0 M3 S900;
G0 G43 Z50.H01;
Z10.;
G1 Z-6.F100;
X30.;
X6.53 Y-12.38;
G2 X-7.Y-12.12 R14.;
G1 Y0;
```

```
G2 X1. 63 Y6. 81R7. ；
G1 X30. Y0；
N2；                          精加工
G90 G54 G1 X30. Y0 F100；
G1 Z-6. ；
G1 G41 X30. 5 Y-7. 5D11；
G3 X38. Y0 R7. 5；
G3 X31. 87 Y7. 78 R8. ；
G1 X3. 5 Y14. 59；
G3 X-15. Y0 R15. ；
G1 Y-13. 23；
G3 X10. 27 Y-19. 46 R22. ；
G1 X33. 73 Y-7. 08；
G3 X38. Y0 R8. ；
G3 X30. 5 Y7. 5 R7. 5；
G1 G40 X30. Y0；
G0 Z50. ；
M5；
M30；
```

③ 图 6-9 所示为工步 3 走刀路径及节点坐标。

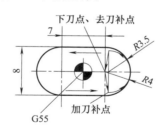

图 6-9　工步 3 走刀路径及节点坐标

```
O3；
T2 M6；                       φ6mm 平底刀
G90 G55 G0 X3. 5 Y0 M3 S900；
G0 G43 Z50. H02；
Z10. ；
G1 Z-9. F100；
X-3. 5. ；
G1 Z-12. 1；
X3. 5；
G1 G41 X4. Y-3. 5D2；
G3 X7. 5 Y0 R3. 5；
G3 X3. 5 Y4. R4. ；
G1 X-3. 5；
```

```
G3 Y-4. J-4. ;
G1 X3.5;
G3 X7.5 Y0 R4. ;
G3 X4. Y3.5 R3.5;
G1 G40 X3.5 Y0;
G0 Z50. ;
M5;
M30;
```

④ 工步 4、工步 5 加工程序，零点为 G56（零件上表面对称中心）。

```
O4;
N1;
T3 M06;                          φ5.8mm 钻头
G90 G56 G0 X0 Y0 M3 S1000;
G0 G43 Z50. H03;
Z10. ;
G99 G81 X30. Y20. Z-16. R2.0 F50;
X-30. Y-20. ;
G80;
G91 G28 Z0;
M05;
N2;
T4 M6;                           φ6mm H7 铰刀
G90 G56 G0 X0 Y0 M3 S200;
G0 G43 Z50. H04;
Z10. ;
G99 G85 X30. Y20. Z-15. R2.0 F50;
X-30. Y-20. ;
G80;
G0 Z50. ;
M5;
M30;
```

⑤ 工步 6、工步 7 加工程序，零点为 G56（零件上表面对称中心）。

```
O5;
N1;
T5 M06;                          φ5mm 钻头
G90 G56 G0 X0 Y0 M3 S1000;
G0 G43 Z50. H05;
Z10. ;
G99 G81 X-30. Y20. Z-16. R2.0 F50;
X30. Y-20. ;
```

```
G80;
G91 G28 Z0;
M05;
N2;
T6 M6;                        φ8mm 平底刀
G90 G56 G0 X0 Y0 M3 S1000;
G0 G43 Z50.H06;
Z10.;
G99 G85 X-30.Y20.Z-4.R2.0 F50;
X30.Y-20.;
G80;
G0 Z50.;
M5;
M30;
```

【**例3**】 完成图 6-10 所示零件的加工，毛坯为 80mm×60mm×12mm 六面体。

（1）**工艺分析**

零件毛坯为六面体，现加工型面、槽、孔。刀具为 φ12mm 钻头、φ10mm 平底刀，零件采用机用虎钳装夹。零件须经 3 次装夹完成加工，工步 1、2 用零件对称中心为编程零点。工步 3、4 均用零件装夹后的右侧端面为 X 轴零点，工步 3、4 装夹后注意留出加工位置，各表面加工时注意刀具切入切出点均需沿零件表面轮廓向外延伸。

（2）**加工步骤**

工步号	工步内容	刀具类型	切削用量			夹具
			主轴转速 /(r/min)	进给速度 /(mm/min)	背吃刀量 /mm	
1	钻 φ12mm 孔	φ12mm 钻头	800	100		机用虎钳装夹 60mm 两侧面
2	铣左右 2 处型槽	φ10mm 平底刀	900	60		
3	铣(R85mm)凹圆弧面	φ10mm 平底刀	900	60		机用虎钳装夹 80mm 两侧面
4	铣 R80mm 凸圆弧面	φ10mm 平底刀	900	60		机用虎钳装夹 80mm 两侧面

零件立体图见图 6-11。

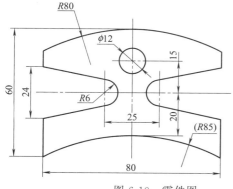

图 6-10 零件图

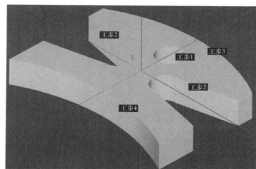

图 6-11 零件立体图

（3）**加工程序**（FANUC 系统）

① 工步 1：钻孔。

```
O1;
T1 M06;                    φ12mm 钻头
G90 G54 G0 X0 Y15. M3 S800;
G0 G43 Z50. H01;
Z10. ;
G99 G81 X0 Y15. Z-16. R5. F100;
G80;
G0 Z50. ;
M05;
M30;
```

② 图 6-12 所示为工步 2 走刀路径及节点坐标，零点为 G54。

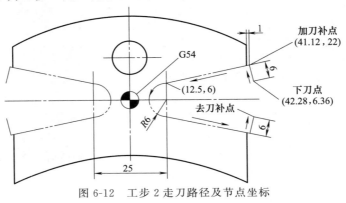

图 6-12　工步 2 走刀路径及节点坐标

```
O2;
T2 M6;
G90 G54 G0 X0 Y0 M3 S900;
G0 G43 Z50. H02;
Z10. ;
N1;
/X-46. Y0;
/G1 Z-6. F100;
/X-12. 5;
/Z-12. 1;
/X-46. ;
/G0 Z10. ;
/X46. ;
/G1 Z-6. ;
/X12. 5;
/Z-12. 1;
X46. ;
N2;
D2 M98 P1001;
G90 G68 X0 Y0 R180. ;
```

```
D2 M98 P1001；
G69；
G0 Z50.；
M5；
M30；


O1001；
G90 G1 X42.28 Y6.36；
G1 Z-12.1 F100；
G1 G41 X41.12 Y22.；
X12.5 Y6.；
G3 Y-6. J-6.；
G1 X41.12 Y-22.；
G1 G40 X42.28 Y-6.36；
G1 Z10. F300；
M99；
```

③ 图 6-13 所示为工步 3 走刀路径及节点坐标，零点为 G55。

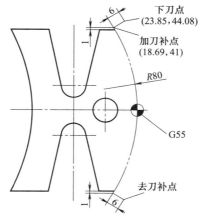

图 6-13　工步 3 走刀路径及节点坐标

```
O3；
T2 M6；
G90 G55 G0 X23.85 Y44.08 M3 S900；
G0 G43 Z50. H03；
Z10.；
G1 Z-12.1 F60；
G1 G41 X18.69 Y41. D3；
G2 Y-41. R80.；
G1 G40 X23.85 Y-44.08；
G0 Z50.；
M5；
M30；
```

④ 图 6-14 所示为工步 4 走刀路径及节点坐标,零点为 G56。

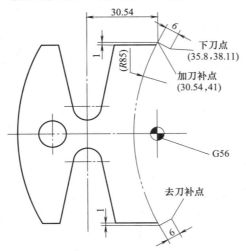

图 6-14　工步 4 走刀路径及节点坐标

```
O4;
T2 M6;
G90 G56 G0 X35.8 Y38.1 M3 S900;
G0 G43 Z50.H02;
Z10.;
G1 Z-12.1 F100;
G1 G41 X30.54 Y41. D2;
G3 Y-41. R85.;
G1 G40 X35.8 Y-38.11;
G0 Z50.;
M5;
M30;
```

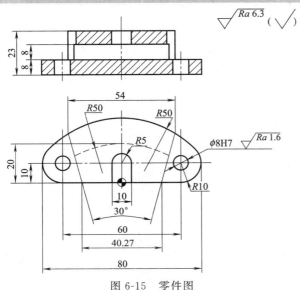

图 6-15　零件图

【例 4】 完成图 6-15 所示零件的加工,毛坯为 81mm×34mm×24mm 六面体。

(1) 工艺分析

零件毛坯为六面体,现加工凸台、槽、孔。刀具为 $\phi7.8$mm 钻头、$\phi8$mm 铰刀、$\phi40$mm 立铣刀、$\phi18$mm 平底刀、$\phi8$mm 平底刀、$\phi80$mm×8mm×27mm 三面刃铣刀,零件采用螺钉压板装夹。螺钉压板装夹时零件直接压在工作台面上,应让出切削位置以免干涉。零件装夹刚性差,去余量采用分层切削,切削用量应选得小些。零件翻转装夹完成工步 3 加工,工步 4 压紧需倒压板。工步 6 采用径向进刀(Y 轴)去 $R50$mm 余量,再编程按轨

迹铣削 $R50\text{mm}$ 内圆弧槽。当然以上的装夹方法是基于单件生产，如果零件数量较多可考虑机用虎钳装夹完成 $\phi 8\text{mm}$ 孔加工，然后以一面两孔定位（即设计一个专用夹具），完成后续加工。

（2）加工步骤

工步号	工步内容	刀具类型	切削用量			夹具
			主轴转速 /(r/min)	进给速度 /(mm/min)	背吃刀量 /mm	
1	钻 2 处 $\phi 8\text{mm}$ 孔,深 15mm	$\phi 7.8\text{mm}$ 钻头	700	100		螺钉压板压紧 24mm 上表面(中间部位)
2	铰 2 处 $\phi 8\text{mm}$ 孔,深 12mm	$\phi 8\text{mm}$ 铰刀	400	40		
3	铣 $R10\text{mm}$、$R50\text{mm}$、$R10\text{mm}$ 相切型面,切深 23.1mm	$\phi 18\text{mm}$ 平底刀	800	100		
4	铣上表面中部 56mm 宽直槽,保证高度尺寸 23mm	$\phi 40\text{mm}$ 立铣刀	700	100		零件翻转,螺钉压板压紧 24mm 上表面(长度方向两端)
5	铣 30° 两侧面	$\phi 18\text{mm}$ 平底刀	800	100		螺钉压板压紧 23mm 上表面
6	铣宽 10mm 开口槽	$\phi 8\text{mm}$ 平底刀	900	60		
7	铣宽 8mm、$R50\text{mm}$ 内圆弧槽	$\phi 80\text{mm} \times 8\text{mm} \times 27\text{mm}$ 三面刃铣刀	400	60		

零件立体图见图 6-16。

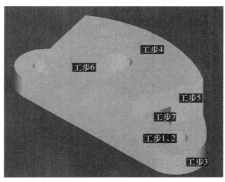

图 6-16　零件立体图

（3）加工程序 （FANUC 系统）

① 工步 1、工步 2：加工两处 $\phi 8\text{mm}$ 孔。

```
O1;
T1 M6;                                φ7.8mm 钻头
G90 G54 G0 X0 Y0 S600 M3;             G54 为零件装夹后上表面处
G0 G43 Z50.H01;
Z10. ;
G99 G81 X-30. Y10. Z-15. R2. F50;
X30. ;
G80;
G0 Z50. ;
G91 G28 Z0;
```

```
T2 M6;                                      φ8mm 铰刀
G90 G54 G0 X- 30.Y10.S300 M3;
G0 G43 Z50.H02;
Z10.;
G99 G85 X30.Y10.Z-12.R2.F40;
X30.;
G80;
G0 Z50.;
M5;
M30;
```

② 图 6-17 所示为工步 3 走刀路径及节点坐标, 零点为 G54。

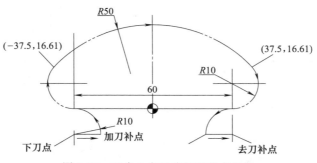

图 6-17 工步 3 走刀路径及节点坐标

```
O2;
T3 M6;                                      φ18mm 平底刀
G90 G54 G0 X-30.Y-10.M3 S800;
G0 G43 Z50.H03;
Z10.;
G1 Z-12.F100;
/D03 M98 P1000;                             去余量
Z-23.1 F100;
/D03 M98 P1000;
G1 X-30.Y-10.F1000;
Z-23.1;
D13 M98 P1000;                              精铣
G0 Z50.;
M5;
M30;

O1000;
G1 X-30.Y-10.F1000;
G41 X-20.F100;
G3 X-30.Y0 R10.;
```

```
G2 X-37.5 Y16.61 R10.;
G2 X37.5 R50.;
G2 X30.Y0R10.;
G3 X20.Y-10.R10.;
G1 G40 X30.;
M99;
```

③ 图 6-18 所示为工步 4 走刀路径及节点坐标。

```
O3;                              φ40mm 立铣刀
T4 M6;
G90 G55 X-8.Y55.M3 S700;         G55 为零件 23mm 上表面处
G0 G43 Z50.H04;
Z10.;
G1 Z0 F100;
Y-22.;
X8.;
Y55.;
G0 Z50.;
M5;
M30;
```

④ 图 6-19 所示为工步 5 走刀路径及节点坐标。

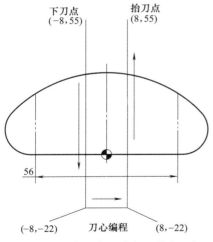

图 6-18　工步 4 走刀路径及节点坐标

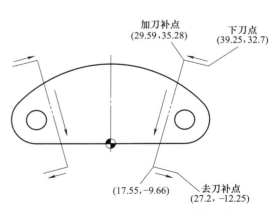

图 6-19　工步 5 走刀路径及节点坐标

```
O4;
T3 M6;
G90 G54 G0 X39.25 Y32.7M3 S800;
G0 G43 Z50.H03;
Z10.;
/G1 Z-14.5 F100;
```

```
/X27. 2 Y-12. 25；
/X-27. 2 F1000；
/X-39. 25 Y32. 7；
G0 Z10. ；
X39. 25 Y32. 7；
D03 M98 P1004；
G68 X0 Y0 R180. ；
D03 M98 P1004；
G69；
G0 Z50. ；
M5；
M30；

O 1004；
G0 X39. 25 Y32. 7；
G1 Z-15. F100；
G41 X29. 59 Y35. 28；
X17. 55 Y-9. 66；
G40 X27. 2 Y-12. 25；
G0 Z10. ；
M99；
```

⑤ 图 6-20 所示为工步 6 走刀路径及节点坐标。

```
O5；
T5 M6；
G90 G54 G0 X0 Y-5. M3 S900；          φ8mm 平底刀
G0 G43 Z50. H05；
Z10. ；
/G1 Z-3. 5 F60；
/Y10. ；
/Z-7. 1；
/Y-5. ；
G1 Z-7. 1 F60；
G1 G41 X5. D05；
G1 Y10. ；
G3 X-5. I-5. J0；
G1 Y-5. ；
G1 G40 X0；
G0 Z50. ；
M5；
M30；
```

⑥ 图 6-21 所示为工步 7 走刀路径及节点坐标。

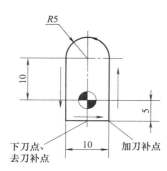

图 6-20 工步 6 走刀路径及节点坐标

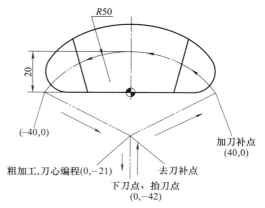

图 6-21 工步 7 走刀路径及节点坐标

```
O6;
T6 M6;                              φ80mm×8mm×27mm 三面刀
G90 G54 G0 X0 Y-42.M3 S400;
G0 G43 Z50.H06;
Z10.;
G1 Z-15.F100;
G1 Y-21.F40;
G41 X40.Y0 D06;
G3 X-40.R50.;
G1 G40 X0 Y-21.;
Y-42.;
G0 Z50.;
M5;
M30;
```

【例5】 加工图 6-22 所示槽轮零件，毛坯为 φ60mm×12mm 圆柱体，中部孔已车削完成加工。

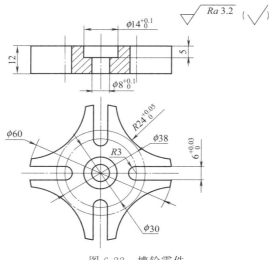

图 6-22 槽轮零件

(1) 工艺分析

零件毛坯为圆柱体，现加工外形及槽。刀具为 ϕ5mm 平底刀、ϕ20mm 平底刀，零件采用螺钉压板装夹。零件采用螺钉压板两次装夹完成加工，第二次装夹时需倒压板完成装夹。图 6-23 为零件装夹示意图。

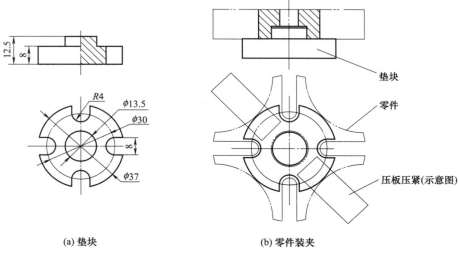

12.5 ∞

R4 ϕ13.5
ϕ30
∞
ϕ37

垫块
零件
压板压紧(示意图)

(a) 垫块　　　　　　(b) 零件装夹

图 6-23　零件装夹示意图

(2) 加工步骤

工步号	工步内容	刀具类型	切削用量			夹具
			主轴转速 /(r/min)	进给速度 /(mm/min)	背吃刀量 /mm	
1	铣 1、3 象限 2 处 R24mm 凹圆弧	ϕ20mm 平底刀	600	100		螺钉压板压紧,零件底部加垫块
2	铣 4 处宽 6mm 槽	ϕ5mm 平底刀	1000	40		
3	铣 2、4 象限 2 处 R24mm 凹圆弧	ϕ20mm 平底刀	600	100		螺钉压板压紧(倒压板)

零件立体图见图 6-24。

(3) 加工程序（FANUC 系统）

① 图 6-25 所示为工步 1 走刀路径及节点坐标。

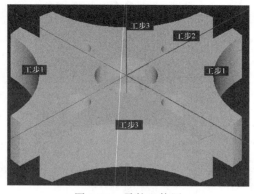

图 6-24　零件立体图

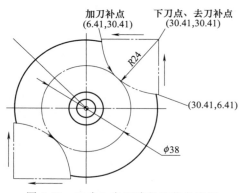

加刀补点
(6.41,30.41)
下刀点、去刀补点
(30.41,30.41)
R24
(30.41,6.41)
ϕ38

图 6-25　工步 1 走刀路径及节点坐标

```
O1；
T1 M6；                                      φ20mm 平底刀
G90 G54 G0 X30. 41 Y30. 41 M3 S600；
G0 G43 Z50. H01；
Z10. ；
/G1 Z-6. F100；
/M98 P1000；
G69；
G90 G0 X30. 41 Y30. 41；
G1 Z-12. 1 F100；
M98 P1000；
G69；
G0 Z50. ；
M5；
M30；

O 1000；
G0 X30. 41 Y30. 41；
G1 G41 X6. 41 D01 F100；
G3 X30. 41 Y6. 41 R24. ；
G1 G40 Y30. 41；
G68 X0 Y0 R180. ；
M99；
```

② 图 6-26 所示为工步 2 走刀路径及节点坐标。

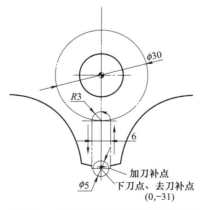

图 6-26　工步 2 走刀路径及节点坐标

```
O2；
T2 M6；                                      φ5mm 平底刀
G90 G54 G0 X0 Y0 M3 S1000；
G0 G43 Z50. H02；
Z10. ；
```

```
M98 P041001;
G0 Z50. ;
M5;
M30;

O 1001;
G90 G0 X0 Y-34. ;
G0 Z0;
/M98 P61002;
G90 Y-31. ;
G1 Z-12.1F40;
G41 X3. D02;
G1 Y-15. ;
G3 X-3. I-3. J0;
G1 Y-31. ;
G40 X0;
G0 Z10. ;
G68 X0 Y0 G91 R90. ;
M99;

O 1002;
G90 G1 X0 Y-34. F100;
G91 Z-1. ;
Y19. ;
Z-1. ;
Y-19. ;
M99;
```

③ 工步 3 加工程序。

```
O3;
T1 M6;                                    ϕ20mm 平底刀
G90 G54 G0 X-30. 41 Y30. 41 M3 S600;
G0 G43 Z50. H01;
Z10. ;
/G1 Z-6. F100;
/M98 P1003;
G69;
G90 G0 X-30. 41 Y30. 41;
G1 Z-12. 1 F100;
M98 P1003;
G69;
G0 Z50. ;
```

```
M5;
M30;


O 1003;
G0 X-30.41 Y30.41;
G1 G41 Y6.41 D01 F100;
G2 X-6.41 Y30.41 R24.;
G1 G40 X-30.41;
G68 X0 Y0 R180.;
M99;
```

【例6】 完成图 6-27 所示零件的加工。零件毛坯尺寸为 $100^{+0.1}$ mm$\times 100^{+0.1}$ mm$\times 30^{+0.1}$ mm，现加工型台面及孔。

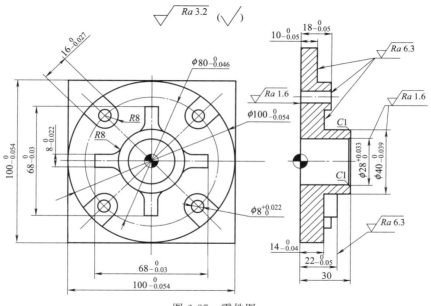

图 6-27 零件图

(1) 工艺分析

零件毛坯为六面体，现加工型台面及孔。零件属于规则矩形零件，其上面具有一些均匀分布的型台、孔。编程时可以考虑采用坐标旋转指令或镜像指令，调用子程序完成加工。零件应进行粗、精加工。加工型台时，刀具的选择受到了型面的限制。4 处 ϕ8mm 孔采用钻、铰完成；ϕ28mm 孔采用铣（螺旋下刀）、精镗完成。零件零点设置如图 6-27 所示（Z 向尺寸基准为下表面，因此零点设置在此处）。

(2) 加工步骤

工步号	工步内容	刀具类型	切削用量			夹具
			主轴转速 /(r/min)	进给速度 /(mm/min)	背吃刀量 /mm	
1	粗铣 ϕ100mm、ϕ40mm 台阶面	ϕ20mm 平底刀	600	100		机用虎钳装夹 100mm 两侧面
2	粗铣型台去中部余量，16mm 宽斜台顶面至尺寸	ϕ20mm 平底刀	600	100		

工步号	工步内容	刀具类型	切削用量			夹具
			主轴转速 /(r/min)	进给速度 /(mm/min)	背吃刀量 /mm	
3	铣 ϕ28mm 孔至 ϕ27mm	ϕ20mm 平底刀	600	100		
4	精铣 ϕ100mm、ϕ40mm 台阶面	ϕ20mm 平底刀	600	100		
5	粗铣宽 16mm 均布型台	ϕ10mm 平底刀	800	100		
6	精铣各均布型台	ϕ10mm 平底刀	800	100		
7	加工 4×ϕ8mm 孔	ϕ7.8mm 钻头	600	100		
8	加工 4×ϕ8mm 孔	ϕ8mm 铰刀	300	50		
9	镗 ϕ28mm 孔	ϕ28mm 镗刀	600	100		
10	倒 ϕ40mm、ϕ28mm 处 45°角	ϕ20mm 倒角刀，刀角 C4mm	600	100		

零件立体图见图 6-28。

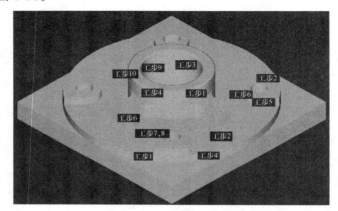

图 6-28　零件立体图

(3) 加工程序（FANUC 系统）

① 工步 1～5 加工程序。图 6-29 所示为工步 2、5 刀具路径及节点坐标。

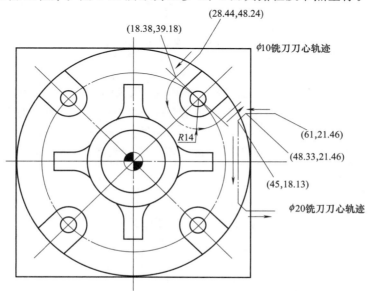

图 6-29　工步 2、5 刀具路径及节点坐标

```
O1；                          工步 1～3 加工程序
N1；
T1 M6；                       φ20mm 平底刀
G90 G54 G0 X60.5 Y0 M3 S600；
G0 G43 Z80. H01；
Z40. ；
G1 Z10.2 F100；
G2 I-60.5；
G1 Z22.2；
X45. ；
G2 I-45. ；
G1 X30.5；
G2 I-30.5；
G1 Z30.5；
N2；
G0 X50. Y50. ；
M98 P041000；
G69；
N3；
G1 Z30.5 F200；
X3.5 Y0；                     铣 φ28mm 孔至 φ27mm
G3 Z25. I-3.5 F100；
G3 Z20. I-3.5；
G3 Z15. I-3.5；
G3 Z10. I-3.5；
G3 Z5. I-3.5；
G3 Z-0.2 I-3.5；
G1 Z50. F200；
M5；
M30；


O 1000；
G90 G0 X50. Y50. ；
G1 Z17.98 F100；
X28.28 Y28.28；
X61. Y21.46 F200；
Z13.97 F100；
X48.33；
X45. Y18.13；
Y-18.13；
X48.33 Y-21.46；
```

```
X61. ;
G1 Z30. 5 F200;
G68 X0 Y0 G91 R90. ;
M99;


O 4;                                      工步 4 加工程序
N1;
T1 M6;
G90 G54 G0 X60. 5 Y0 M3 S600;
G0 G43 Z80. H01;
Z40. ;
G1 Z9. 98 F100;
G41 Y10. 5 D01;
G3 X50. Y0 R10. 5;
G2 I-50. ;
G3 X60. 5 Y-10. 5 R10. 5;
G1 G40 Y0;
N2;
G1 Z21. 98 F100;
X30. 5;
G1 G41 Y10. 5 D01;
G3 X20. Y0 R10. 5;
G2 I-20. ;
G3 X30. 5 Y-10. 5 R10. 5;
G1 G40 Y0;
G0 Z50. ;
M5;
M30;


O 5;                                      工步 5 加工程序
T2 M6;                                     φ10mm 平底刀
G90 G54 X28. 44 Y48. 24 M3 S800;
G0 G43 Z80. H02;
Z40. ;
G1 Z20. 2 F100;
M98 PO41003;
G69;
G0 Z50. ;
M5;
M30;
```

```
O1003;
G90 G0 X28.44 Y48.24；
G1 Z13.97 F100；
X18.38 Y38.18；
G3 X38.18 Y18.38 I9.9 J-9.9；
G1 X48.24 Y28.44；
G0 Z30.5 F200；
G68 X0 Y0 G91 R90.；
M99；
```

② 图 6-30 所示为工步 6 刀具路径及节点坐标。

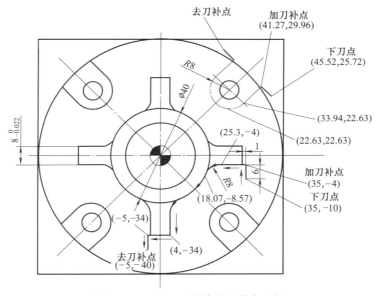

图 6-30　工步 6 刀具路径及节点坐标

```
O6；                              工步 6 加工程序
T2 M6；                           φ10mm 平底刀
G90 G54 X45.52 Y25.72 M3 S800；
G0 G43 Z80. H02；
Z40.；
M98 P041004；
G69；
M98 P041005；
G69；
G0 Z80.
M5；
M30；


O1004；                          铣宽 16mm 斜台
```

```
G90 G0 X45.52 Y25.72;
G1 Z13.97 F200;
G41 X41.27 Y29.96 D02;
G1 X33.94 Y22.63;
G2 X22.63 Y33.94 I-5.66 J5.66;
G1 X29.96 Y41.27;
G40 X25.72 Y45.52;
G0 Z30.5 F200;
G68 X0 Y0 G91 R90.;
M99;

O1005;
G90 G0 X35. Y-10.;
G1 Z13.97 F200;
G41 X35. Y-4. D02;
G1 X25.3;
G3 X18.07 Y-8.57 R8.;
G2 X8.57 Y-18.07 R20.;
G3 X4. Y-25.3 R8.;
G1 Y-34;
X-5.;
G1 G40 X-5. Y-40.;
G0 Z30.5 F200;
G68 X0 Y0 G91 R90.;
M99;
```

③ 工步 7~10 加工程序。

O7;	工步 7、8 加工程序
T3 M6;	φ7.8mm 钻头
G90 G54 G0 X0 Y0 M3 S600;	
G0 G43 Z81. H03;	
Z31.;	
G16;	极坐标系指令有效
G98 G81 X40. Y45. Z-6. R5. F100;	钻孔循环 第1孔,45°
Y135.;	第2孔,135°
Y225.;	第3孔,225°
Y315.;	第4孔,315°
G15 G80;	极坐标系指令、固定循环取消
G0 Z81.;	
M5;	
G91 G28 Z0;	
T4 M6;	φ8mm 铰刀

```
G90 G54 G0 X0 Y0 M3 S300;
G0 G43 Z81. H04;
Z31. ;
G16;                              极坐标系指令有效
G98 G85 X40. Y45. Z-6. R5. F50;   铰孔循环 第1孔,45°
Y135. ;                           第2孔,135°
Y225. ;                           第3孔,225°
Y315. ;                           第4孔,315°
G15 G80;                          极坐标系指令、固定循环取消
G0 Z81. ;
M5;
M30;


O 9;                              工步9加工程序
T5 M6;                            φ28mm 镗刀
G90 G54 X0 Y0 M3 S600;
G0 G43 Z80. H02;
Z40. ;
G98 G85 X0 Y0Z-5. R5. F50;
G80;
G0 Z80.
M5;
M30;


O10;                              工步10加工程序
T6 M6;                            φ20mm 倒角刀,如图6-31
所示
G90 G54 X0 Y0 M3 S600;
G0 G43 Z80. H06;
Z40. ;
Z28.5;
G1 G41 X5. Y-9. D06 F100;         D06 刀补值为7.5mm
G3 X14. Y0 R9. ;
G3 I-14. ;
G3 X5. Y9. R9. ;
G1 G40 X0 Y0;
G1 Z35. F300;
X30.
G41 Y10. F100;
G3 X20. Y0 R10. ;
G2 I-20. ;
```

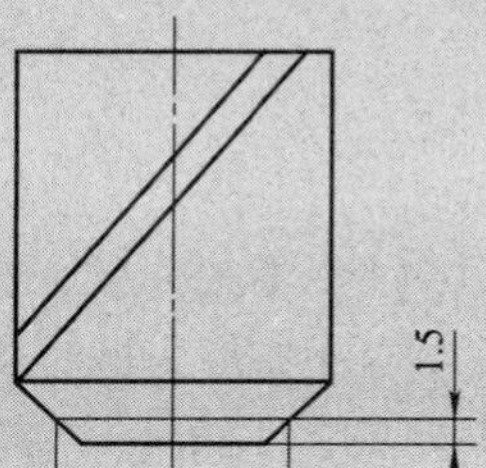

图6-31 倒角刀示意图

```
G3 X30.Y-10.R10.;
G1 G40 Y0;
G0 Z80.;
M5;
M30;
```

【例7】 完成图 6-32 所示零件的加工。零件毛坯为 $\phi80\text{mm}\times28\text{mm}$ 圆柱体，现加工型台面及槽。

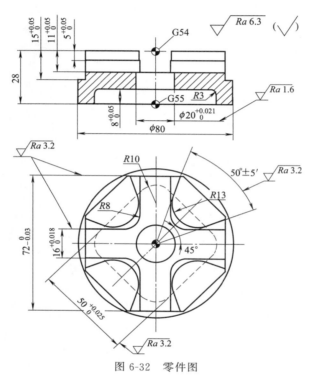

图 6-32 零件图

(1) 工艺分析

零件毛坯为圆柱体，现加工凸台、槽、孔。加工用刀具为 $\phi14\text{mm}$ 平底刀、$\phi16\text{mm}$ 圆角刀（刀角 $R3\text{mm}$）、镗刀。零件采用铣用三爪夹盘、机用虎钳装夹。零件分两次装夹，注意角向位置。铣四方槽时，由于装夹刚性问题，切削用量应小些。工步2、3采用坐标旋转调用子程序完成加工。四方槽也可采用 $\phi16\text{mm}$ 圆角刀直接进行粗精加工。

(2) 加工步骤

工步号	工步内容	刀具类型	切削用量			夹具
			主轴转速 /(r/min)	进给速度 /(mm/min)	背吃刀量 /mm	
1	铣深 15mm 六方台	$\phi14\text{mm}$ 平底刀	800	100		铣用三爪夹盘夹持 $\phi80\text{mm}$ 圆柱面
2	铣中部 $\phi20\text{mm}$ 孔至 $\phi19.5\text{mm}$,深 10mm	$\phi14\text{mm}$ 平底刀	800	100		
3	铣 4 处 50°、$R13\text{mm}$ 圆台,深 5mm	$\phi14\text{mm}$ 平底刀	800	100		
4	铣 4 处凸台,深 11mm	$\phi14\text{mm}$ 平底刀	800	100		
5	镗 $\phi20\text{mm}$ 孔至尺寸	$\phi20\text{mm}$ 镗刀	500	100		

续表

工步号	工步内容	刀具类型	切削用量			夹具
			主轴转速/(r/min)	进给速度/(mm/min)	背吃刀量/mm	
6	铣底部深 8mm、44mm×44mm 四方槽	φ14mm 平底刀	800	100		零件翻转,机用虎钳装夹八边形凸台平行面
7	铣深 8mm、50mm×50mm、R10mm 四方槽	φ16mm 圆角刀,刀角 R3mm	800	50		

零件立体图见图 6-33。

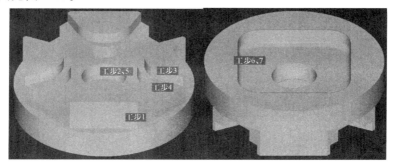

图 6-33　零件立体图

(3) 加工程序 (FANUC 系统)

① 图 6-34 所示为工步 1 的刀具路径及节点坐标。

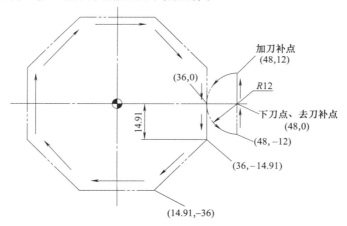

图 6-34　工步 1 的刀具路径及节点坐标

```
O1;
T1 M6;                          φ14mm 平底刀
G90 G54 X48.Y0 M3 S800;
G0 G43 Z50.H01;
Z10. ;
G1 Z-15.F100;
G1 G41 Y12.D01;
G3 X36.Y0 R12.;
G1 Y-14.91;
X14.91 Y-36. ;
```

```
X-14.91；
X-36.Y-14.91；
Y14.91；
X-14.91 Y36.；
X14.91；
X36.Y14.91；
Y0；
G3 X48.Y-12.R12.；
G1 G40 Y0；
G0 Z50.；
M5；
M30；
```

注：此例加工时可改变程序 G1 Z-15.F100 中的 Z 值完成深度的分层切削，轮廓的粗精加工可采用变换 D01 的刀补值完成加工，当然工步 1 由于切削余量不大，亦可一次切削保证至尺寸。

② 工步 2 加工程序。

```
O2
T1 M6；                          φ14mm 平底刀
G90 G54 X0 Y0 M3 S800；
G0 G43 Z50.H01；
Z10.；
G1 Z-28.F40；
G1 Z0 F200；
X2.75 Y0；
G3 I-2.75 Z-10.；
G3 I-2.75 Z-20.；
G3 I-2.75 Z-28.；
G1 X0；
G0 Z50.；
M5；
M30；
```

③ 图 6-35 所示为工步 3、4 的刀具路径及节点坐标。

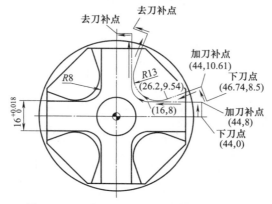

图 6-35   工步 3、4 的刀具路径及节点坐标

```
O3;
T1 M6;                                   φ14mm 平底刀
N1;                                      工步 3
G90 G54 X46. 74 Y8. 5 M3 S800;
G0 G43 Z50. H01;
Z10. ;
M98 P041001;
G69;
N2;                                      工步 4
G90 G54 X44. Y0 M3 S800;
G0 G43 Z50. H01;
Z10. ;
M98 P041002;
G0 Z50. ;
G69;
M5;
M30;

O 1001;
G90 G54 G0 X46. 74 Y8. 5;
G1 Z-5. 02. F100;
G1 G41 X44. Y10. 61D01;
X26. 2 Y9. 54;
G2 X9. 54 Y26. 2 R13. ;
G1 X10. 61 Y44. ;
G1 G40 X8. 5 Y46. 74;
Z10. ;
G68 X0 Y0 G91 R90. ;
M99;

O 1002;
G90 G54 G0 X44. Y0;
G1 Z-11. 02. F100;
G1 G41 Y8. D01;
G1 X16. ;
G2 X8. Y16. R8. ;
G1 Y44. ;
G40 X0;
Z10. ;
G68 X0 Y0 G91 R90. ;
M99;
```

④ 工步 5 加工程序。

```
O4;
T2 M6;                              φ20mm 镗刀
G90 G54 X0 Y0 M3 S600;
G0 G43 Z50.H02;
Z10.;
G98 G85 X0 Y0 Z-30.R5.F50;
G80;
G0 Z80.
M5;
M30;
```

⑤ 图 6-36 所示为工步 6、7 的刀具路径及节点坐标。零件翻转，机用虎钳装夹八边形凸台平行面。

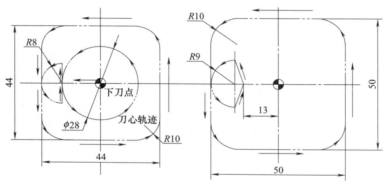

图 6-36   工步 6、7 的刀具路径及节点坐标

```
O5;
N1;                                 工步 6
T1 M6;                              φ14mm 平底刀
G90 G55 X0 Y0 M3 S600;
G0 G43 Z50.H01;
Z10.;
G68 X0 Y0 R45.;
G1 Z-8.02 F100;
X-14.;
G3 I14.;
G1 G41 Y8.D01;
G3 X-22.Y0 R8.;
G1 Y-12.;
G3 X-12.Y-22.R10.;
G1 X12.;
```

```
G3 X22. Y-12. R10. ;
G1 Y12. ;
G3 X12. Y22. R10. ;
G1 X-12. ;
G3 X-22. Y12. R10. ;
G1 Y0;
G3 X-14. Y-8. R8. ;
G1 G40 Y0;
G69;
M5;
G91 G28 Z0;
N2;
T3 M6;
G90 G55 X-13. Y0 M3 S600;
G0 G43 Z50. H03;
Z10. ;
G68 X0 Y0 R45. ;
G1 Z-8. 02 F100;
X-13. ;
G1 G41 X16. Y9. D03;
G3 X-25. Y0 R8. ;
G1 Y-15. ;
G3 X-15. Y-25. R10. ;
G1 X15. ;
G3 X25. Y-15. R10. ;
G1 Y15. ;
G3 X15. Y25. R10. ;
G1 X-15. ;
G3 X-25. Y15. R10. ;
G1 Y0;
G3 X-16. Y-9. R9. ;
G1 G40 Y0;
G69;
G0 Z50. ;
M5;
M30;
```

工步 7

$\phi16$mm 圆角刀，刀角 R3mm

【例 8】 完成图 6-37 所示零件的加工。零件毛坯为 90mm×90mm×20mm 六面体，现加工型台面及槽。

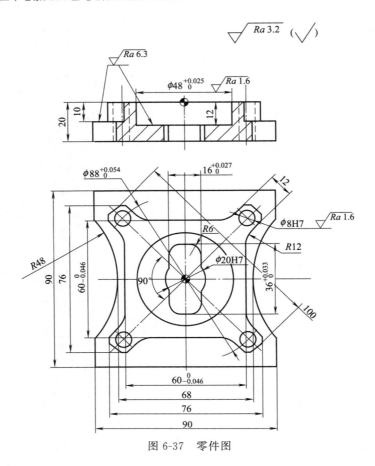

图 6-37　零件图

(1) 工艺分析

零件毛坯为六面体，现加工凸台、型槽、型面及孔。刀具为 ϕ18mm 平底刀、ϕ10mm 平底刀、ϕ7.8mm 钻头、ϕ8mmH7 铰刀。ϕ20mm 孔、ϕ48mm 孔采用铣削完成加工，ϕ8mmH7 孔采用钻铰完成加工。零件采用机用虎钳装夹，装夹时注意先加垫铁将零件装夹，然后抽去垫铁。

(2) 加工步骤

工步号	工步内容	刀具类型	切削用量			夹具
			主轴转速 /(r/min)	进给速度 /(mm/min)	背吃刀量 /mm	
1	铣深 10mm 型台	ϕ18mm 平底刀	700	100		机用虎钳夹持 90mm 两侧面
2	铣 R48mm 圆弧台	ϕ18mm 平底刀	700	100		
3	铣 ϕ48mm 孔、ϕ20mmH7 孔	ϕ18mm 平底刀	700	100		
4	铣 16mm 宽型槽	ϕ10mm 平底刀	800	100		
5	钻 ϕ7.8mm 孔	ϕ7.8mm 钻头	600	100		
6	铰 ϕ8mmH7 孔	ϕ8mmH7 铰刀	400	100		

零件立体图见图 6-38。

(3) 加工程序 (FANUC 系统)

① 图 6-39 所示为工步 1 刀具路径及节点坐标。

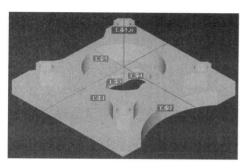

图 6-38　零件立体图

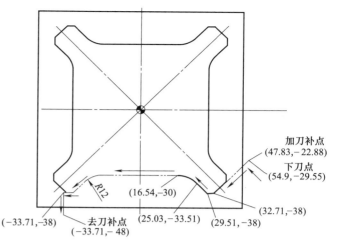

图 6-39　工步 1 刀具路径及节点坐标

```
O1;
T1 M6;                          ф18mm 平底刀
G90 G54 X0 Y0 M3 S700;
G0 G43 Z50. H01;
Z10. ;
D01 M98 P041001;
G69;
D11 M98 P041001;
G0 Z50. ;
M5;
M30;


O 1001;
G90 G0 X54. 9 Y-29. 55;
G1 Z-10. F100;
G1 G41 X47. 83 Y-22. 88;
G1 X32. 71 Y-38. ;
X29. 51;
X25. 03 Y-33. 51;
G3 X16. 54 Y-30. R12. ;
G1 X-16. 54;
G3 X-25. 03 Y-33. 51 R12. ;
G1 X-29. 51 Y-38. ;
X-33. 71;
G1 G40 Y-48. ;
G1 Z5. ;
G68 X0 Y0 G91 R90. ;
M99;
```

② 图 6-40 所示为工步 2 刀具路径及节点坐标。

```
O2;
T1 M6;                              φ18mm 平底刀
G90 G54 X82. Y0 M3 S700;
G0 G43 Z50. H01;
Z10. ;
D01 M98 P021002;
G69;
D11 M98 P021002;
G69;
G0 Z50. ;
M5;
M30;

O 1002;
 G90 X82. Y0;
 G1 Z-20. 5 F100;
 G1 G41 X46. Y31. 75;
 G3 Y-31. 75 R48. ;
 G1 G40 X82. Y0;
 G1 Z5. F300;
 G68 X0 Y0 G91 R90. ;
 M99;
```

③ 图 6-41 所示为工步 3 刀具路径及节点坐标。

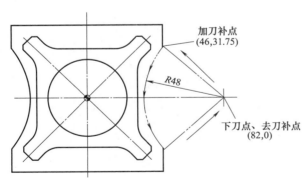

图 6-40　工步 2 刀具路径及节点坐标

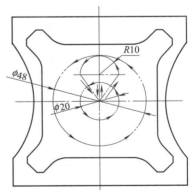

图 6-41　工步 3 刀具路径及节点坐标

```
O3;
T1 M6;                              φ18mm 平底刀
G90 G54 X0. Y0 M3 S700;
G0 G43 Z50. H01;
Z10. ;
```

```
/G1 Z-20.1F50;
/Z-11.9;
/Y14.5;
/G3J-14.5;
N1;
G1 X0 Y0;
G1 Z-20.5 F100;
G41 Y10.D01;
G3J-10.;
G1 G40 Y0;
Z-12.;
G41 X10.Y14.D01;
G3 X0 Y24.R10.;
G3J-24.;
G3 X-10.Y14.R10.;
G1 G40 X0 Y0;
G0 Z50.;
M5;
M30;
```

④ 图 6-42 所示为工步 4～6 刀具路径及节点坐标。

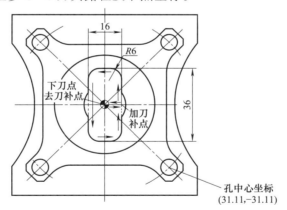

图 6-42　工步 4～6 刀具路径及节点坐标

```
O4;
N1;
T2 M6;                         ϕ10mm 平底刀
G90 G54 X0.Y0 M3 S700;
G0 G43 Z50.H02;
Z10.;
G1 Z-20.5 F100;
G1 G41 X8.D02;
G1 Y12.;
```

```
G3 X2. Y18. R6. ;
G1 X-2. ;
G3 X-8. Y12. R6. ;
G1 Y-12. ;
G3 X-2. Y-18. R6. ;
G1 X2. ;
G3 X8. Y-12. R6. ;
G1 Y0;
G40 X0;
G0 Z50. ;
M5;
G91 G28 Z0;
N2;
T3 M6;                          φ7.8mm 钻头
G90 G54 G0 X0 Y0 M3 S600;
G0 G43 Z50. H03;
Z10. ;
G99 G81 X31. 11 Y31. 11 Z-25. R5. F100;
X-31. 11. ;
Y-31. 11;
X31. 11;
G80;
G0 Z50. ;
M5;
G91 G28 Z0;
T4 M6;                          φ8mm 铰刀
G90 G54 G0 X0 Y0 M3 S600;
G0 G43 Z50. H04;
Z10. ;
G99 G85 X31. 11 Y31. 11 Z-25. R5. F100;
X-31. 11. ;
Y-31. 11;
X31. 11;
G80;
G0 Z50. ;
M5;
M30;
```

【例9】 完成图6-43所示零件的加工。零件毛坯为110mm×90mm×14mm六面体，现加工型台面、槽、孔。

(1) 工艺分析

零件毛坯为六面体，现加工凸台、型槽、型面及孔。刀具为 φ20mm 平底刀、φ12mm 平

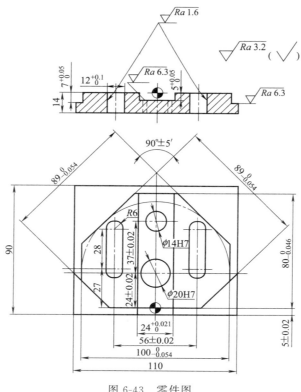

图 6-43 零件图

底刀、ϕ10mm 平底刀、镗刀。ϕ14mm 孔、ϕ20mm 孔采用 ϕ12mm 平底刀去余量、镗刀完成加工。2 处 12mm 宽封闭槽采用 ϕ10mm 平底刀去余量、ϕ12mm 平底刀扩铣至尺寸完成加工。零件采用机用虎钳装夹。

（2）加工步骤

工步号	工步内容	刀具类型	切削用量			夹具
			主轴转速 /(r/min)	进给速度 /(mm/min)	背吃刀量 /mm	
1	铣深 7mm 型台	ϕ20mm 平底刀	700	100		机用虎钳夹持 90mm 两侧面
2	铣 24mm 宽直槽	ϕ20mm 平底刀	700	100		
3	粗铣 12mm 宽封闭槽至 10mm 宽	ϕ10mm 平底刀	900	100		
4	精铣 12mm 宽封闭槽至尺寸	ϕ12mm 平底刀	800	100		
5	铣 ϕ14mm 孔至 ϕ13.5mm、ϕ20mm 孔至 ϕ19.5mm	ϕ12mm 平底刀	800	100		
6	镗 ϕ14mm 孔、ϕ20mm 孔至尺寸	镗刀	400	100		

零件立体图见图 6-44。

（3）加工程序（FANUC 系统）

① 图 6-45 所示为工步 1 刀具路径及节点坐标。

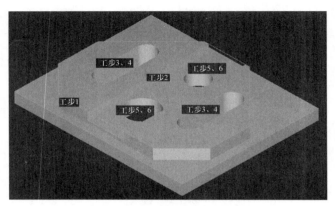

图 6-44 零件立体图

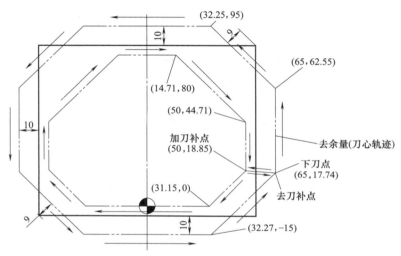

图 6-45 工步 1 刀具路径及节点坐标

```
O1;
T1 M6;                          φ20mm 平底刀
G90 G54 X65. Y17.74 M3 S700;
G0 G43 Z50. H01;
Z10. ;
G1 Z-7.02 F100;
/Y62.55;
/X32.25 Y95. ;
/X-32.25;
/X-65. Y62.55;
/Y17.74;
/X-32.27 Y-15. ;
/X32.27;
/X65. Y17.74;
G1 G41 X50. Y18.85 D01;
```

```
X31. 15 Y0;
X-31. 15;
X-50 Y18. 85;
Y44. 71;
X-14. 71 Y80. ;
X14. 71;
X50 Y44. 71;
Y18. 85;
G1 G40 X65. Y17. 74;
G0 Z50. ;
M5;
M30;
```

② 图 6-46 所示为工步 2 刀具路径及节点坐标。

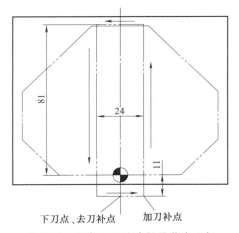

图 6-46 工步 2 刀具路径及节点坐标

```
O2;
T1 M6;                          φ20mm 平底刀
G90 G54 X0 Y-11. M3 S700;
G0 G43 Z50. H01;
Z10. ;
G1 Z-5. 02 F100;
G1 G41 X12. D01;
Y81. ;
X-12. ;
Y-11. ;
G1 G40 X0;
G0 Z50. ;
M5;
M30;
```

③ 工步 3、4 加工程序。

```
O3；

N1；

T2 M6；                              φ10mm 平底刀

G90 G54 X-28. Y27. M3 S900；

G0 G43 Z50. H02；

Z10. ；

G1 Z-7. F100；

Y55. ；

Z-14. 1；

Y27. ；

G1 Z5. ；

X28. ；

G1 Z-7. F100；

Y55. ；

Z-14. 1；

Y27. ；

G0 Z50. ；

M5；

G91 G28 Z0；

N2；

T3 M6；                              φ12mm 平底刀

G90 G54 X-28. Y27. M3 S800；

G0 G43 Z50. H01；

Z10. ；

G1 Z-14. 1 F100；

Y55. ；

G1 Z5. ；

X28. ；

G1 Z-14. 1 F100；

Y27. ；

G1 Z50. ；

M5；

M30；
```

④ 工步 5、6 加工程序。

```
O4；

N1；

T4 M6；                              φ12mm 平底刀

G90 G54 X0 Y61. 75 M3 S800；

G0 G43 Z50. H02；

Z10. ；

G1 Z-5. F100；
```

```
G3 J-0.75 Z-8.5 F50;

G3 J-0.75 Z-14.1 F50;

G1 Z0;

Y24.;

Z-14.1;

Z0;

Y27.75;

G3 J-3.75 Z-8.5 F50;

G3 J-3.75 Z-14.1 F50;

G1 Z50.F200;

M5;

G91 G28 Z0;

N2;

T5 M6;                               镗刀加工 φ20mm 孔,调整镗刀完成加工

G90 G54 X0 Y24.M3 S400;

G0 G43 Z50.H02;

G1 Z10.F100;

G98 G85 Z-15.R2.F100;

G0 Z300.;                            抬刀测量

G90 G54 X0 Y61.M3 S400;              φ14mm 孔,调整镗刀完成加工

G0 G43 Z50.H02;

G1 Z10.F100;

G98 G85 Z-15.R2.F100;

G0 Z300.;                            抬刀测量

M5;

M30;
```

【例 10】 完成图 6-47 所示零件的加工。零件毛坯为 φ100mm×25mm 圆柱体,已预制 φ28mm 孔,现加工型台、槽及孔。

(1) 工艺分析

零件毛坯为圆柱体,现加工型台、型槽及孔。由于型槽 R7mm 的限制,同时考虑减少刀具数量,因此刀具采用 φ12mm 平底刀、镗刀,当然也可采用 2 把 φ12mm 平底刀分粗加刀、精加刀及镗刀完成加工。零件采用铣用三爪夹盘装夹,零件底部加垫铁,装夹后撤去垫铁。

(2) 加工步骤

工步号	工步内容	刀具类型	切削用量			夹具
			主轴转速 /(r/min)	进给速度 /(mm/min)	背吃刀量 /mm	
1	镗 φ30mm 孔	镗刀	400	100		铣用三爪夹盘装夹 φ100mm 圆柱面
2	铣左侧深 12mm 型槽	φ12mm 平底刀	800	100		
3	铣右侧深 12mm 型槽	φ12mm 平底刀	800	100		
4	铣宽 14mm 封闭槽至尺寸	φ12mm 平底刀	800	100		

续表

工步号	工步内容	刀具类型	切削用量			夹具
			主轴转速 /(r/min)	进给速度 /(mm/min)	背吃刀量 /mm	
5	铣深 8mm、深 4mm 圆弧台	φ12mm 平底刀	800	100		

零件立体图见图 6-48。

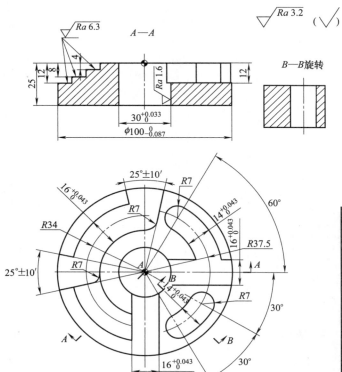

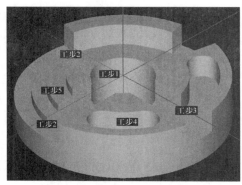

图 6-47 零件图

图 6-48 零件立体图

(3) 加工程序（FANUC 系统）

① 工步 1 加工程序。

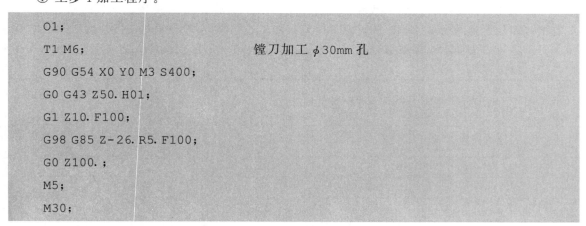

```
O1;
T1 M6;                      镗刀加工 φ30mm 孔
G90 G54 X0 Y0 M3 S400;
G0 G43 Z50. H01;
G1 Z10. F100;
G98 G85 Z-26. R5. F100;
G0 Z100. ;
M5;
M30;
```

② 图 6-49 所示为工步 2 刀具路径及节点坐标。

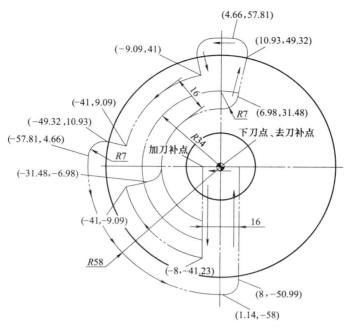

图 6-49 工步 2 刀具路径及节点坐标

```
O2;
T2 M6;                          φ12mm 平底刀
G90 G54 X0 Y0 M3 S800;
G0 G43 Z50. H02;

Z 10. ;
G1 Z-6. F100;
D01 M98 P1002;
G1 Z-12. ;
D02 M98 P1002;
D12 M98 P1002;
G0 Z50. ;
M5;
M30;

O 1002;
G1 X0 Y0 F100;
G1 G41 X-8. ;
Y-41. 23;
G2 X-41. Y-9. 09 R42. ;
G1 X-31. 48 Y-6. 98;
G3 X-26. Y0 R7. ;
G2 X0 Y26. R26. ;
```

```
G3 X6.98 Y31.48 R7.;
G1 X10.93 Y49.32;
G3 X4.66 Y57.81 R7.;
G1 X-4.66;
G3 X-10.93 Y49.32 R7.;
G1 X-9.09 Y41.;
G3 X-41.Y 9.09 R42.;
G1 X-49.32 Y10.93;
G3 X-57.81 Y4.66 R7.;
G3 X1.14 Y-58. R58.;
G3 X8.Y-50.99R7.;
G1 Y0;
G1 G41 X0;
M99;
```

③ 图 6-50 所示为工步 3 刀具路径及节点坐标。

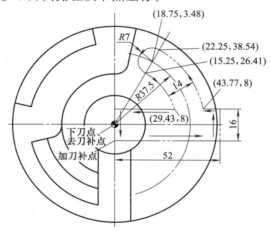

图 6-50　工步 3 刀具路径及节点坐标

```
O3;
T2 M6;                          φ12mm 平底刀
G90 G54 X0 Y0 M3 S800;
G0 G43 Z50. H02;
Z10.;
G1 Z-6. F100;
D02 M98 P1003;
G1 Z-12.;
D02 M98 P1003;
D12 M98 P1003;
G0 Z50.;
M5;
M30;
```

```
O1003;
G1 X0 Y0;
G1 G41 Y-8.;
X52.;
Y8.;
X43.77;
G3 X22.25 Y38.54 R44.5;
G3 X15.25 Y26.41 I-3.5 J-6.06;
G2 X29.43 Y8. R30.5;
G1 X0;
G1 G40 Y0;
M99;
```

④ 图 6-51 所示为工步 4、5 刀具路径及节点坐标。

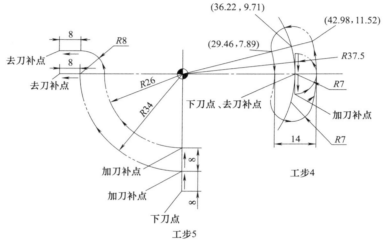

图 6-51　工步 4、5 刀具路径及节点坐标

```
O4;
N1;                                    工步 4
T2 M6;                                 φ12mm 平底刀
G90 G54 X36.22 Y9.71 M3 S800;
G0 G43 Z50. H02;
Z10.;
/G1 Z-9. F100;
/G2 Y-9.71 R37.5;
/G1 Z-18.;
/G3 Y9.71 R37.5;
/G1 Z-25.1;
/G2 Y-9.71 R37.5;
Z10.;
G1 X37.5 Y0 F100;
Z-25.1 F100;
```

```
G1 G41 Y-7. D12;
G3 X44. 5 Y0 R7. ;
G3 X42. 98 Y11. 52 R44. 5;
G3 X29. 46 Y7. 89 I-6. 76 J-1. 81;
G2 X29. 46 Y-7. 89 R30. 5;
G3 X42. 98 Y-11. 52 I6. 76 J-1. 81;
G3 X44. 5 Y0 R44. 5;
G3 X37. 5 Y7. R7. ;
G1 G40 Y0;
G1 Z10. F300;
N2;                              工步 5
X0 Y-42. ;
Z-8. F100;
G41 Y-34. D12;
G2 X-34. Y0 R34. ;
G1 G40 X-42. ;
Y-42. F400;
X0;
Z-4. F100;
G41 Y-26. D12;
G2 X-26. Y0 R26. ;
G3 X-34. Y8. R8. ;
G1 G40 X-42. ;
G0 Z50. ;
M5;
M30;
```

【例 11】 完成图 6-52 所示零件的加工，零件毛坯 ϕ80mm×20mm 圆棒料，现加工凸台、V 形槽及孔。

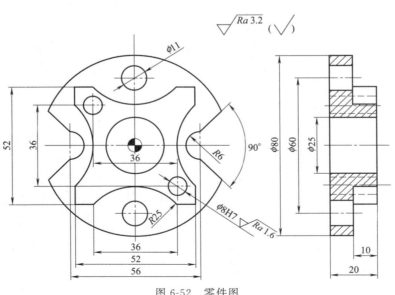

图 6-52 零件图

(1) 工艺分析

零件毛坯为圆柱体，现加工凸台、V形槽及孔。零件采用 ϕ20mm、ϕ10mm 平底刀完成凸台、V形槽加工。各孔分别采用钻、铰、镗等加工工艺完成，刀具采用 ϕ7.7mm 钻头、ϕ11mm 钻头、ϕ8mmH7 铰刀、ϕ25mm 镗刀。零件分两次装夹完成加工，装夹外圆完成 52mm×52mm（含 R25mm 圆弧）凸台及各孔加工。二次装夹 52mm 两平行面，加工两侧 90° 型面槽。二次装夹时注意零件角向位置。零件装夹刚性差，因此要选用合适的垫铁。装夹外圆可用机用虎钳或铣用三爪夹盘。二次装夹 52mm 两平行面采用机用虎钳。由于零件装夹刚性差，编程时切削用量应适当减少以免加工时零件振动、松动。

(2) 加工步骤

工步号	工步内容	刀具类型	切削用量			夹具
			主轴转速/(r/min)	进给速度/(mm/min)	背吃刀量/mm	
1	铣 10mm 深凸台至尺寸、ϕ25mm 孔加工至 ϕ24mm	ϕ20mm 平底刀	700	100		铣用三爪夹盘装夹 ϕ80mm 圆柱面
2	钻 2 处 ϕ8mm 孔底孔为 ϕ7.7mm 孔	ϕ7.7mm 钻头	700	100		
3	铰 2 处 ϕ8mmH7 孔	ϕ8mmH7 铰刀	400	60		
4	钻 4 处 ϕ11mm 孔	ϕ11mm 钻头	800	100		
5	镗 ϕ25mm 孔	ϕ25mm 镗刀	500	100		
6	铣两侧 90°、R6mm 槽	ϕ10mm 平底刀	900	100		工件二次装夹 52mm 两平行面

零件立体图见图 6-53。

(3) 加工程序（FANUC 系统）

① 工步 1：铣 10mm 深凸台至尺寸、ϕ25mm 孔加工至 ϕ24mm。图 6-54 所示为工步 1 粗加工走刀路径，图 6-55 为工步 1～5 走刀路径及孔位坐标。

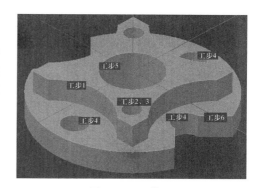

图 6-53　立体图

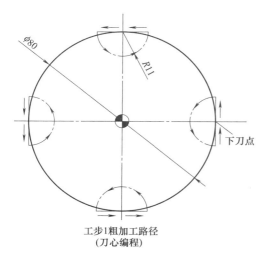

图 6-54　工步 1 粗加工走刀路径（刀心编程）

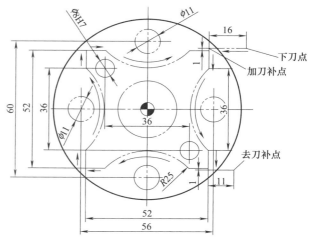

图 6-55　工步 1～5 走刀路径及孔位坐标

加工程序：

```
O1;
N1;                          去余量
T1 M6;                       ϕ20mm 平底刀
G90 G54 G0 X40. Y0 M3 S700;
G0 G43 Z50. H01;
Z10. ;
/M98 P040100;               调用 O0100 子程序 4 次，去 4 处 R25mm 余量
/G69;
/G0 X2. Y0;                 螺旋下刀去中部 ϕ25mm 孔余量
/G1 Z0 F60;
/G2 I-2. Z-4. ;
/G2 I-2. Z-8. ;
/G2 I-2. Z-12. ;
/G2 I-2. Z-16. ;
/G2 I-2. Z-20.1;
Z 10. ;
G0 X42. Y27. ;
D01 M98 P040200;            调用 O0200 子程序 4 次半精加工凸台，D01 刀补值为 10.4mm
D11 M98 P040200;            调用 O0200 子程序 4 次半精加工凸台，D11 刀补值为 10.0mm
G69;
G0 Z50. ;
M5;
M30;

O 0100;                     子程序去 R25mm 余量
G90 G0 Z5. ;
X40. Y0;
G1 Z-5. F80;
Y11. ;
G3 Y-11. J-11. ;
G1 Y0;
Z-10. ;
Y11. ;
G3 Y-11. J-11. ;
G1 Y0;
G0 Z5. ;
G68 X0 Y0 G91 R90. ;
M99;

O 0200;
G90 G0 Z5. ;
X42. Y27. ;
```

```
G1 Z-10. F100;
G41 X26. ;
Y18. ;
G3 Y-18. R25. ;
G1 Y-27. ;
G1 G40 X42. ;
G0 Z5. ;
G68 X0 Y0 G91 R90. ;
M99;
```

②工步2：钻2处 ϕ8mm 孔，底孔为 ϕ7.7mm 孔，采用 ϕ7.7mm 钻头。工步3：铰2处 ϕ8mm H7 孔，采用 ϕ8mmH7 铰刀。

```
O2;
T2 M6;                         φ7.7mm 钻头
G90 G54 G0 X0 Y0 M3 S800;
G0 G43 Z50. H02;
Z10. ;
G99 G81 X-18. Y18. R2. Z-25. F60;
X18. Y-18. ;
G0 Z50. ;
M5;
G91 G28 Z0;
T3 M6;                         φ8mmH7 铰刀
G90 G54 G0 X0 Y0 M3 S300;
G0 G43 Z50. H03;
Z10. ;
G99 G85 X-18. Y18. R2. Z-26. F60;
X18. Y-18. ;
G0 Z50. ;
M5;
M30;
```

③工步4：钻4处 ϕ11mm 孔，采用 ϕ11mm 钻头。工步5：镗 ϕ25mm 孔，采用 ϕ25mm 镗刀。

```
O3;
T4 M6;                         φ11mm 钻头
G90 G54 G0 X0 Y0 M3 S800;
G0 G43 Z50. H04;
Z10. ;
G98 G81 X0 Y30. R-7. Z-25. F60;
X-28. Y0;
X0 Y-30. ;
X28. Y0;
```

```
G0 Z50. ；
M5；
G91G28Z0；
T5 M6；        φ25mm 镗刀
G90 G54 G0 X0 Y0 M3 S700；
G0 G43 Z100. H05；
Z50. ；
G98 G86 R5. Z-22. F60；
M5；
M30；
```

④ 工步 6：工件二次装夹，铣两侧 90°、R6mm 槽，采用 φ10mm 平底刀。图 6-56 所示为工步 6 走刀路径及节点坐标。

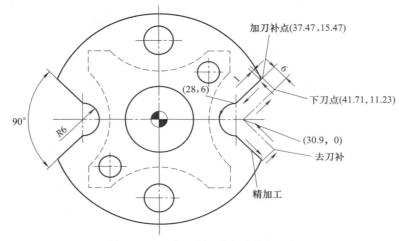

图 6-56　工步 6 走刀路径及节点坐标

```
O4；
T6 M6；        φ10mm 平底刀
G90 G54 G0 X0 Y0 M3 S900；
G0 G43 Z50. H06；
Z10. ；
M98 P0400；
G68 X0 Y0 R180. ；
M98 P0400；
G69；
G0 Z50. ；
M5；
M30；

O 0400；
G0 X41.71 Y11.23；
```

```
/G1 Z-2.5 F50；
/X30.9 Y0；
/X41.71 Y-11.23；
/G1 Z-5.；
/ X30.9 Y0；
/X41.71 Y11.23；
/Z-7.5；
/X30.9 Y0；
/X41.71 Y-11.23；
/G1 Z-10.5；
/ X30.9 Y0；
/X41.71 Y11.23；
G1 Z-10.5 F80；
G41 X37.47 Y15.47 D06；
G1 X28. Y6.；
G3 Y-6. J-6.；
G1 X37.47 Y-15.47；
G40 X41.71 Y-11.23；
G0 Z10.；
M99；
```

【例12】 完成图6-57所示零件的加工。毛坯为80mm×66mm×15mm六面体，加工凸台、V形槽及孔。

（1）工艺分析

零件毛坯为六面体，加工凸台、V形槽及孔。零件采用 ϕ20mm、ϕ14mm 平底刀完成凸台、V形槽加工。ϕ8mmH7 孔采用 ϕ7.7mm 钻头、ϕ8mmH7 铰刀加工，M8 孔用 ϕ7.2mm 钻头、M8 机用丝锥完成加工。零件用机用虎钳装夹，因此铣两端槽时要考虑合理的走刀路径，以免与虎钳钳口发生干涉。

（2）加工步骤

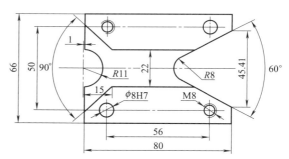

图6-57 零件图

工步号	工步内容	刀具类型	切削用量			夹具
			主轴转速/(r/min)	进给速度/(mm/min)	背吃刀量/mm	
1	去余量	ϕ20mm 平底刀	700	100		机用虎钳装夹66mm 两侧面
2	铣中部槽	ϕ20mm 平底刀	700	100		
3	铣两端槽	ϕ14mm 平底刀				
4	钻2处M8底孔	ϕ7.2mm 钻头				
5	攻2处M8螺纹	M8 机用丝锥				
6	钻2处 ϕ8mm 孔底孔为 ϕ7.7mm 孔	ϕ7.7mm 钻头	700	100		
7	铰2处 ϕ8mm H7 孔	ϕ8mmH7 铰刀	400	60		

零件立体图见图 6-58。

(3) 加工程序（FANUC 系统）

① 工步 1：去余量。图 6-59 所示为工步 1 粗加工走刀路径及节点坐标。

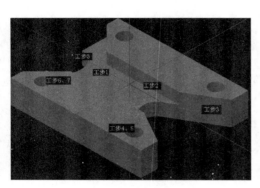

图 6-58　零件立体图

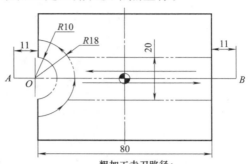

粗加工走刀路径：
切中部深7mm，宽20mm槽：A—(Z-3.5)—B—(Z-6.9)—A
切左端：O—(Z-6.9)—切R18mm—O—(Z-15.1)—切R10mm

图 6-59　工步 1 粗加工走刀路径及节点坐标

工步 1 加工程序：

```
O1;
T1 M6;                              φ20mm 平底刀
G90 G54 G0 X-51. Y0 M3 S600;        A 点
G0 G43 Z50. H01;
Z10. ;
G1 Z-3.5 F150;
X51. ;                             B 点
Z-6.9;
X-41. ;                            O 点
Y8. ;
G2 Y-8. J-8. ;
G1 Y0;
Z-15.1 F30;
X-42. ;
G0 Z50. ;
M5;
M30;
```

② 工步 2：铣中部槽。图 6-60 所示为工步 2 走刀路径及节点坐标。

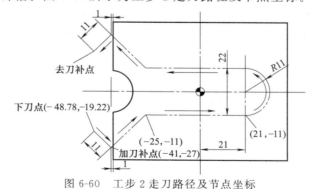

图 6-60　工步 2 走刀路径及节点坐标

工步 2 加工程序：

```
O2;
T1 M6;                              φ20mm 平底刀
G90 G54 G0 X-48.78 Y-19.22 M3 S800;   A 点
G0 G43 Z50.H01;
Z10.;
G1Z-7.F150;
G1G41 X-41.Y-27.D01;
X-25.Y-11.;
X21.;
G3 Y11.J11.;
G1 X-25.;
X-41.Y27.;
G40 X-48.78 Y19.22;
G0 Z50.;
M5;
M30;
```

③ 工步 3～7：铣两端槽、加工孔。图 6-61 所示为工步 3～7 走刀路径及节点坐标。

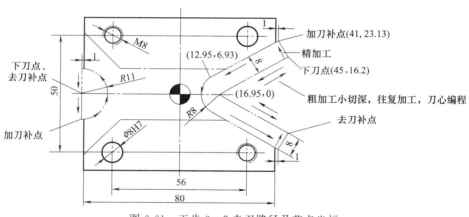

图 6-61　工步 3～7 走刀路径及节点坐标

工步 3 加工程序：

```
O3;
T2 M6;                              φ14mm 平底刀
G90 G54 G0 X45.Y16.2 M3 S800;       A 点
G0 G43 Z50.H02;
Z10.;
/G1Z-4.F60;
/X16.95 Y0;
/X45.Y-16.2;
/G1 Z-8.;
```

```
/X16. 95 Y0；
/X45. Y16. 2
/G1Z-12. F60；
/X16. 95 Y0；
/X45. Y-16. 2；
/G1 Z-15. 1. ；
/X16. 95 Y0；
/X45. Y16. 2
G1 X45. Y16. 2 F100；
Z-15. 1；
G1 G41 X41. Y23. 13 D02；
X12. 95 Y6. 93；
G3 Y-6. 93 R8. ；
G1 X41. Y-23. 13；
G40 X45. Y-16. 2；
G0 Z10. ；
X-41. Y0；
G1 Z-15. 1 F100；
G41 Y-11. ；
G3 Y11. J11. ；
G1 G40 Y0；
G0 Z50. ；
M5；
M30；
```

工步 4、5 加工程序：

```
O4；
T3 M6；                               φ7.2mm 钻头
G90 G55 G0 X-28. Y25. M3 S600；
G0 G43 Z50. H03；
Z10. ；
G98 G81Z-20. R5. F100；
X28. Y-25.
G80；
G0 Z50. ；
M5；
T4 M6；                       M8 丝锥
G90 G55 G0 X-28. Y25. M3 S200；
G0 G43 Z50. H04；
Z10. ；
G98 G84 Z-20. R5. F40
X28. Y-25.
```

```
G80;
G0 Z50.;
M5;
M30;
```

工步 6、7 加工程序：

```
O6;
T5 M6;                              ϕ7.7mm 钻头
G90 G54 G0 X28. Y25. M3 S600;
G0 Z50.;
Z10.;
G98 G81 Z-20. R5. F100;
X-28. Y-25.;
G80;
G0 Z50.;
M5;
G91 G28 Z0;
T6 M6;                              ϕ8mmH7 铰刀
G90 G54 G0 X28. Y25. M3 S300;
G0 Z50.;
G98 G85 Z-20. R5. F100;
X-28. Y-25.;
G80;
G0 Z50.;
M5;
M30;
```

【例 13】 完成图 6-62 所示凸轮的加工，零件毛坯为 ϕ135mm×15mm 圆盘，各孔已预制，现加工凸轮轮廓。

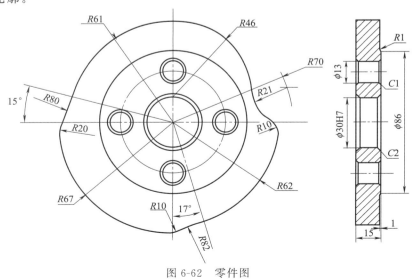

图 6-62 零件图

(1) 工艺分析

零件毛坯为 $\phi135\text{mm}\times15\text{mm}$ 圆盘，各孔已预制，现加工凸轮轮廓。刀具为 $\phi20\text{mm}$ 平底刀，根据零件结构特点，采用螺钉压板装夹。零件用螺钉压板装夹，零件 $\phi86\text{mm}$ 一面朝下贴紧工作台面。螺钉由 $\phi30\text{mm}$ 孔中穿过、压紧（压板长度方向应沿 X 轴方向），找正两对应 $\phi13\text{mm}$ 孔中心连线与 X 轴平行，以控制凸轮轮廓的角向。切削时刀具最终切削深度位置应保证刚好切出凸轮轮廓并多切 0.2mm，注意刀具应装夹牢靠，凸轮轮廓深度方向分层切削，避免切削过程中刀具受力过大产生掉刀伤及工作台面。凸轮外形轮廓应变换刀补逐步保证至尺寸。

(2) 加工步骤

工步号	工步内容	刀具类型	切削用量			夹具
			主轴转速/(r/min)	进给速度/(mm/min)	背吃刀量/mm	
1	粗铣凸轮轮廓	$\phi20\text{mm}$ 平底刀	700	100		螺钉压板装夹
2	精铣凸轮轮廓	$\phi20\text{mm}$ 平底刀	700	100		

零件立体图见图 6-63。

(3) 加工程序（FANUC 系统）

图 6-64 所示为走刀路径及节点坐标。

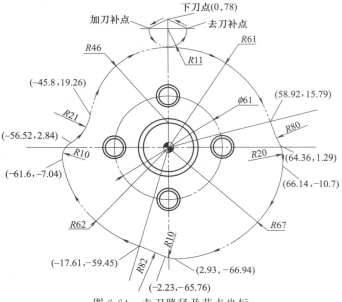

图 6-64　走刀路径及节点坐标

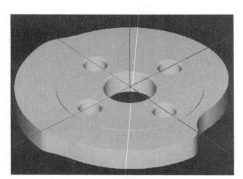

图 6-63　零件立体图

```
O1;
T1 M6;                          φ20mm 平底刀
G90 G54 G0 X0 Y78. M3 S600;
G0 Z50;
Z10;
/G1 Z-7.1 F100;
/D01 M98 P1001;                 D01 刀补值为 10.5mm
/G1 Z-14.1 F100;
/D01 M98 P1001;
G1 Z-14.1 F100;
```

```
D11 M98 P1001;          D11 刀补值为 10.0mm
G0 Z50. ;
M5;
M30;

O 1001;
G1 G41 X-11. ;
G3 X0 Y61. R11. ;
G2 X58. 92 Y15. 79 R61. ;
G3 X64. 36 Y1. 29 R80. ;
G2 X66. 14 Y-10. 7 R20. ;
G2 X2. 93 Y-66. 94 R67. ;
G2 X-2. 23 Y-65. 76 R10. ;
G3 X-17. 61 Y-59. 45 R82. ;
G2 X-61. 6 Y-7. 04 R62. ;
G2 X-56. 52 Y2. 84 R10. ;
G3 X-45. 8 Y19. 26 R21. ;
G2 X0 Y61. R46. ;
G3 X11. Y72. R11. ;
G1 G40 X0 Y78. ;
M99;
```

【例 14】 完成图 6-65 所示凸轮槽加工，零件毛坯 φ360mm×45mm 圆盘，外形及内孔已

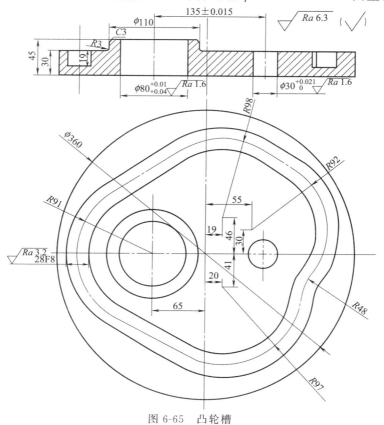

图 6-65 凸轮槽

加工至尺寸，现加工凸轮轮廓。

(1) 工艺分析

此零件凸轮槽由直线和圆弧组成，槽两侧面表面粗糙度值较小。槽侧面要求与 $\phi 360mm$ 底面垂直、槽要求轮廓度 0.1mm。根据零件图样要求，此零件采用两孔一面定位装夹（批量生产）或螺钉压板装夹（单件生产）。

(2) 加工步骤

工步号	工步内容	刀具类型	切削用量			夹具
			主轴转速 /(r/min)	进给速度 /(mm/min)	背吃刀量 /mm	
1	粗铣槽，铣槽深至 18.8mm,槽宽 25mm	$\phi 25mm$ 平底刀	600	100		螺钉压板装夹
2	精铣槽，铣槽深至 19mm,槽宽至尺寸	$\phi 20mm$ 平底刀	700	100		

零件立体图见图 6-66。

(3) 基点坐标

根据零件图所给定的尺寸和几何图形，利用"基点的直接计算"和 CAD 作图测量的方法，求出基点的坐标值（图 6-67）。

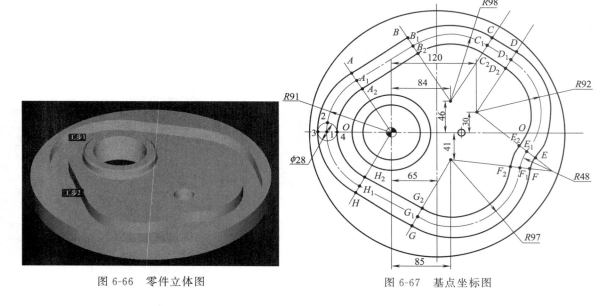

图 6-66　零件立体图　　　　　　　图 6-67　基点坐标图

① 槽粗加工基点的坐标见表 6-1。

表 6-1　槽粗加工基点的坐标

基点	X	Y	基点	X	Y
A_1	−49.426	76.408	E_1	191.641	−27.719
B_1	30.772	128.285	F_1	181.344	−52.261
C_1	136.976	128.447	G_1	37.389	−125.511
D_1	169.733	107.399	H_1	−44.666	−79.284

② 槽精加工基点的坐标。

加工轨迹：1 点下刀，2 点加刀补（左刀补 G41），3 点圆弧切入，依次加工外侧轮廓（$H-G-F-E-D-C-B-A-3$）。然后圆弧切入 4 点，再依次加工内侧轮廓（A_2-B_2-

C_2—D_2—E_2—F_2—G_2—H_2—4），圆弧切出至 2 点，回 1 点去刀补。

1（−91.0，0）、2（−91.0，14.0）、3（−105.0，0）、4（−77.0，0）。

外侧轮廓基点的坐标见表 6-2。

表 6-2 外侧轮廓基点的坐标

基点	X	Y	基点	X	Y
A	−57.029	88.163	E	202.543	−36.503
B	23.169	140.04	F	195.249	−53.886
C	144.544	140.225	G	30.517	−137.709
D	177.301	119.177	H	−51.538	−91.481

内侧轮廓基点的坐标见表 6-3。

表 6-3 内侧轮廓基点的坐标

基点	X	Y	基点	X	Y
A_2	−41.822	64.653	E_2	180.739	−18.936
B_2	38.376	116.53	F_2	167.439	−50.636
C_2	129.408	116.69	G_2	44.26	−113.314
D_2	162.165	95.621	H_2	−37.795	−67.086

（4）加工程序（FANUC 系统）

① 工步 1：粗铣槽。

```
O1;
T1 M6;                              φ25mm 平底刀
G90 G54 G00 X0 Y0 M3 S600;
G0 G43 Z50. H01;
X-91. Y0;                           下刀点
Z10. ;
Z0.2;
M98 P051001;
G0 Z50. ;
X0 Y0;
M5;
M30;


O 1001;
G91 G01 Z-3.8 F50;                  切 5 刀,每次切深 3.8mm(增量值)
G90 G02 X-49.426 Y76.408 R91 F100;  切至 A₁ 点(绝对值)
G01 X30.772 Y128.285 ;              B₁ 点
G02 X136.976 Y128.447 R98. ;        C₁ 点
G01 X169.733 Y107.399;              D₁ 点
G02 X191.641 Y-27.719 R92. ;        E₁ 点
G03 X181.344 Y-52.261 R48. ;        F₁ 点
G02 X37.389 Y-125.511 R97. ;        G₁ 点
G01 X-44.606 Y-79.284;              H₁ 点
G02 X-91. Y0 R91. ;                 下刀点
M99;
```

② 工步 2：精铣槽。

```
O2;
T2 M6;                                    φ20mm 平底刀
G90 G54 G0 X0 Y0 M3 S700;
G0 G43 Z50. H02;
G0 X-91. Y0;                              下刀点，1 点
Z10. ;
G1 Z-19. F80;                             切深 19mm
G41 Y14.0 D02 F120;                       加刀补，2 点
G3 X-105. Y0 R14. ;                       圆弧切入，3 点
X-51.538 Y-91.481 R105. ;                 切至 H 点
G1 X30.517 Y-137.709;                     G 点
G3 X195.249 Y-53.886 R111. ;              F 点
G2 X202.543 Y-36.503 R34. ;               E 点
G3 X177.301 Y119.177 R106. ;              D 点
G1 X144.544 Y140.225;                     C 点
G3 X23.169 Y140.04 R112. ;                B 点
G1 X-57.029 Y88.163;                      A 点
G3 X-105. Y0 R105. ;                      3 点
G3 X-77. Y0 I14. J0;                      4 点
G2 X-41.822 Y64.653 R77. ;                A₂ 点
G1 X38.376 Y116.53;                       B₂ 点
G2 X129.408 Y116.69 R84. ;                C₂ 点
G1 X162.165 Y95.621;                      D₂ 点
G2 X180.739 Y-18.936 R78. ;               E₂ 点
G3 X167.439 Y-50.636 R62. ;               F₂ 点
G2 X44.26 Y-113.314 R83. ;                G₂ 点
G1 X-37.795 Y-67.086;                     H₂ 点
G2 X-77. Y0 R77. ;                        4 点
G3 X-91. Y14. R14. ;                      2 点
G1 G40 Y0;                                去刀补，1 点
G0 Z50. ;                                 抬刀
X0 Y0;
M5;
M30;
```

【例 15】 完成图 6-68 所示零件加工，零件毛坯为 80mm×80mm×20mm 六面体，现加工外轮廓及型腔。

（1）工艺分析

零件毛坯为六面体，现加工外轮廓及型腔。刀具为 φ20mm 平底刀、φ14mm 平底刀、φ8mm 平底刀，零件采用机用虎钳装夹。为保证沿周边 1.2mm 尺寸，减少变形，加工内外型面应交替切削，逐步保证到尺寸，即工步 2、3 加工时应将刀补值由 7.9mm、7.5mm、

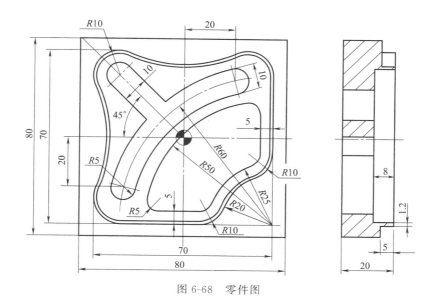

图 6-68 零件图

7.3mm、7mm 逐步调整保证加工至尺寸。

（2）加工步骤

工步号	工步内容	刀具类型	切削用量			夹具
			主轴转速 /(r/min)	进给速度 /(mm/min)	背吃刀量 /mm	
1	去余量	φ20mm 平底刀	700	100		机用虎钳夹 80mm 两侧面
2	铣型槽型面深 8mm	φ14mm 平底刀	800	100		
3	铣凸台型面深 5mm	φ14mm 平底刀	800	100		
4	铣 T 字形型槽	φ8mm 平底刀	900	100		
5	铣封闭型槽	φ8mm 平底刀	900	100		

图 6-69 为零件立体图。

（3）加工程序（FANUC 系统）

① 图 6-70 所示为工步 1 走刀路径及节点坐标。

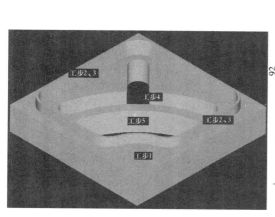

图 6-69 零件立体图

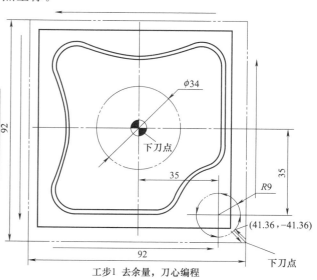

工步1 去余量，刀心编程

图 6-70 工步 1 走刀路径及节点坐标

```
O1;
T1 M6;                                         ϕ20mm 平底刀
G90 G54 G0 X46. Y-46. M3 S700;
G0 G43 Z50. H01;
Z10. ;
G1 Z-5. F100;
X41. 36 Y-41. 36;
G3 I-6. 36 J6. 36;
G1 X46. Y-46. ;
Y46. ;
X-46. ;
Y-46. ;
X46. ;
G1 Z5. F300;
X0 Y0;
G1 Z-8. F100;
X17. ;
G3 I-17. ;
G0 Z50. ;
M5;
M30;
```

② 图 6-71 所示为工步 2、3 走刀路径及节点坐标。

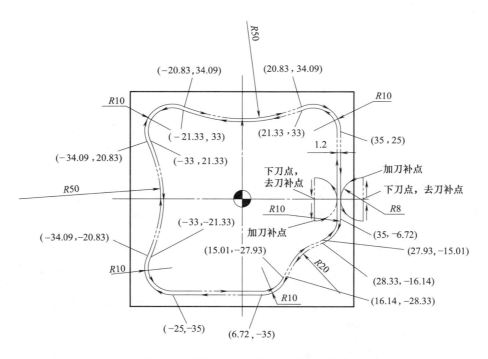

图 6-71　工步 2、3 走刀路径及节点坐标

```
O2;
N1;
T2 M6;                                    φ14mm 平底刀
G90 G54 G0 X25. 8 Y0 M3 S700;
G0 G43 Z50. H01;
Z10. ;
G1 Z-5. F100;
G1 G41 Y-8. D02;
G3 X33. 8 Y0 R8. ;
G1 X33. 8 Y25. ;
G3 X21. 33 Y33. R8. 8;
G2 X-21. 33 R51. 2;
G3 X-33. Y21. 33 R8. 8;
G2 X-33. Y-21. 33 R51. 2;
G3 X-25. Y-33. 8 R8. 8;
G1 X6. 72 Y-33. 8;
G3 X15. 01 Y-27. 93 R10. ;
G2 X27. 93 Y-15. 01 R21. 2;
G3 X33. 8 Y-6. 72 R8. 8;
G1 Y0;
G3 X25. 8 Y8. R8. ;
G1 G40 Y0;
N2;
G1 Z5;
X43. Y0;
G1 G41 Y8. D02;
G3 X35. Y0 R8. ;
G1 Y-6. 72;
G2 X28. 33 Y-16. 14 R10. ;
G3 X16. 14 Y-28. 33 R20. ;
G2 X6. 72 Y-35. R10. ;
G1 X-25. ;
G2 X-34. 09 Y-20. 83 R10. ;
G3 X-34. 09 Y20. 83 R50. ;
G2 X-20. 83 Y34. 09 R10. ;
G3 X20. 83 Y34. 09 R50. ;
G2 X35. Y25. R10. ;
G1 Y0;
G3 X43. Y-8. R8. ;
```

```
G1 G40 Y0；
G0 Z50.；
M5；
M30；
```

注：工步2、3通过变换刀补值完成加工，刀补值由7.9mm、7.5mm、7.3mm、7mm逐步调整保证加工至尺寸。

③ 图6-72所示为工步4走刀路径及节点坐标。

```
O3；
T3 M6；                              φ8mm平底刀
G90 G54 G0 X20. Y23.09 M3 S900；
G0 G43 Z50. H03；
Z10.；
/G1 Z-14. F80；
/G3 X-23.09 Y-20. R60.；
/G2 X-7.43 Y7.43 R60.；
/G1 X-25.35 Y25.35；
/Z-20.1；
/X-7.43 Y7.43；
/G2 X20. Y23.09 R60.；
/G3 X-23.09 Y-20. R60.；
/G1 Z5. F300；
G1 X-25.35 Y25.35；
Z-20.1 F100；
G1 G41 X-22.17 Y28.54 D03；
G3 X-28.54 Y28.54 R4.5；
G3 X-28.54 Y21.46 R5.；
G1 X-14.36 Y7.29；
G3 X-27.74 Y-18.75 R65.；
G3 X-18.25 Y-21.25 I4.84 J-1.25；
G2 X21.25 Y18.25 R55.；
G3 X18.75 Y27.74 I-1.25 J4.84；
G3 X-7.29 Y14.36 R65.；
G1 X-21.46 Y28.54；
G3 X-28.54 Y28.54 R5.；
G3 X-28.54 Y22.17 R4.5；
G1 G40 X-25. Y25.；
G0 Z50.；
M5；
M30；
```

④ 图6-73所示为工步5走刀路径及节点坐标。

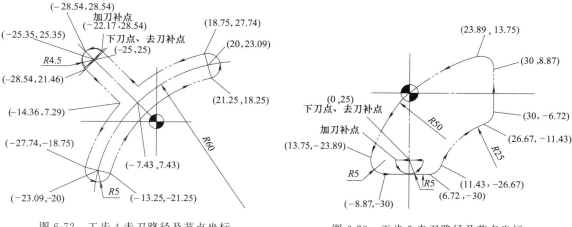

图 6-72 工步 4 走刀路径及节点坐标　　　图 6-73 工步 5 走刀路径及节点坐标

```
O4;
T3 M6;                          φ8mm 平底刀
G90 G54 G0 X0 Y-25. M3 S900;
G0 G43 Z50. H03;
Z10. ;
G1 Z-20.1 F80;
G1 G41 X-5. D03;               注意变换刀补完成粗、精加工
G3 X0 Y-30. R5. ;
G1 X6.72;
G3 X11.43 Y-26.67 R5. ;
G2 X26.67 Y-11.43 R25. ;
G3 X30. Y-6.72 R5. ;
G1 Y8.87;
G3 X23.89 Y13.75 R5. ;
G3 X13.75 Y-23.89 R50. ;
G3 X-8.87 Y-30. R5. ;
G1 X0;
G3 X5. Y-25. R5. ;
G1 G40 X0;
G0 Z50. ;
M5;
M30;
```

【例 16】 完成图 6-74 所示零件加工，零件毛坯为 φ70mm×25mm 圆棒料，现加工型台、槽、孔。

(1) 工艺分析

零件毛坯为圆柱体，现加工凸台、槽、孔。刀具采用 φ18mm 平底刀、φ10mm 平底刀、φ12mm 钻头、镗刀、φ8mm 钻头、φ10.3mm 钻头、φ10mm 倒角刀。零件经两次装夹，第一次用铣用三爪卡盘装夹时高出卡爪 9mm，坐标系为 G54；第二次用机用虎钳装夹，坐标系为

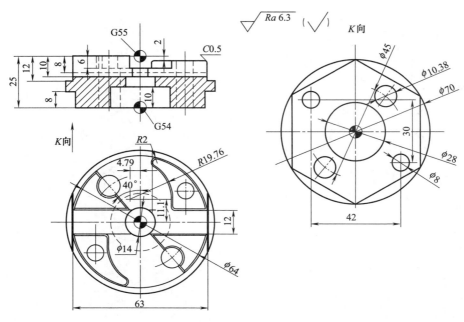

图 6-74　零件图

G55。注意两次装夹、编程时坐标系的确定，零件角向位置的确定。工步 5ϕ10.3mm 钻头加工 ϕ10.38mm 孔，钻头应试钻，若采用 ϕ10.4mm 钻头也可加工，钻头也应试钻。

（2）加工步骤

工步号	工步内容	刀具类型	切削用量			夹具
			主轴转速 /(r/min)	进给速度 /(mm/min)	背吃刀量 /mm	
1	铣六边形凸台深 8mm	ϕ18mm 平底刀	700	80		铣用三爪卡盘 夹持 ϕ70mm 圆柱面
2	钻中心 ϕ12mm 孔	ϕ12mm 钻头	800	80		
3	镗 ϕ14mm、ϕ28mm 孔	镗刀	600	100		
4	钻 4 处 ϕ8mm 孔	ϕ8mm 钻头	800	80		机用虎钳夹持 六边形两侧面
5	扩 2 处 ϕ10.38mm 孔	ϕ10.3mm 钻头	800	80		
6	铣 2 处 ϕ8mm 孔所在凸台顶面保证深度尺寸 2mm	ϕ18mm 平底刀	700	100		
7	铣两侧深 12mm 凸台	ϕ10mm 平底刀	800	100		
8	铣深 8mm 圆台	ϕ10mm 平底刀	800	100		
9	铣深 10mm、宽 12mm 直槽	ϕ10mm 平底刀	800	100		
10	铣 2 处深 8mm 型槽	ϕ10mm 平底刀	800	100		
11	铣 4 处凸台倒角	ϕ10mm 倒角刀	700	100		

图 6-75 为零件立体图。

（3）加工程序（FANUC 系统）

① 图 6-76 所示为工步 1～5 走刀路径及节点坐标。

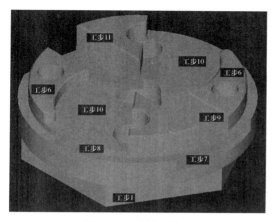

图 6-75　零件立体图

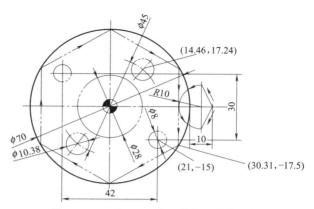

图 6-76　工步 1～5 走刀路径及节点坐标

```
O1;
N1;                                     工步 1
T1 M6;                                   φ18mm 平底刀
G90 G54 G0 X45. Y0 M3 S700;
G0 G43 Z50. H01;
Z10. ;
G1 Z-8. F100;
G1 G41 X40. 31 Y10. D01;
G3 X30. 31 Y0 R10. ;
G1 Y-17. 5;
X0 Y-35. ;
X-30. 31 Y-17. 5;
Y17. 5;
X0 Y35. ;
X30. 31 Y17. 5;
Y0;
G3 X40. 31 Y-10. R10. ;
G1 G40 X45. Y0;
G0 Z50. ;
M5;
G91 G28 Z0;
N2;                                     工步 2
T2 M6;                                   φ12mm 钻头
G90 G54 G0 X0 Y0 M3 S800;
G0 G43 Z50. H01;
Z10. ;
G98 G81 Z-30. R5. F100;
G80;
G0 Z50. ;
```

```
M5;
G91 G28 Z0;
N3;                                          工步 3
T3 M6;                                       镗刀
G90 G54 G0 X0 Y0 M3 S600;
G0 G43 Z50. H01;
Z10. ;
G98 G81 Z-30. R5. F100;                      镗 φ14mm 孔
G80;
G0 Z300. ;                                   抬刀、测量、调整镗刀
M05;
M3 S600;
Z10. ;
G98 G81 Z-10. R5. F100;                      镗 φ28mm 孔
G80;
G0 Z50. ;
M5;
M30;


O 4;
N1;                                          工步 4
T4 M6;                                       φ8mm 钻头
G90 G55 G0 X0 Y0 M3 S800;
G0 G43 Z50. H04;
Z10. ;
G99 G81 X-21. Y15. Z-30. R5. F100;
X-14. 46 Y-17. 24;
X21. Y-15. ;
X14. 46 Y-17. 24;
G80;
G0 Z50. ;
M5;
G91 G28 Z0;
N2;                                          工步 5
T5 M6;                                       φ10.3mm 钻头
G90 G55 G0 X0 Y0 M3 S800;
G0 G43 Z50. H05;
Z10. ;
G99 G81 X14. 46 Y17. 24 Z-30. R5. F100;
X-14. 46 Y-17. 24;
G80;
```

```
G0 Z50. ;
M5;
M30;
```

② 图 6-77 所示为工步 6 走刀路径及节点坐标。

```
O6;                                          工步 6
T6 M6;                                        φ18mm 平底刀
G90 G55 G0 X43. 07 Y9. M3 S700;
G0 G43 Z50. H06;
Z10. ;
G1 Z-2. F100;
X22. 25 Y9. ;
G3 X9. Y22. 25 R24. ;
G1 Y43. 07;
G0 Z5. ;
G68 X0 Y0 R180. ;
X43. 07 Y9.
G1 Z-2. F100;
X22. 25 Y9. ;
G3 X9. Y22. 25 R24. ;
G1 Y43. 07;
G0 Z50. ;
G69;
M5;
M30;
```

③ 图 6-78 所示为工步 7、8 走刀路径及节点坐标。

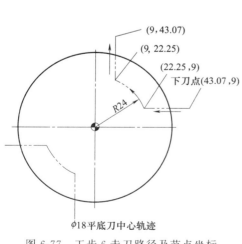

图 6-77 工步 6 走刀路径及节点坐标

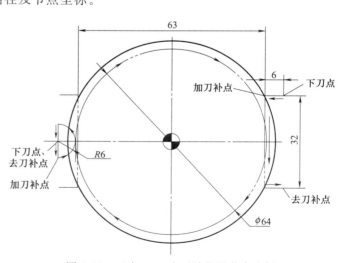

图 6-78 工步 7、8 走刀路径及节点坐标

```
O7;
```

```
N1;                                        工步7
T7 M6;                                      φ10mm平底刀
G90 G55 G0 X37.5 Y16. M3 S800;
G0 G43 Z50. H07;
Z10. ;
G1 Z-12. F100;
G1 G41 X31.5 D07;
Y-16. ;
G40 X37.5;
G0 Z5. ;
G68 X0 Y0 R180. ;
X37.5 Y16. ;
G1 Z-12. F100;
G1 G41 X31.5 D07;
Y-16. ;
G40 X37.5;
G0 Z50. ;
G69;
N2;                                        工步8
G90 G55 X-38. Y0 M3 S800;
G1 Z-8. F100;
G1 G41 Y-6. D07;
G3 X-32. Y0 R6. ;
G2 I32. ;
G3 X-38. Y6. R6. ;
G1 G40 Y0;
G0 Z50. ;
M5;
M30;
```

④ 图 6-79 所示为工步 9 走刀路径及节点坐标。

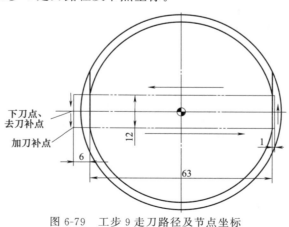

图 6-79　工步 9 走刀路径及节点坐标

```
O9;
T7 M6;                                    φ10mm 平底刀
G90 G55 G0 X-37. 5 Y0 M3 S800;
G0 G43 Z50. H07;
Z10. ;
G1 Z-10. F100;
G41 Y-6. D07;
X32.5;
Y6. ;
X-37. 5;
G40 Y0;
G0 Z50. ;
M5;
M30;
```

⑤ 图 6-80 所示为工步 10 走刀路径及节点坐标。

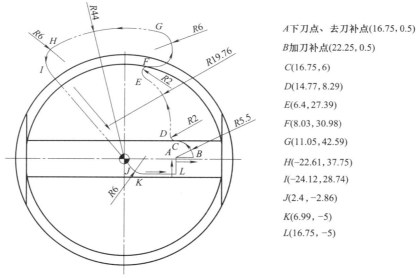

A下刀点、去刀补点(16.75, 0.5)

B加刀补点(22.25, 0.5)

C(16.75, 6)

D(14.77, 8.29)

E(6.4, 27.39)

F(8.03, 30.98)

G(11.05, 42.59)

H(-22.61, 37.75)

I(-24.12, 28.74)

J(2.4, -2.86)

K(6.99, -5)

L(16.75, -5)

图 6-80 工步 10 走刀路径及节点坐标

```
O10;
T7 M6;                                    φ10mm 平底刀
G90 G55 G0 X16. 75 Y0.5 M3 S800;
G0 G43 Z50. H07;
Z10. ;
M98 P1009;
G68 X0 Y0 R180. ;
M98 P1009;
G0 Z50. ;
M5;
```

```
M30;

O1009;
G0 X16.75 Y0.5;
G1 Z-6. F100;
G41 X22.5. D07;
G3 X16.75 Y6. R5.5;
G2 X14.77 Y8.29 R2.;
G3 X6.4 Y27.39 R24.;
G2 X8.03 Y30.98 R2.;
G3 X11.05 Y42.59 R6.;
G3 X-22.61 Y37.75 R44.;
G3 X-24.12 Y28.74 R6.;
G1 X2.4 Y-2.86;
G3 X6.99 Y-5. R6.;
G1 X16.75;
G1 G40 Y0.5;
G0 Z5.;
M99;
```

⑥ 图 6-81 所示为工步 11 走刀路径及节点坐标。

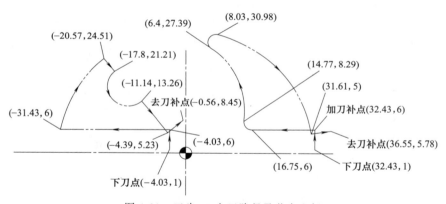

图 6-81　工步 11 走刀路径及节点坐标

```
O11;
T8 M6;                          φ10mm 倒角刀
G90 G55 G0 X32.43 Y1. M3 S800;
G0 G43 Z50. H08;
Z10.;
D01 M98 P1010;
G68 X0 Y0 R180.;
D01 M98 P1010;                  D01=3.5mm
G0 Z50.;
```

```
M5;
M30;

O 1010;
G0 X32. 43 Y1. ;
G1 Z-3. F100;
G41 Y6. D08;
X16. 75 Y6. ;
G2 X14. 77 Y8. 29 R2. ;
G3 X6. 4 Y27. 39 R19. 76;
G2 X31. 61 Y5. R32. ;
G1 G40 X36. 55 Y5. 76;
G1 Z2. ;
X-4. 03 Y1. F200;
G1 Z-1. ;
G41 Y6. ;
X-31. 43;
G2 X-20. 57 Y24. 51 R32. ;
G1 X-17. 8 Y21. 21;
G3 X-11. 14 Y13. 26 I3. 34 J-3. 98;
G1 X-4. 39 Y5. 23;
G40 X-0. 56 Y8. 45;
G1 Z5. F300;
M99;
```

【例 17】 完成图 6-82 所示零件加工，零件毛坯为 70mm×70mm×20mm 六面体，现加工凸台、槽、孔。

(1) 工艺分析

零件毛坯为六面体，现加工凸台、槽、孔。刀具为 ϕ14mm 平底刀、ϕ20mm 平底刀、ϕ15mm 钻头、镗刀，零件采用机用虎钳装夹。零件经两次装夹完成加工，装夹时注意角向位置的确定。本例采用两个坐标系。工步 2、3 采用参数编程，ϕ16mm 孔、ϕ20mm 孔也可用铣刀铣出。

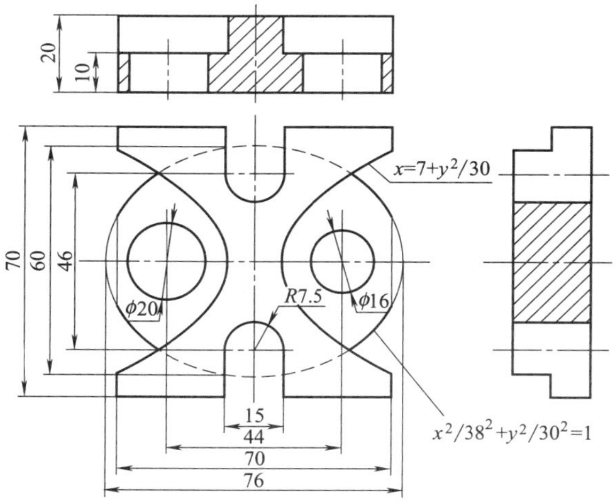

(2) 加工步骤

图 6-82　零件图

工步号	工步内容	刀具类型	切削用量			夹具
			主轴转速 /(r/min)	进给速度 /(mm/min)	背吃刀量 /mm	
1	铣 2 处宽 15mm 开口槽深 20.1mm	ϕ14mm 平底刀	800	100	10.1	机用虎钳夹 70mm 两侧面

工步号	工步内容	刀具类型	切削用量			夹具
			主轴转速 /(r/min)	进给速度 /(mm/min)	背吃刀量 /mm	
2	铣两侧抛物线型槽 深10.1mm	ϕ20mm平底刀	700	100	10.1	
3	铣椭圆形台 10mm 深10.1mm	ϕ20mm平底刀	700	100	10	零件翻转夹70mm 两侧面
4	钻2处ϕ15mm孔	ϕ15mm钻头	500	60		
5	镗ϕ16mm孔、ϕ20mm孔	镗刀	400	60		

零件立体图见图 6-83。

(3) 加工程序 （FANUC 系统）

① 图 6-84 所示为工步 1、2 走刀路径及节点坐标。

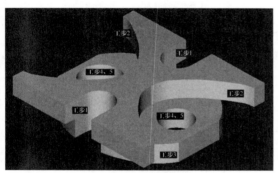

图 6-83 零件立体图

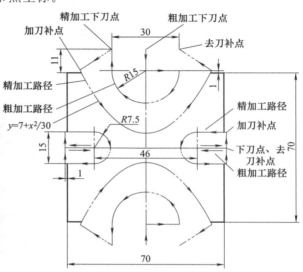

图 6-84 工步 1、2 走刀路径及节点坐标

```
O1;
N1;                              工步1
T1 M6;
G90 G54 G0 X36. Y0 M3 S800;
G0 G43 Z50. H01;
Z10. ;
M98 P1001;
G68 X0 Y0 R180. ;
M98 P1001;
G69;
G0 Z50. ;
M5;
G91 G28 Z0;
N2;                              工步2
T2 M6;
```

```
G90 G54 G0 X0 Y46. M3 S800;
G0 G43 Z50. H02;
Z10.
M98 P1002;
G68 X0 Y0 R180. ;
M98 P1002;
G69;
G0 Z50. ;
M5;
M30;

O 1001;
G1 X36. Y0 F100;
/Z-5. ;
/X23. ;
/Z-10. ;
/X36. ;
/Z-15. ;
/X23. ;
/Z-20. 1;
/X36. ;
Z-20. 1;
G1 G41 Y7. 5;
X23. ;
G3 Y-7. 5 J-7. 5;
G1 X36. ;
G40 Y0;
Z5. F300;
M99;

O 1002;
/Z-10. 1 F100;
/G1 X0 Y36. F100;
/X15. ;
/G2 X-15. I-15. ;
/G1 Y46. ;
G1 X-15. Y46. F100;
Z-10. 1;
#1=36. ;
N20 #2=SQRT[[#1-7. ] *30. ];
G1 X-#2 Y#1;
```

```
# 1=#1-0.2;
IF[#1 GT7.]GOTO20;
#1=7.;
N40 #2=SQRT[[#1-7.]*30.];
G1 X#2 Y#1;
#1=#1+0.2;
IF[#1 LT36.]GO TO40;
G1 G40 X15. Y46.;
G0 Z10.;
M5;
M30;
```

② 图 6-85 所示为工步 3、4 走刀路径及节点坐标。

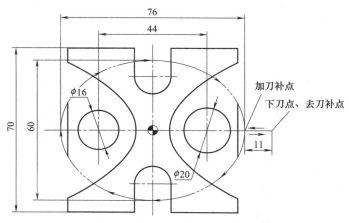

图 6-85 工步 3、4 走刀路径及节点坐标

```
O2;
T2 M6;                                工步 3
G90 G55 G0 X49. Y0 M3 S700;
G0 G43 Z50. H02;
Z10.;
#1=38.;                               椭圆长半轴长(对应 X 轴)
#2=30.;                               椭圆短半轴长(对应 Y 轴)
#3=10.;                               刀具半径(平底刀)
#5=#1+#3;                             刀具中心所对应的"长半轴"
#6=#2+#3;                             刀具中心所对应的"短半轴"
G1 X[#5+11.]F100;                     刀具进至下刀点
Z-10.1;
G1 X#5;
#18=0;                                重置#18=0
WHILE [#18 LE360] DO1;                如果#18≤360°,则循环 1 继续
#7=#5 *COS[#18];                      椭圆上任一点的 X 坐标值
```

```
#8=#6*SIN[#18];            椭圆上任一点的Y坐标值
G1 X#7 Y#8;                以直线G1逼近走出椭圆
#18=#18+0.5;               #18以#19为增量递增
END 1;                     循环1结束(完成一圈椭圆加工,此时#18>360°)
G0 Z50.;                   抬刀至安全高度
M99;                       子程序结束


O 3;
N1;                        工步4
T3 M6;                     φ15mm钻头
G90 G55 G0 X0 Y0 M3 S500;
G0 G43 Z50. H03;
Z10.;
G98 G81 X22. Y0 Z-15. R5. F100;
X-22.
G80;
G0 Z50.;
M5;
G91 G28 Z0;
N3;                        工步5
T4 M6;                     镗刀
G90 G55 G0 X-22. Y0 M3 S400;
G0 G43 Z50. H01;
Z10.;
G98 G81 Z-12. R5. F100;    镗φ16mm孔
G80;
G0 Z300.;                  抬刀、测量、调整镗刀
M05;
M3 S800;
X22. Y0;
Z10.;
G98 G81 Z-12. R5. F100;    镗φ20mm孔
G80;
G0 Z50.;
M5;
M30;
```

【例18】 完成图6-86所示零件加工,毛坯采用46mm×40mm×22mm六面体,已加工至尺寸。

(1) 工艺分析

零件毛坯为六面体,现加工槽、型面。刀具为φ8mm平底刀、φ16mm球头刀、φ8mm球头刀,零件采用机用虎钳装夹。零件需多次装夹完成加工。去余量采用分层切削。对相同的加

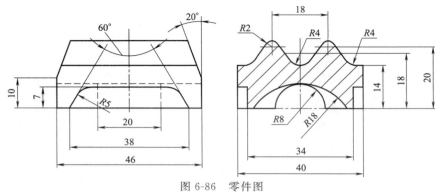

图 6-86　零件图

工内容如工步 1 以及工步 2 可定位装夹编程一次完成加工。工步 3 中 $R8$mm 圆弧槽本例采用 $\phi16$mm 球头刀由刀具保证，也可采用 $\phi14$mm 球头刀按轨迹编程完成加工。工步 4、5 采用参数编程。工步 4 加工时可分别去除各型面余量后再按轨迹编程。

（2）加工步骤

工步号	工步内容	刀具类型	切削用量			夹具
			主轴转速 /(r/min)	进给速度 /(mm/min)	背吃刀量 /mm	
1	铣前后 2 处深 3mm 的 60°型槽	$\phi8$mm 平底刀	900	100		机用虎钳分两次夹 22mm 两侧面，40mm 一侧面贴向虎钳底部
2	铣底部左右两端深 13mm 的 $R18$mm 圆弧槽	$\phi8$mm 平底刀	900	100		机用虎钳分两次夹 22mm 两侧面，46mm 一侧面贴向虎钳底部
3	铣底部 $R8$mm 圆弧槽	$\phi16$mm 球头刀	700	50		机用虎钳夹 40mm 两侧面，22mm 一侧面贴向虎钳底部
4	铣顶部型台	$\phi8$mm 球头刀	900	50		机用虎钳夹 40mm 两侧面
5	铣左右两端 20°斜面	$\phi8$mm 平底刀	900	50		

图 6-87 为零件立体图。

（3）加工程序

① 图 6-88 所示为工步 1 走刀路径及节点坐标。

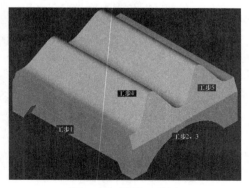

图 6-87　零件立体图

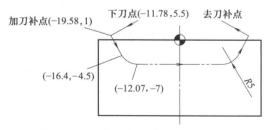

图 6-88　工步 1 走刀路径及节点坐标

```
T1 M6;                            φ8mm 平底刀
G90 G54 G0 X-11.78 Y5.5 M3 S900;
G0 G43 Z50. H01;
Z10. ;
G1 Z-3. F100;
G1 G41 X-19.58 Y1. D01;
G1 X-16.4 Y-4.5;
G3 X-12.07 Y-7. R5. ;
G1 X12.07;
G3 X16.4 Y-4.5 R5. ;
G1 X19.589 Y1. ;
G40 X11.78 Y5.5;
G0 Z50. ;
M5;
M30;
```

② 图 6-89 所示为工步 2 走刀路径及节点坐标。

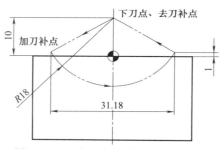

图 6-89 工步 2 走刀路径及节点坐标

```
O2;
T1 M6;                            φ8mm 平底刀
G90 G55 G0 X0 Y10. M3 S900;
G0 G43 Z50. H01;
Z10. ;
/G1 Z-7. F100;
/G1 G41 X-15.59 Y1. D01;
/G3 X15.59 Y1. R18. ;
/G1 G40 X0 Y10. ;
G1 Z-13. F100;
G1 G41 X-15.59 Y1. D01;
G3 X15.59 Y1. R18. ;
G1 G4 X0 Y10. ;
G0 Z50. ;
M5;
M30;
```

③ 工步 3 加工程序。

```
O2;
T2 M6;                              φ16mm 球头刀,由刀具保证型面 R8mm
G90 G56 G0 X23. Y0 M3 S700;         G56 零件加工表面中心位置
G0 G43 Z50. H02;
Z10. ;
G1 Z-4. F100;
X-23. ;
Z-6. ;
X23. ;
Z-7. 5;
X-23. ;
Z-8. ;
X23. ;
G0 Z50. ;
M5;
M30;
```

④ 图 6-90 所示为工步 4 走刀路径及节点坐标。

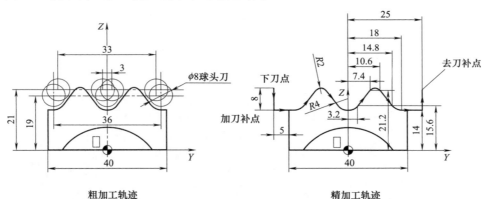

图 6-90　工步 4 走刀路径及节点坐标

```
O4;
T3 M6;                              φ8mm 球头刀,由刀具保证型面 R8mm
G90 G57 G0 X-27. Y-25. M3 S900;     G57 零件加工表面中心位置(Z 向为下表面)
G0 G43 Z72. H03;
Z32. ;
/M98 P1004;                         粗加工
G1 X-23. Y-25. Z22. F100;
#1=-23. ;
#2=0.5;
N20 G19 G1 G41 Z14. D03;
X#1;
```

```
Y-18. ;
G2 Y-14. 8 Z15. 6 R4. ;
G1 Y-10. 6 Z21. 2;
G3 Y-7. 4 R2. ;
G1 Y-3. 2 Z15. 6;
G2 Y3. 2 R4. ;
G1 Y7. 4 Z21. 2;
G3 Y10. 6 R2. ;
G1 Y14. 8 Z15. 6;
G2 Y18. Z14. R4. ;
G1 Y25. ;
G40 Z22. ;
#1=#1+#2;
X#1;
G1 G42 Z14. ;
Y18. ;
G3 Y14. 8 Z15. 6 R4. ;
G1 Y10. 6 Z21. 2;
G2 Y7. 4 R2. ;
G1 Y3. 2 Z15. 6;
G3 Y-3. 2 R4. ;
G1 Y-7. 4 Z21. 2;
G2 Y-10. 6 R2. ;
G1 Y-14. 8 Z15. 6;
G3 Y-18. Z14. R4. ;
G1 Y-25. ;
G40 Z22. ;
#1=#1+#2;
X#1;
IF[#1LE23. ]GOTO20
G0 Z50. ;
M5;
M30;

O1004;
G1 X-28. Y-18. Z19. ;
X28. ;
Y-16. 5 Z21. ;
X-28. ;
Y0 Z19. ;
X28. ;
```

```
Y-1.5 Z21.；
X-28.；
Y1.5 Z21.；
X28.；
Y18. Z19.；
X-28.；
Y16.5 Z21.；
X28.；
Z32.；
M99；
```

⑤ 图 6-91 所示为工步 5 走刀路径及节点坐标。

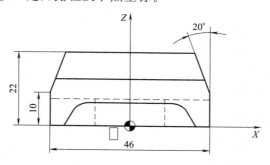

图 6-91　工步 5 走刀路径及节点坐标

```
O5；
T1 M6；                                φ8mm 平底刀
G90 G58 G0 X0 Y0 S1000 M3；
Z50.；
M98 P1005；
G51.1 Y0；
M98 P1005；
G50.1；
GO Z50.；
M5；
M30；

O 1005；
#1=23.；                               X 向大端 1/2 尺寸
#3=20.；                               斜面与 Z 轴的夹角(XZ 平面)
#5=10.；                               斜面初始高度
#6=4.；                                刀具半径
#7=0；                                 高度设为自变量，赋初值为 0
#17=0.1；                              自变量#7 的每次递增量(等高)
#8=#1+#6；                             首轮初始刀位点到原点的距离(X 方向)
```

```
G0 X#8 Y21. ;                      G0 快速移动至首轮初始刀位点
G1 Z#5 F200;                       G1 下降至斜面底部
N10 Y-21. ;
#10=#8-#7*TAN[#3] ;                次轮初始刀位点到原点的距离(X方向)
G1 X#10 Z[#5+#7] F300;             G1 进至次轮初始刀位点进至 Z 向切削位置
Y21. ;
#7=#7+#17;                         自变量#7 每次递增#17
IF[#7 LE#5]GOTO10;                 如果#7≤#5,则继续执行 N10
Z25. ;
M99;
```

第7章

数控铣床/加工中心机床操作

7.1 FANUC 系统机床操作

7.1.1 机床操作方式

7.1.1.1 控制面板

控制面板由 CRT（显示器）面板、MDI 键盘、机床操作面板组成。MDI 键盘具有程序编辑、参数输入等功能。机床操作面板因厂家、功能的不同而有所区别；MDI 键盘有大、小键盘之分。FANUC 0i 铣床/加工中心标准控制面板如图 7-1 所示。

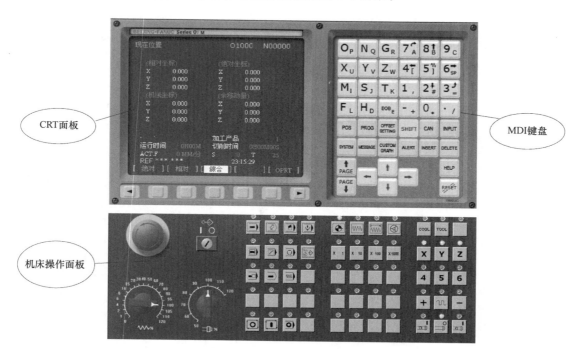

图 7-1　控制面板

有关按键说明：

名称	按键	功　能
字母/数字键	O_P N_Q G_R X_U Y_V Z_W M_I S_J T_K F_L H_D EOB_E	实现字符的输入,点击SHIFT键后再点击字符键,将输入右下角的字符。例如:点击O_P将在CRT的光标所处位置输入"O"字符,点击软键SHIFT后再点击O_P将在光标所处位置处输入"P"字符;点击软键中的"EOB"将输入";"号表示换行结束
	7_A 8_B 9_C 4_[5_] 6_SP 1, 2_# 3_= - 0. /	实现字符的输入,例如:点击软键5_]将在光标所在位置输入"5"字符;点击软键SHIFT后再点击5_]将在光标所在位置处输入"]"
编辑键	ALERT	替代键。用输入的数据替代光标所在的数据
	DELETE	删除键。删除光标所在的数据;或者删除一个数控程序或者删除全部数控程序
	INSERT	插入键。把输入域之中的数据插入到当前光标之后的位置
	CAN	修改键。消除输入域内的数据
	EOB_E	回撤换行键。结束一行程序的输入并且换行
	SHIFT	上挡键
页面切换键	PROG	数控程序显示与编辑页面
	POS	位置显示页面。位置显示有三种方式,用PAGE按钮选择
	OFFSET SETTING	参数输入页面。按第一次进入坐标系设置页面,按第二次进入刀具补偿参数页面。进入不同的页面以后,用"PAGE"按钮切换
	SYSTEM	系统参数页面
	HELP	系统帮助页面
	CUSTOM GRAPH	图形参数设置页面

续表

名称	按键	功 能
页面切换键	MESSAGE	信息页面,如"报警"
	RESET	复位键
翻页按钮 (PAGE)	↑ PAGE	向上翻页
	PAGE ↓	向下翻页
光标移动 (CURSOR)	↑	向上移动光标
	↓	向下移动光标
	←	向左移动光标
	→	向右移动光标
输入键	INPUT	输入键。把输入域内的数据输入参数页面

7.1.1.2 手动操作方式

手动操作方式的主要功能:手动方式下完成机床回零操作;手动进给;手动连续进给及快速进给;手动增量进给;机床的启动、停止。

(1) 机床回零

① 检查操作面板上回原点指示灯是否亮 ,若指示灯亮,则已进入回原点模式;若指示灯不亮,则点击 按钮,转入回零模式。

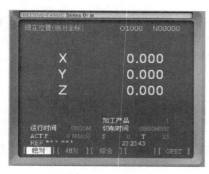

图 7-2 回零显示

② 在回原点模式下,先将 Z 轴回原点,点击操作面板上的 Z 按钮,此时 Z 轴将回原点, Z 轴回原点灯变亮 ,CRT 上的 Z 坐标变为"0.000"。同样,再分别点击 X 轴、Y 轴方向移动按钮 X Y ,使指示灯变亮,此时 X 轴、Y 轴将回原点, X 轴、Y 轴回原点灯变亮即显示 。此时 CRT 上的坐标发生变化,显示出机床零点坐标值,如图 7-2 所示。

(2) 手动/连续方式

① 点击操作面板上的手动按钮,使其指示灯亮

，机床进入手动模式分别点击 X 、 Y 、 Z 键，选择移动的坐标轴分别点击 + 、 − 键，控制机床的移动方向。点击 键实现快速移动。

② 点击 可控制主轴的转动和停止。

（3）手动脉冲方式

① 在手动连续加工时或在对基准时，需精确调节机床，可单步调节机床。

② 增量移动 ，这种方法用于微量调整。置模式在 位置：选择 步进量，选择各轴，每按一次，机床各轴移动一个步进量。

③ 操纵手动脉冲按钮 ，这种方法用于微量调整。在实际生产中，使用手动脉冲按钮可以让操作者容易控制和观察机床移动。配合轴选择旋钮"X""Y""Z"和步进量调节旋钮，单步调节机床。其中"×1"为 0.001mm，"×10"为 0.01mm，"×100"为 0.1mm，如图 7-3 所示。

④ 点击 可控制主轴的转动和停止。

7.1.1.3 MDI方式（手动数据输入方式）

MDI 方式的主要功能：程序的输入、运行；刀具的调用。

① 点击操作面板上的 按钮，使其指示灯变亮，进入 MDI 模式。

② 在 MDI 键盘上按 PROG 键，进入编辑页面。CRT 界面如图 7-4 所示。

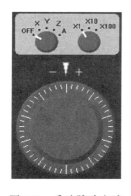

图 7-3　手动脉冲方式

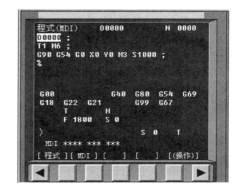

图 7-4　CRT 界面

③ 输写数据指令：在输入键盘上点击数字/字母键，第一次点击为字母输出，其后点击均为数字输出；可以做取消、插入、删除等修改操作（具体操作方法参见程序编辑）。

④ 按数字/字母键键入字母"O"，再键入程序编号，但不可以与已有程序编号重复。

⑤ 输入程序后，用回车换行键 EOB E 结束一行的输入后换行。

⑥ 移动光标：按 PAGE↑ PAGE↓ 上下方向键翻页；按方位键 ↑ ↓ ← → 移动光标。

⑦ 按 CAN 键，删除输入域中的数据；按 DELETE 键，删除光标所在的代码。

⑧ 按键盘上 INSERT 键，输入所编写的数据指令。

⑨ 输入完整数据指令后，按运行控制按钮 运行程序。运行结束后 CRT 界面上的数据被清空，如图 7-5 所示。

⑩ 用 RESET 清除输入的数据。

7.1.1.4　编辑方式

编辑方式的主要功能：程序的输入、调用、修改；刀具数据的输入、修改；零点偏置数据的输入、修改。

(1) 数控程序管理

① 显示数控程序目录　点击操作面板上的编辑按钮 ，编辑状态指示灯变亮 ，此时已进入编辑状态。点击 MDI 键盘上的 PROG，CRT 界面转入编辑页面。按软键"LIB"显示已有数控程序，如图 7-6 所示。

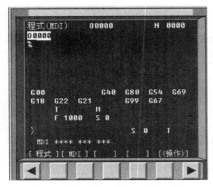

图 7-5　指令输入界面

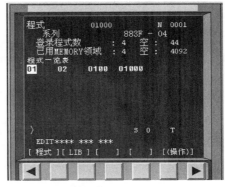

图 7-6　显示数控程序目录

② 选择一个数控程序　点击 MDI 键盘上的 PROG，CRT 界面转入编辑页面。利用 MDI 键盘输入"Ox"（x 为数控程序目录中显示的程序号），按 ↓ 键开始搜索，搜索到后"O$xxxx$"显示在屏幕首行程序号位置，NC 程序显示在屏幕上。

③ 删除一个数控程序　在编辑状态下利用 MDI 键盘输入"Ox"（x 为要删除的数控程序在目录中显示的程序号），按 DELETE 键，程序即被删除。

④ 新建一个 NC 程序　在编辑状态下点击 MDI 键盘上的 PROG，CRT 界面转入编辑页面。利用 MDI 键盘输入"Ox"（x 为程序号，但不可以与已有的程序号重复）按 INSERT 键，CRT 界面上显示一个空程序，可以通过 MDI 键盘开始程序输入。输入一段代码后，按 INSERT 键输入域中的内容显示在 CRT 界面上，用回车换行键 EOB/E 结束一行的输入后换行。

⑤ 删除全部数控程序　在编辑状态下点击 MDI 键盘上的 PROG，CRT 界面转入编辑页面。利用 MDI 键盘输入"0-9999"，按 DELETE 键，全部数控程序即被删除。

(2) 编辑程序

① 点击操作面板上的编辑按钮 ，编辑状态指示灯变亮 ，此时已进入编辑状态。点击 MDI 键盘上的 PROG，CRT 界面转入编辑页面。选定了一个数控程序后，此程序显示在 CRT 界面上，可对数控程序进行编辑操作。

② 移动光标。按 PAGE↑/PAGE↓ 上下方向键翻页。按方位键 ↑ ↓ ← → 移动光标。

③ 插入字符。先将光标移到所需位置，点击 MDI 键盘上的数字/字母键，将代码输入到输入域中，按 INSERT 键，把输入域的内容插入到光标所在代码后面。

④ 删除输入域中的数据。按 CAN 键用于删除输入域中的数据。

⑤ 删除字符。先将光标移到所需删除字符的位置，按 **DELETE** 键，删除光标所在的代码。

⑥ 查找。输入需要搜索的字母或代码；按 **↓** 开始在当前数控程序中光标所在位置后搜索（代码可以是一个字母或一个完整的代码。例如："N0010""M"等）。如果此数控程序中有所搜索的代码，则光标停留在找到的代码处；如果此数控程序中光标所在位置后没有所搜索的代码，则光标停留在原处。亦可按 **↑** 向后搜索。

⑦ 替换。先将光标移到所需替换字符的位置，将替换成的字符通过 MDI 键盘输入到输入域中，按 **ALTER** 键，用输入域的内容替代光标所在的代码。

（3）导入、导出数控程序

程序导入、导出是通过控制系统的 RS232 接口把机床数据读出（比如零件程序、系统参数等）并保存到外部设备中，同样也可以从外部设备把数据读入系统中。数控程序也可直接用 MDI 键盘输入。

① 导入数控程序（FANUC 0i 系统） 点击操作面板上的编辑按钮 **⟨⟩**，编辑状态指示灯变亮 **⊠**（钥匙应处于开启状态，即程序可编辑状态）。点击 MDI 键盘上的 **PROG**，CRT 界面转入编辑页面。再按软键"操作"，在出现的下级子菜单中按软键 **▶**，按软键"READ"，转入如图 7-7 所示界面。按软键"EXEC"，则数控程序被导入并显示在 CRT 界面上。注意：导入的数控程序名不能是内存中已有的程序名。

② 导出数控程序 点击操作面板上的编辑按钮 **⟨⟩**，编辑状态指示灯变亮 **⊠**，进入程序可编辑状态。点击 MDI 键盘上的 **PROG**，再按软键"操

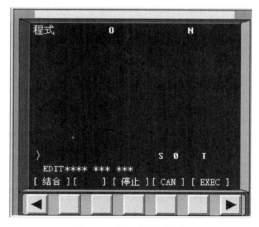

图 7-7 导入数控程序

作"，在出现的下级子菜单中按软键 **▶**。输入需导出程序的程序名按软键"PUNCH"，按软键"EXEC"导出数控程序。

③ DNC 边传边做（在线加工） 将钥匙处于关闭状态，即程序不可编辑状态。点击远程执行键 **⊻**，按循环启动键 **▣**，数控系统执行外部程序完成加工。

7.1.1.5 自动方式

自动方式的主要功能：程序的调入、运行；单程序段的自动运行；跳程序段的运行；程序的空运转。

（1）自动/连续方式

① 先将机床回零。

② 选择数控程序或自行编写一程序。

③ 点击操作面板上的自动运行按钮 **➡**，使其指示灯变亮 **▣**，进入自动加工模式。

④ 按 **◉ ▮ ◉** 中的 **▮** 按钮，数控程序开始运行。

⑤ 数控程序在运行过程中可根据需要暂停、停止、急停和重新运行。

a. 数控程序在运行时，按暂停键 **◉**，程序暂停运行，再次点击 **▮** 按钮，程序从暂停行开始继续运行。

b. 数控程序在运行时，按停止键 ，程序停止运行，再次点击 按钮，程序从开头重新运行。

c. 数控程序在运行时，按下急停按钮 ，数控程序中断运行，继续运行时，先将急停按钮松开，再按 按钮，余下的数控程序从中断行开始作为一个独立的程序执行。

⑥ 可以通过主轴倍率旋钮 和进给倍率旋钮 来调节主轴旋转的速度和移动的速度。

⑦ 若此时将控制面板上 按钮（空运行）按下，则表示此时是以 G00 速度进给的。此模式可用来检查程序。按 键可将程序重置。

（2）自动/单段方式

① 先将机床回零。

② 选择数控程序或自行编写一程序。

③ 点击操作面板上的自动运行按钮 ，使其指示灯变亮 ，进入自动加工模式。

④ 点击操作面板上的单节按钮 ，运行程序时每次执行一条指令。

⑤ 按 按钮，数控程序开始运行。自动/单段方式执行每一行程序均需点击一次 按钮。

（3）单节跳过

点击单节跳过按钮 ，则程序运行时跳过符号"/"有效，该行成为注释行，不执行。

（4）选择性停止

点击选择性停止按钮 ，则程序中 M01 有效。

（5）检查运行轨迹

点击操作面板上的自动运行按钮，使其指示灯变亮，转入自动加工模式，点击 MDI 键盘上的 按钮，点击数字/字母键，输入"Ox"（x 为所需要检查运行轨迹的数控程序号），按 开始搜索，找到后，程序显示在 CRT 界面上。点击 按钮，进入检查运行轨迹模式，点击操作面板上的循环启动按钮 ，即可观察数控程序的运行轨迹。

7.1.2　零点偏置数据的获得及输入

7.1.2.1　对刀

（1）确定对刀点

对于数控机床来说，在加工开始时，确定刀具与工件的相对位置是很重要的，这一相对位置是通过确认对刀点来实现的。对刀点是指通过对刀确定刀具与工件相对位置的基准点。对刀点可以设置在被加工零件上，也可以设置在夹具上与零件定位基准有一定尺寸联系的某一位置，对刀点往往就选择在零件的加工原点。

对刀点的选择原则如下：

① 所选的对刀点应使程序编制简单；

② 对刀点应选择在容易找正、便于确定零件加工原点的位置；

③ 对刀点应选在加工时检验方便、可靠的位置；

④ 对刀点的选择应有利于提高加工精度。

例如数铣加工图 7-8 所示零件时，对刀点与工作原点重合且便于对刀，因此对刀后即可获得工作原点坐标值。

（2）对刀

在使用对刀点确定加工原点时，就需要进行对刀。所谓对刀是指使刀位点与对刀点重合的

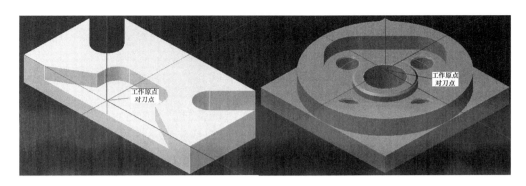

图 7-8 数铣加工对刀点

操作。每把刀具的半径与长度尺寸都是不同的，刀具装在机床上后，应在控制系统中设置刀具的基本位置。刀位点是指刀具的定位基准点。如图 7-9 所示，圆柱铣刀的刀位点是刀具中心线与刀具底面的交点；球头铣刀的刀位点是球头的球心点或球头顶点；钻头的刀位点是钻头顶点。

(a) 钻头的刀位点　　(b) 圆柱铣刀的刀位点　　(c) 球头铣刀的刀位点

图 7-9 各类刀具的刀位点

7.1.2.2 常用的对刀工具

常用的对刀工具有寻边器、Z 轴设定器、自动对刀器等。

(1) 寻边器

寻边器有偏心式寻边器和光电式寻边器两种。

① 偏心式寻边器　偏心式寻边器由两段圆柱销组成，内部靠弹簧连接，如图 7-10 所示。使用时，其一端与主轴同心装夹，并以较低的转速（大约 600r/min）旋转。由于离心力的作用，另一端的销子首先做偏心运动。在销子接触工件的过程中，会出现短时间的同心运动，这时记下系统显示器显示数据（机床坐标），结合考虑接触处销子的实际半径，即可确定工件接触面的位置。

② 光电式寻边器　光电式寻边器如图 7-11 所示。光电式寻边器一般由柄部和触头组成。光电式寻边器需要内置电池，当其找正球接触工件时，发光二极管亮，其重复找正精度在 $2\mu m$ 以内。

图 7-10 偏心式寻边器

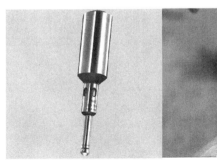 

图 7-11 光电式寻边器

（2）Z轴设定器

Z轴设定器用以确定主轴方向的坐标数据。其形式多样，有机械式对刀器、电子式对刀器等，如图7-12所示。对刀时将刀具的端刃与工件表面或Z轴设定器的测头接触，利用机床坐标的显示来确定对刀值。

（3）自动对刀器

如图7-13所示，自动对刀器能在对刀时将对刀器产生的信号通过电缆输出至机床的数控系统，以便结合专用的控制程序实现自动对刀、自动设定或更新刀具的半径和长度补偿值。

图7-12　Z轴设定器

图7-13　自动对刀器

可根据现有条件和加工精度要求选择对刀方法，可采用试切法、寻边器对刀、机内对刀仪对刀、自动对刀等。其中试切法对刀精度较低，加工中常用寻边器和Z轴设定器对刀，效率高、对刀精度高。

7.1.2.3　数据获得

零件找正装夹后，必须精确测量工件编程零点在机床坐标系中的坐标值，输入偏置寄存器中。

（1）X、Y坐标值的测量

【例1】　测量图7-14所示工件编程零点值。

工件编程零点X、Y值为：

$$X = X_{机床坐标} - d/2 \qquad Y = Y_{机床坐标} - d/2$$

式中，d 为找正棒（寻边器）直径。

【例2】　测量图7-15所示工件编程零点值。

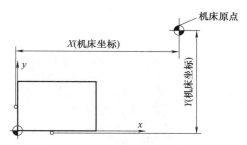

图7-14　X、Y坐标值的测量（一）

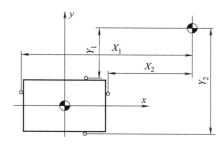

图7-15　X、Y坐标值的测量（二）

工件编程零点X、Y值为：

$$X = (X_1 + X_2)/2 \qquad Y = (Y_1 + Y_2)/2$$

【例3】　测量图7-16所示工件编程零点值。

工件编程零点 X、Y 值为：

$$X=(X_1+X_2)/2 \qquad Y=(Y_1+Y_2)/2$$

注：也可用杠杆表找正工件中心并与主轴中心同轴，可直接获得工件编程零点 X、Y 值。

（2）Z 坐标值的测量

如图 7-17 所示，测量工件编程零点 Z 坐标值。

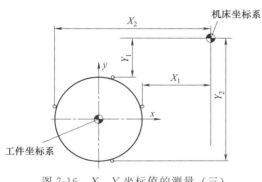

图 7-16　X、Y 坐标值的测量（三）

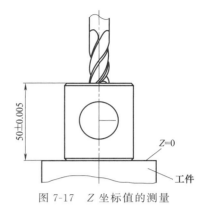

图 7-17　Z 坐标值的测量

① 将 Z 轴设定器放置在工件上，使刀刃与 Z 轴设定器接触，记录机床 Z 坐标值，则工件编程原点坐标值 Z_0 为：

$$Z_0=Z_{机床坐标}-50 \qquad （一把刀具不用刀长补偿时）$$

② 多把刀具需使用刀长补偿，Z 坐标值的测量有以下两种方法：

a. $Z_0=Z_{机床坐标}-50$，此时将基准刀的刀长补偿输为 0，其他刀具的刀长补偿值输为与基准刀的刀长差值。

b. $Z_0=Z_{机床坐标}-50-Z_{基准刀长}$，此时每把刀具均需输入刀具实际刀长值。

注：以上的刀长指的是刀具端面与刀具零点（主轴装刀锥孔端面与轴线的交点）的距离值。

7.1.2.4　输入零件零点偏置参数（G54～G59）值

在 MDI 键盘上点击 键，按软键"坐标系"进入坐标系参数设定界面，输入"0x"（01 表示 G54，02 表示 G55，以此类推），按软键"NO 检索"，光标停留在选定的坐标系参数设定区域，也可以用方位键 选择所需的坐标系和坐标轴。

利用 MDI 键盘输入通过对刀得到的工件坐标原点在机床坐标系中的坐标值。设通过对刀得到的工件坐标原点在机床坐标系中的坐标值为（-500，-415，-404），则首先将光标移到 G54 坐标系"X"的位置，在 MDI 键盘上输入"-500."，按软键"输入"或按 ，将参数输入到指定区域。按 键逐字删除输入域中的字符。点击 ，将光标移到"Y"的位置，输入"-415.00"，按软键"输入"或按 ，将参数输入到指定区域。同样的可以输入 Z 的值，如图 7-18 所示。

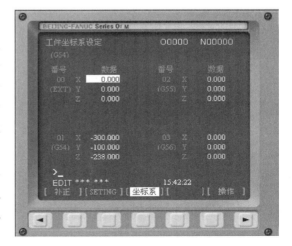

图 7-18　坐标系参数设定界面

注意：X 坐标值为 -100，须输入"$X-100.00$"；若输入"$X-100$"，则系统默认为 -0.100。

如果按软键"＋输入"，键入的数值将和原有的数值相加以后输入。如果光标移到相应的 G54 坐标系"X"的位置，在 MDI 键盘上输入"X0"，按软键"测量"，则当前机床坐标值被输入到指定区域。若在 MDI 键盘上输入"X10."，则当前机床坐标值与"10."相加后被输入到指定区域。

零点数据的准确与否，决定了零件加工时所加工内容与零件的相对位置的准确性。即加工时程序合格则所加工的零件形状是合格的（不考虑刀具因素），如果零点数据出现偏差将造成零件所加工的形状出现整体偏移（偏差），从而造成零件出现偏差。

7.1.3 刀具补偿参数的获得及输入

7.1.3.1 对刀仪

如图 7-19 所示为对刀仪。使用对刀仪，可测量刀具的半径和长度，并进行记录，然后将刀具的测量数据输入机床的刀具补偿表中，供加工中进行刀具补偿时调用。

图 7-19 光学数显对刀仪

图 7-20 刀具补偿页面

7.1.3.2 设置刀具补偿参数

在程序合格、零点数据准确的前提下，零件的加工质量取决于刀具补偿数据的准确度。铣床及加工中心的刀具补偿包括刀具的半径和长度补偿，如图 7-20 所示。

① 按 [OFFSET SETTING] 键进入参数设定页面，按 [补正] 键。

② 用 [PAGE↓] 和 [↑PAGE] 键选择长度补偿、半径补偿。

③ 用 CURSOR：↑ ↓ ← → 键选择补偿参数编号。

④ 输入补偿值到长度补偿"H"或半径补偿"D"。

⑤ 按 [INPUT] 键，把输入的补偿值输入到所指定的位置。

7.2　SIEMENS 系统机床操作 ::

7.2.1　机床操作

7.2.1.1　机床操作面板

SIEMENS 802D 机床操作面板见图 7-21 和表 7-1。

图 7-21　SIEMENS 802D 机床操作面板

表 7-1　SIEMENS 802D 机床操作面板介绍

按钮	名　称	功 能 简 介
	紧急停止	紧急状态下(如危及人身、危及机床、刀具、工件时)按下此按钮,驱动系统断电,各类动作停止
	增量选择	在单步或手轮方式下,用于选择移动距离
	手动操作方式	用于手动控制机床动作
	半自动运行操作方式(MDI)	用于直接通过操作面板输入数控程序和编辑程序
	自动运行操作方式(AUTO)	通过程序的自动运行来控制机床动作

续表

按钮	名 称	功 能 简 介
	单段	当此按钮被按下时,运行程序时每次执行一条数控指令
	复位	按下此键,取消当前程序的运行;监视功能信息被清除(除了报警信号,电源开关、启动和报警确认);通道转向复位状态
	循环停止	程序运行暂停,在程序运行过程中,按下此按钮运行暂停。按 ⟨CYCLE START⟩ 恢复运行
	运行开始	程序运行开始
	主轴正转	按下此按钮,主轴开始正转
	主轴停止	按下此按钮,主轴停止转动
	主轴反转	按下此按钮,主轴开始反转
	移动按钮	点击按钮可向相应方向调节机床位置
	返回参考点	在 JOG 方式下,机床必须首先执行返回参考点操作,然后才可以运行
	主轴倍率	调节数控程序自动运行时的主轴速度倍率,调节范围为 50%～120%
	进给倍率	调节数控程序自动运行时的进给速度倍率,调节范围为 0～120%

7.2.1.2 系统控制面板

如图 7-22 所示,用操作键盘结合显示屏可以进行数控系统操作。

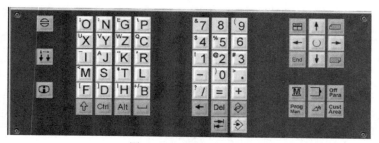

图 7-22 系统控制面板

数字/字母键用于输入数据到输入区（如图 7-23 所示），系统自动判别是取字母还是取数字。系统控制面板各键功能如表 7-2 所示。

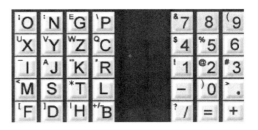

图 7-23　数字/字母键

7.2.1.3　机床回零（回参考点）操作方式

① 按下手动按钮和回零按钮 ![JOG][REF POT]。

② 按顺序点击 +Z +X +Y，即可自动回参考点。在"回参考点"窗口中显示 ◐ 则坐标已到达参考点。机床回零界面见图 7-24。

表 7-2　系统控制面板各键功能

![报警应答]	报警应答键	![通道转换]	通道转换键
![信息]	信息键	![上挡]	上挡键
Ctrl	控制键	Alt	ALT 键
![空格]	空格键	![删除]	删除键（退格键）
Del	删除键	![插入]	插入键
![制表]	制表键	![回车]	回车/输入键
M	加工操作区域键	![程序操作]	程序操作区域键
Off Para	参数操作区域键	Prog Man	程序管理操作区域键
![报警]	报警/系统操作区域键	![未使用]	未使用
![翻页]	翻页键	↑ ↓ ← →	光标键
8 9	数字键，上挡键转换对应字符	![选择]	选择/转换键（当光标后有 ![U] 时使用）
J K	字母键，上挡键转换对应字符		

③ 回参考点（一般为机床坐标轴的正向极限位置）后，通过选择另一种运行方式（如 MDI、AUTO 或 JOG 方式）可以结束回参考点功能。

④ 通常在 JOG 方式下，操作各个坐标值沿负向远离参考点，以免误操作使机床超程。

7.2.1.4 手动操作方式

(1) 手动/连续加工操作方式

① 点击[JOG]切换机床进入手动模式。

② 点击[-X][-Y][-Z][+X][+Y][+Z]可向相应方向调节机床位置。

③ 点击机床主轴手工控制按钮[SPIN START][SPIN STOP][SPIN START]，来控制主轴的转动、停止。

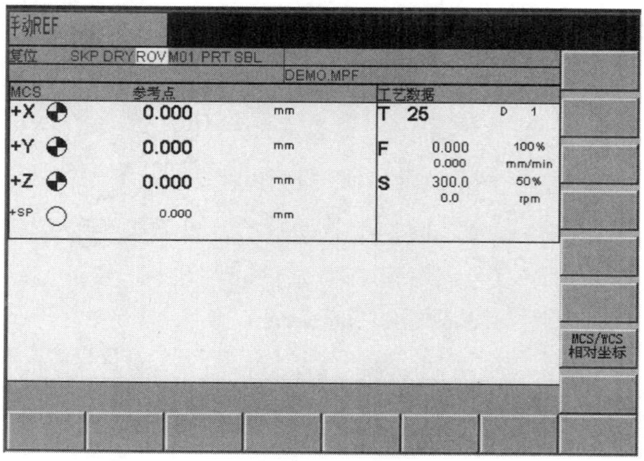

图 7-24 机床回零界面

(2) 手动/单步加工操作方式

① 在手动/连续加工时或在对基准时，需精确调节机床，可采用单步方式。

② 连续按[VAR]键，在显示屏幕左上方显示增量的距离：1INC、10INC、100INC、1000INC（1INC＝0.001mm），即可在点动距离0.001mm、0.01mm、0.1mm、1mm间切换，也可配合移动按钮“X”“Y”“Z”来移动机床进行微调（增量进给），使其达到要求的位置。

③ 选择“HAND”[手轮方式]改变手轮移动的轴，摇动手轮使机床移动。

④ 点击机床主轴手动控制按钮[SPIN START][SPIN STOP][SPIN START]，来控制主轴的转动、停止。

⑤ 再次点击[JOG]，可重新回到连续加工。手轮方式窗口见图 7-25 。

注意：①连续进给时相应坐标轴方向按键需一直按着。

②增量进给时，每按一次方向键，机床相应移动一个步进增量。

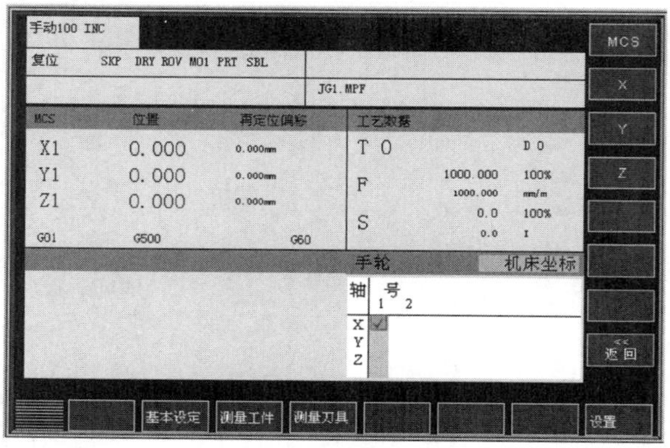

图 7-25 手轮方式窗口

③使用手轮时开始不宜选择较大的倍率，且应均匀摇动不宜摇得过快。

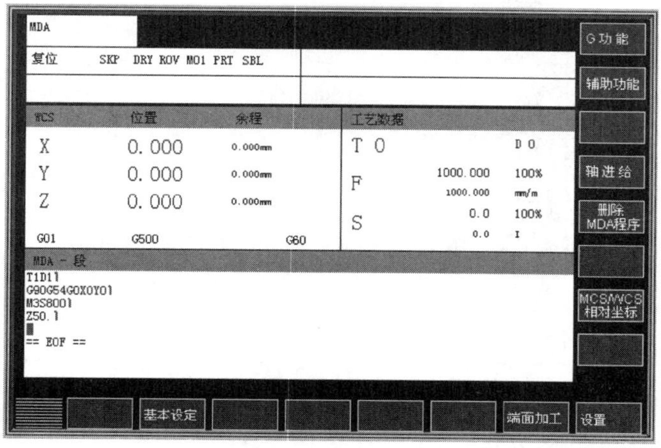

图 7-26 MDA 模式界面

7.2.1.5 MDA（手动数据输入）操作方式

① 切换操作面板，点击[MDI]进入MDI模式，进行程序编辑操作。

② 输入数控程序（可以单段也可多段），按[CYCLE START]执行程序。

③ 按软键“语句区放大”，显示已运行、正在运行和将要运行的程序。

④ 按复位键[RESET]可清除数据。MDA 模式界面见图 7-26。

7.2.1.6　编辑方式（数控程序处理）

(1) 程序管理

① 点击 [PROGRAM MANAGER]"程序管理"软键，进入如图 7-27 所示程序管理界面。

② 点击软键"程序"，用 [↑][↓] 以及光标移动键找到需要的程序。

③ 可以对所选程序进行"执行""打开""复制""删除""重命名"的操作，或者新建一程序。

图 7-27　程序管理界面

(2) 新建一个程序

① 在程序管理界面中，点击"新程序"软键，弹出对话框，填入程序名（以 2 个英文字母开头），如图 7-28 所示。

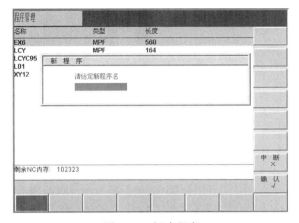

图 7-28　新建程序

② 按"确认"软键接受输入，生成新程序文件，即可对新程序进行编辑。

③ 按"中断"软键结束程序的编制，这样才能返回到程序目录管理层。

(3) 编辑程序

① 在程序管理界面中，用 [↑][↓] 找到要修改的程序，点击"打开"软键进入程序编辑界面，对程序进行编辑和修改；在"手动""自动"或"MDA"状态下，点击 [⟲]"程序"软键，也可进入当前已打开的程序，进行编辑和修改。程序编辑界面见图 7-29。

② 按方向键移动光标；按数字/字母键将数据输入；按 [←] 键删除字符。

③ 在编辑菜单中，按下"标记"软键，用方向键移动光标，可选择一个文本程序段，此时可对所选程序段进行"删除""复制""粘贴"等操作。

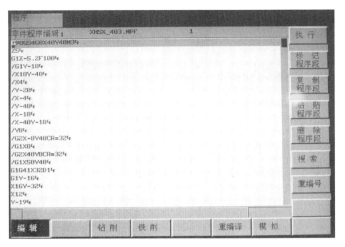

图 7-29　程序编辑界面

（4）插入固定循环

① 在程序编辑界面中，可看到 铣削 与 钻削 软键，点击 铣削 进入如图 7-30 所示的铣削程序界面，点击相应的 端面铣削 轮廓铣削 矩形孔铣削 圆形孔铣削 软键，则可插入不同的铣削加工循环。如图 7-31 所示为端面界面切削循环。

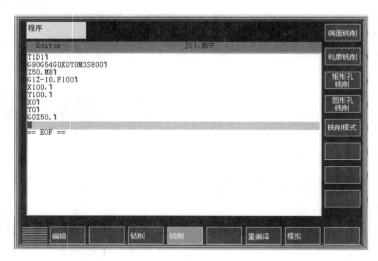

图 7-30　铣削程序界面

② 在程序界面中点击 钻削 进入如图 7-32 所示的钻削程序界面，点击相应的 镗孔 钻削沉孔 深孔钻 刚性攻丝 非刚性攻丝 等软键，不同程序类型对应的软键，则可插入不同的钻削加工循环。如图 7-33 所示为钻削循环界面。

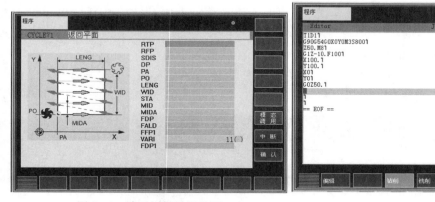

图 7-31　端面切削循环界面

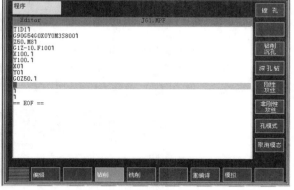

图 7-32　钻削程序界面

（5）程序导入、导出

① 系统参数设定。在系统操作区可以使用相应的功能进行参数设定，如图 7-34 所示。

a. 系统可以通过设定口令对系统数据的输入和修改进行保护。保护级分为 4 级。0～3 级顺序为西门子口令字、系统口令字、制造厂商口令字、用户口令字，其中 0 级保护级别最高；1～3 级的保护密码是默认密码，即机床制造商可修改。

b. 用户级是最低级，但它可以对刀具补偿、零点偏置、设定数据、RS232 设定和程序编制/程序修改进行保护。

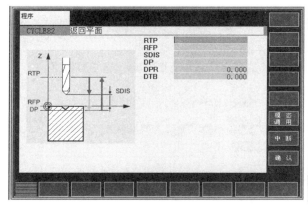

图 7-33　钻削循环界面

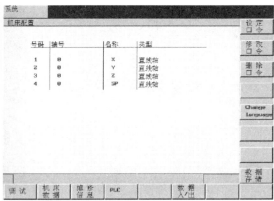

图 7-34　系统参数设定

② 程序导入、导出是通过控制系统的 RS232 接口把机床数据读出（比如零件程序、系统参数等）并保存到外部设备中的，同样也可以从外部设备把数据读入系统中。RS232 接口必须与外部设备相匹配，西门子使用较多的传输软件是 PCIN 传输软件。图 7-35 所示为西门子 PCIN 传输软件的界面。图 7-36 所示为 RS232 数据传输接口的设置菜单。从图 7-36 中可以看出传输设置包括设备（XON/XOFF 或 RTS/CTS）、波特率、停止位、数据位、奇偶校验、传输结束符等，以及许多功能的设置。

图 7-35　西门子 PCIN 传输软件界面

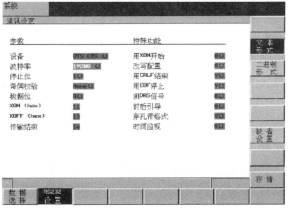

图 7-36　RS232 数据传输接口的设置菜单

③ 程序读入、读出操作。按下 [PROGRAM MANAGER] 软键打开"程序管理器"，进入 NC 程序主目录。按"读出"软键可读出存储零件程序。按"读入"软键可装载零件程序。按"启动"软键可启动输入、输出过程。按"全部文件"软键可选择所有的文件。按"停止"软键可终止操作。程序读入、读出界面如图 7-37 所示。

7.2.1.7　自动加工操作方式

① 先将机床回零。

② 选择一数控程序。

③ 设置运行程序时的控制参数。

按下控制面板上的自动方式键 ，若 CRT 当前界面为加工操作区，则系统显示出如图 7-38 所示的界面，否则仅在左上角显示当前操作模式（"自动"）而界面不变。

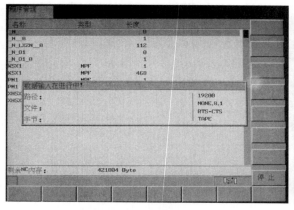

图 7-37　程序读入、读出界面

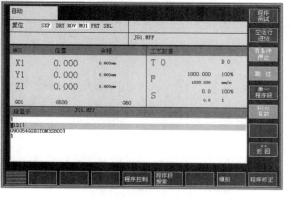

图 7-38　运行程序时的控制参数

按软键"程序控制"可设置程序运行的控制选项，如图 7-38 所示。按软键 返回 返回前一界面。竖排软键对应的状态说明如表 7-3 所示。

表 7-3　竖排软键对应的状态说明

软键	显示	说明
程序测试	PRT	在程序测试方式下所有到进给轴和主轴的给定值被禁止输出，机床不动，但显示运行数据
空运行进给	DRY	进给轴以空运行设定数据中的设定参数运行，执行空运行进给时编程指令无效
有条件停止	M01	程序在执行到有 M01 指令的程序时停止运行
跳过	SKP	前面有斜线标志的程序在程序运行时跳过不予执行，如：/N100G……
单一程序段	SBL	此功能生效时零件程序按如下方式逐段运行：每个程序段逐段解码，在程序段结束时有一暂停，但在没有空运行进给的螺纹程序段时为一例外，只有在螺纹程序段运行结束后才会产生一暂停。单段功能只有处于程序复位状态时才可以选择
ROV 有效	ROV	按快速修调键，修调开关对于快速进给也生效

④ 在控制面板上点击 ➡️，进入自动加工模式。

⑤ 通过执行 ◇、暂停 🛑 命令来控制程序的运行、停止，同时状态栏也随之变化。

⑥ 在自动加工时，如果点击 🔀 切换机床进入手动模式，将出现警告框 016913 ⊖，此时按 ⊖ 可取消警告，继续操作。

⑦ 也可以按 ▣ 进入单行执行状态，每按 ◇ 一次，执行一行程序。

⑧ 按复位键 ↻ 可使程序重置。

自动加工模式界面如图 7-39 所示。

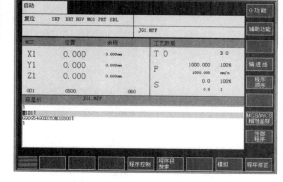

图 7-39　自动加工模式界面

7.2.2　程序的输入和输出及轨迹查看

7.2.2.1　查看轨迹

① 用 ➡️ 切换到自动加工状态。程序控制界面见图 7-40。

② 点击 CRT 面板上的"程序控制"软键，按下"程序测试"和"空运行进给"选项。

③ 选择一数控程序自动运行或在 MDA 下运行程序，点击"模拟"软键即可观察运行轨

迹，如图 7-41 所示。

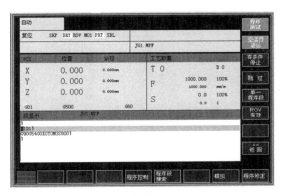

图 7-40　程序控制界面

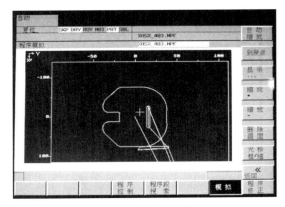

图 7-41　程序模拟界面

④ 通过暂停、执行命令来控制程序的运行和停止 。

⑤ 按复位键 ，可使程序重置。

7.2.2.2　程序导入、导出

程序导入、导出是通过控制系统的 RS232 接口把机床数据读出（比如零件程序、系统参数等）并保存到外部设备中的，同样也可以从外部设备把数据读入系统中。当然 RS232 接口必须与外部设备相匹配。

操作是按下 "PROGRAM MANAGER" 软键打开 "程序管理器"，进入 NC 程序主目录；按 "读出" 软键可读出存储零件程序；按 "读入" 软键可装载零件程序；按 "启动" 软键可启动输入、输出过程；按 "全部文件" 软键可选择所有的文件；按 "停止" 软键可终止操作。程序导入、导出界面如图 7-42 所示。

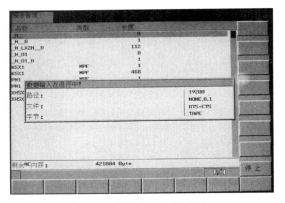

图 7-42　程序导入、导出界面

7.2.3　参数设置

7.2.3.1　零偏参数设置

(1) 基本设定

在相对坐标系中设定临时参考点（相对坐标系的基本零偏）。

进入 "基本设定" 界面：

① 按 键切换到手动方式或按 键切换到 MDA 方式。

② 按软键 "基本设定"，系统进入到如图 7-43 所示的界面。

③ 设置基本零偏的方式：

有两种方式，即 "设置关系" 软键被按下的方式、"设置关系" 软键没有被按下的方式。

a. 当 "设置关系" 软键没有被按下时，文本框中的数据表示相对坐标系的原点在相对坐标系中的坐标。例如：当前机床位置在机床坐标系中的坐标为 $X=0, Y=0, Z=0$；基本设定界面中文本框的内容分别为 $X=-390, Y=-215, Z=-125$；则此时机床位置在相对坐标系

中的坐标为 $X=390$，$Y=215$，$Z=125$。

b. 当"设置关系"软键被按下时，文本框中的数据表示当前位置在相对坐标系中的坐标。例如：文本框中的数据为 $X=-390$，$Y=-215$，$Z=-125$；则此时机床位置在相对坐标系中的坐标为 $X=-390$，$Y=-215$，$Z=-125$。

④ 基本设定的操作方法：

直接在文本框中输入数据，使用软键 X=0　Y=0　Z=0 ，将对应文本框中的数据设成零；使用软键 X=Y=Z=0 ，将所有文本框中的数据设成零；使用软键 删除基本零偏 ，用机床坐标系原点来设置相对坐标系原点。

(2) 输入和修改零偏值

① 若当前不是在参数操作区，按 MDI 键盘上的"参数操作区域键" Off Para 即"OFFSET"，切换到参数区。

② 若参数区显示的不是零偏界面，按软键"零点偏移"切换到零点偏移界面，如图 7-44 所示。

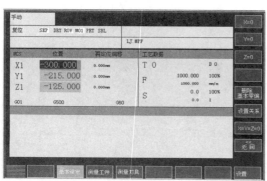

图 7-43　基本设定　　　　　　　　　　图 7-44　零点偏置窗口

③ 使用 MDI 键盘上的光标键定位到到修改的数据的文本框上（其中程序、缩放、镜像和全部等几栏为只读），输入数值，按 ◆ 键或移动光标，系统将显示软键"改变有效" 改变有效 ，此时输入的新数据还没有生效。

④ 按软键"改变有效"使新数据生效。

7.2.3.2　刀具参数设置

(1) 新建刀具

① 按软键"OFFSET"进入参数设置。

② 按软键"刀具表"进入刀具补偿。刀具补偿参数设置如图 7-45 所示。

③ 点击软键"新刀具"，弹出图 7-46 所示新刀具对话框。

④ 输入刀具号按"确认"软键，进入刀具补偿数据输入界面，默认 D 号为 1。

⑤ 设置刀沿数据，按"上、下"键将光标移动到"几何尺寸"项上，输入刀具的长度、半径补偿参数，按 ◆ 键确认，或通过对刀功能确认。对于一些特殊刀具可以使用

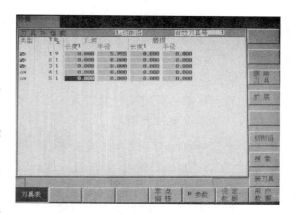

图 7-45　刀具补偿参数设置

键输入参数。刀具补偿数据输入界面如图 7-47 所示。

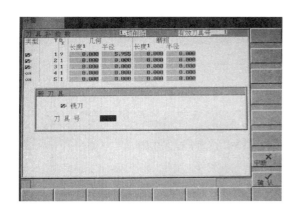

图 7-46 新刀具对话框

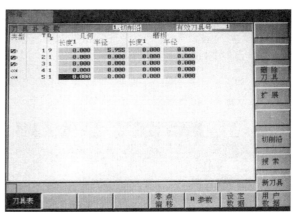

图 7-47 刀具补偿数据输入界面

(2）新建刀沿

① 按软键"OFFSET"进入参数设置。

② 按软键"刀具补偿"进入刀具补偿。

③ 按软键"新刀沿"，弹出新刀沿对话框，显示当前刀号和刀型，不可输入。

④ 按软键"确认"，进入刀具补偿数据输入界面，默认 D 号递增 1。

⑤ 设置刀沿数据，按"上、下"键将光标移动到"几何尺寸"项上，输入刀具的长度、半径补偿参数，按回车 ⤵ 确认，或通过对刀功能确认；按"复位刀沿"，可将当前刀沿数据归零。

(3）移到相邻刀具/刀沿

进入"参数""刀具补偿"。当新建了一个以上的刀具时，按软键"T＞＞"命令，即可进入当前刀具的下一个；按软键"＜＜T"命令，可进入当前刀具的上一个。

当一个刀具有两个以上的刀沿时，同样按"＜＜D""D＞＞"也可以在不同刀沿间切换。

(4）搜索刀具

如果刀具号太多，选用"＜＜T"或"T＞＞"命令太慢，则用"搜索"命令直接选择所需的刀具。点击软键"参数""刀具补偿""搜索"，弹出对话框，填好刀号后按"确认"软键，则界面进入刀具补偿对话框，显示此刀具的各个参数值，可做修改。

(5）删除刀具

用"T＞＞"或"＜＜T""搜索"命令选择需要删除的刀具号，则此刀具为当前刀具。执行"删除刀具"命令，当前刀具即被删除。其下一个刀具则自动变为当前刀具。继续按"删除"，可以连续删除。

(6）确定刀具补偿（手动）

利用此功能可以计算刀具 T 未知的几何长度。前提条件：换刀，在"JOG"方式下移动该刀具，使刀尖到达一个已知坐标值的机床位置或试切零件使刀具到达工件表面。

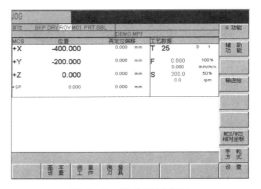

图 7-48 手动测量窗口

① 按 测量刀具 键打开手动测量窗口，如图 7-48 所示。

② 按 手动测量 键：

a. 直径和长度测量，确定刀具号 T×× 和刀沿号 D××（ T 1 D 1 ）。

b. 选择测量基准 ABS U 。

c. 在 X_0、Y_0 或 Z_0 处设置直径和长度，则补偿值存入 OFFSET PARAM 里。

测量窗口如图 7-49 所示。

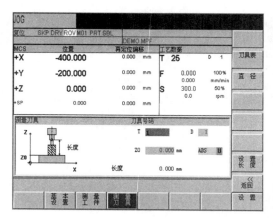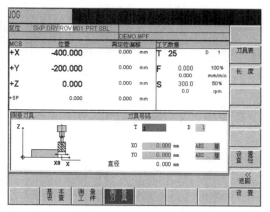

图 7-49　测量窗口

参 考 文 献

［1］ 翟瑞波. 双色图解数控铣工/加工中心操作工一本通. 北京：机械工业出版社，2014.

［2］ 翟瑞波. 数控加工工艺. 北京：机械工业出版社，2012.

［3］ 翟瑞波. 数控铣床/加工中心编程训练图集. 北京：化学工业出版社，2015.